Münchener Innovationsgruppe
Neue Wege wagen

Der Mensch als soziales und personales Wesen

Herausgegeben von
Fabienne Becker-Stoll
Joachim Kahlert
Klaus A. Schneewind
Norbert F. Schneider

Die Reihe „Der Mensch als soziales und personales Wesen" versteht sich als innovatives Forum für die Sozialisationsforschung. In interdisziplinärer Zusammenarbeit analysieren Autorinnen und Autoren der Bände wichtige Träger von Sozialisation wie Familie, Schule, Betrieb und Massenmedien, deren Veränderung im Rahmen gesellschaftlicher Entwicklungen, wechselseitige Einflüsse zwischen diesen Einrichtungen sowie ihre sozialisatorischen Wirkungen auf Kinder, Jugendliche und Erwachsene. Die veröffentlichten Arbeiten enthalten kritische Bestandsaufnahmen des Forschungsstandes, entwickeln fachübergreifende Konzepte und bereiten Untersuchungen zu Lücken in der Forschungsthematik vor. Themen und Darstellung richten sich nicht nur an Fachwissenschaftler in Forschung und Lehre, sondern sollen darüber hinaus die an den Sozialwissenschaften interessierte Öffentlichkeit ansprechen.

Band 23

Neue Wege wagen

Innovation in Bildung, Wirtschaft und Gesellschaft

Münchener Innovationsgruppe:
Rolf Oerter, Dieter Frey, Heinz Mandl, Lutz von Rosenstiel
und Klaus A. Schneewind

 Lucius & Lucius · Stuttgart

Anschrift der Herausgeber:
Münchener Innovationsgruppe
c/o Prof. Dr. em. Rolf Oerter
Ludwig-Maximilian-Universität
Department Psychologie
Leopoldstr. 13
80802 München

Bibliographische Information der Deutschen Nationalbibliothek

Die Deutsche Nationalbibliothek verzeichnet diese Publikation in der Deutschen Nationalbibliographie; detaillierte bibliographische Daten sind im Internet über http://dnb.ddb.de abrufbar

ISBN 978-3-8282-0499-7

© Lucius & Lucius Verlagsgesellschaft mbH · Stuttgart · 2010
Gerokstraße 51 · D-70184 Stuttgart · www.luciusverlag.com

Das Werk einschließlich aller seiner Teile ist urheberrechtlich geschützt. Jede Verwertung außerhalb der engen Grenzen des Urheberrechtsgesetzes ist ohne Zustimmung des Verlags unzulässig und strafbar. Das gilt insbesondere für Vervielfältigungen, Übersetzungen, Mikroverfilmungen und die Einspeicherung und Verarbeitung in elektronischen Systemen.

Druck und Einband: Rosch-Buch, Scheßlitz
Printed in Germany

Inhalt

Vorwort XI

Rolf Oerter
Kreativität und Innovation 1
   1. Kreativität 1
      1.1 Domäne, Feld und Individuum 1
      1.2 Persönlichkeitsmerkmale 3
      1.3 Der kreative Prozess 5
      1.4 Kreativitätstraining und Barrieren von Kreativität 9
      1.5 Der sozio-kulturelle Ansatz 11
   2. Innovation 13
      2.1 Was ist Innovation? 13
      2.2 Wirkung und Arten von Innovation 14
      2.3 Merkmale und Einflussfaktoren von Innovation 15
      2.4 Verbreitung und Akzeptanz von Innovation 17
      2.5 Barrieren und Mythen 19
      2.6 Prinzipien, die Innovation leiten sollen 23
   3. Zum Nachdenken: Innovation wozu? 26

Klaus A. Schneewind
Familie und Innovation: Ansatzpunkte zur Stärkung der Familie als primärem Bildungssystem 29
   1. Was ist „Familie"? 29
   2. Aufgaben von Eltern 30
   3. Was brauchen Kinder? 33
   4. Was brauchen Eltern? 37
   5. Gefährdungen des elterlichen Kerngeschäfts 39
      5.1 Beziehungen von Eltern in ihrer Partner- und Elternrolle 40
      5.2 Erziehungs- und Bildungspartnerschaften 41
      5.3 Vereinbarkeit von Familie und Beruf 41
   6. Fazit: Was ist zu tun? 42

Rolf Oerter
Es ist nie zu früh für den Aufbruch. Innovation in Kinderkrippen, Kindergärten und Grundschulen 47
   1. Was wissen wir? 47
   2. Was wollen wir? 49
   3. Bildung und Erziehung von 1-12 gehören zusammen 49

4. Die ersten drei Jahre: Bindung, aber auch Geist 52
   4.1 Sprechen 52
   4.2 Kognitive Fähigkeiten 52
   4.3 Gemeinsamer Gegenstandsbezug 53
   4.4 Motorische Entwicklung 53
   4.5 Soziale Kompetenz 54
5. Vorschule: die letzte Chance für Chancengleichheit? 55
   5.1 Entwicklungsvoraussetzungen beim Kind 55
   5.2 Ziele 56
   5.3 Mittel und Wege 58
6. Grundschule: Vier Jahre sind zu wenig 61
   6.1 Entwicklungsvoraussetzungen 61
   6.2 Ziele 62
   6.3 Wege 63
7. Allgemeine Prinzipien für Bildung und Erziehung von 1-12 Jahren 66
   7.1 Bindung, Verbundenheit, Sicherheit 67
   7.2 Konzertiere Aktion mit den Eltern 69
   7.3 Partizipation 70
   7.4 Glück 72

Heinz Mandl und Jan Hense
Lernen und Lehren in der Sekundarstufe: Innovationsbedarf und
Entwicklungsmöglichkeiten 75
1. Innovationsbedarf in der Sekundarstufe 75
2. Eine neue Lernkultur als Voraussetzung des nachhaltigen
Kompetenzerwerbs 78
   2.1 Konstruktion und Instruktion als Basis einer neuen Lernkultur 79
   2.2 Umsetzungsformen problemorientierten Lernens 81
   2.3 Die Rolle der Lernmotivation 82
3. Fallbeispiel „Tatfunk": Ein problemorientiertes Unterrichtsprojekt in der
Sekundarstufe 85
   3.1 Ziele, Konzept und Ablauf des Projekts 85
   3.2 Problemorientierung im Projekt Tatfunk 86
   3.3 Evaluationsergebnisse zum Projekt Tatfunk 88
4. Schlüsselqualifikation Selbstlernkompetenz 89
5. Individuelle Förderung und instruktionale Unterstützung 91
6. Nutzung neuer Medien und Technologien 95
   6.1 Die mediendidaktische Perspektive: Wie können neue Technologien
   Unterrichtsinnovationen unterstützen? 96
   6.2 Die curriculare Perspektive: Welche medienbezogenen Inhalte sollen
   gelernt werden? 98
7. Ausblick 99

Lutz von Rosenstiel und Dieter Frey
Was fördert Innovation im Unternehmen?... 107
1. Kreativität – Intervention – Innovation 107
2. Innovation und wirtschaftliche Entwicklung... 108
3. Bedingungen von Innovation im Unternehmen 108
   3.1 Die Ebene der Arbeit 109
   3.2 Die Ebene des Mitarbeiters... 110
   3.3 Die Ebene der Gruppe 114
   3.4 Die Ebene der Führung.. 117
   3.5 Die Ebene der Organisation 118
4. Übertragung dieser Erkenntnisse über Innovation auf den Makrobereich von Politik, Wirtschaft, Verbänden und Gesellschaft............................. 130
5. Fazit... 132
6. Die normative Sicht: Segen oder Fluch? 132

Andreas Lenz, Dieter Frey und Lutz von Rosenstiel
Schöpferische Zerstörung und zerstörerische Schöpfung – wie Finanzinnovationen wesentlich zur internationalen Finanzkrise beitrugen........ 139
1. Einleitung.. 139
2. Finanzinnovationen... 141
3. Gründe für die Finanzkrise und Rolle der Finanzinnovationen 142
   3.1 Notenbanken 143
   3.2 Geschäftsbanken... 143
   3.3 Zweckgesellschaften.. 144
   3.4 Die Politik und die verschiedenen Regierungen weltweit 144
   3.5 Der Internationale Währungsfonds 145
   3.6 Hedgefonds und Private Equity 145
   3.7 Regulierungsbehörden.. 145
   3.8 Ratingagenturen 146
   3.9 Rechnungslegungsgremien 146
   3.10 Manager und Aufsichtsräte 147
   3.11 Halbstaatliche Institute 147
   3.12 Derivate Gestaltungsmöglichkeiten 148
   3.13 Die einzelnen Anleger.. 151
4. Psychologische Einflussgrößen.. 151
   4.1 Hohes Gewinnstreben und Gier 152
   4.2 Denken in kurzfristigen Intervallen... 152
   4.3 Vergleichsprozesse und Herdentrieb 152
   4.5 Groupthink 153
   4.6 Subjektiv- und selektive Wahrnehmung.. 153
   4.7 Verantwortungsdiffusion und Pluralistische Ignoranz 153

4.8 Theorie der gelernten Sorglosigkeit und Erfolgsarroganz............ 154
4.9 Escalation of Commitment.. 154
4.10 Verdrängung von Gefühlen der Inkompetenz 154
5. Folgerungen... 155
6. Fazit 160

Rudolf Fisch, Dieter Frey und Lutz von Rosenstiel
Innovationen in der öffentlichen Verwaltung Deutschlands sowie
Erfolgsfaktoren und Stolpersteine bei Veränderungen in Verwaltungen........... 163
1. Sind Verwaltungen innovationsfähig?.. 163
2. Quellen für Innovationen im öffentlichen Sektor............................... 166
3. Direkt aus Verwaltungen kommende Innovationen............................ 167
4. Die Umsetzung von Innovationen ist aufwendig................................. 169
5. Stolpersteine bei Veränderungen in der Verwaltung: Bei
Veränderungsprozessen gilt statt „maximizing" und „optimizing" „satisfysing"
(vgl. Nobelpreisträger Robert Simon) 171
6. Ein grundlegendes Problem: Widerstände in Veränderungsprozessen 172
7. Stolpersteine im Veränderungsprozess 173
    7.1 Das Problem der Unklarheit über Ziele, Strategie, Prozess und Sinn. 173
    7.2 Das Problem langwieriger Prozesse und Entscheidungen............. 173
    7.3 Das Problem der „Erblasten".. 173
    7.4 Das Problem von zu frühem Aktionismus..................................... 174
8. Erfolgsfaktoren in Veränderungsprozessen: Schritte zur Akzeptanz von
Änderungen bzw. Innovationen.. 174
    8.1 Ist-Zustand: Diagnose der Situation und Problemanalyse............ 175
    8.2 Soll-Zustand: Vision und Ziele definieren..................................... 175
    8.3 Gemeinsames Bewusstsein erzeugen.. 175
    8.4 Konsens der betroffenen Parteien: Vorbildverhalten von Führung,
    Vertrauen schaffen.. 176
    8.5 Kommunikation: Klarheit, Offenheit und Verständlichkeit............ 176
    8.6 Partizipation der Beteiligten und Berücksichtigung von
    Fairnessprinzipien 177
    8.7 Qualifikation: Vermittlung von Fähigkeiten und Fertigkeiten 178
    8.8 Konsequente Umsetzung... 178
9. Fazit 179

Die offene Gesellschaft. Was macht Gesellschaft lebenswert? 183

Rolf Oerter
Menschenbild und neue Aufklärung 185
1. Evolutionäre Wurzeln menschlichen Verhaltens 185

2. Befunde zu universellen Zügen des Menschenbildes 187
3. Die neue Aufklärung.. 189

Klaus A. Schneewind
Die Zukunft der Familie in Deutschland – Innovation ist gefragt.................... 193
  1. Pluralisierung von Familienkulturen.. 193
  2. Gestaltung der Familienzukunft in Deutschland.................................. 194

Heinz Mandl
Wissensmanagement: Kompetenter Umgang mit Wissen – die Grundlage für
Innovation 197
  1. Modelle des Wissensmanagements... 198
  2. Implementierung von Wissensmanagement 200
  3. Communities als Wissensmanagement-Keimzelle 201

Lutz von Rosenstiel
Das Unternehmen als offene Gesellschaft - eine „konkrete Utopie"?............. 205

Dieter Frey
Ohne Psychologie geht es nicht. Über die Notwendigkeit, unsere Zukunft durch
psychologisches Know-how mit zu gestalten 211

Autoren 215

Vorwort

Innovation ist in aller Munde und klingt als Schlagwort schon etwas abgedroschen. Zahlreiche Publikationen sind zum Thema Innovation erschienen. Warum sollte man ihnen also noch eine weitere hinzufügen? Das vorliegende Buch fokussiert auf zwei Perspektiven, die unserer Meinung nach bislang vernachlässigt wurden, nämlich erstens eine kritische Auseinandersetzung mit dem Innovationsgedanken und zweitens eine Zusammenführung von Innovationsideen in einer Reihe von wichtigen gesellschaftlichen Bereichen. Alle Beiträge behandeln aus unterschiedlicher Sicht die Frage Wozu Innovation? Wie die Finanzkrise und ihre Folgen gezeigt haben, kann Innovation höchst gefährlich werden und großen Schaden anrichten, besonders wenn sie inhumane und unethische Züge annimmt. Innovation ist andererseits für die Zukunft Deutschlands von ausschlaggebender Bedeutung. Der Königsweg einer angemessenen Bewertung von Innovation besteht darin, ihre Möglichkeiten, Chancen, aber auch Gefahren in verschiedenen gesellschaftlichen Bereichen zu analysieren und zu vergleichen, zugleich aber ihre Berechtigung an humanitären Maßstäben zu prüfen. Die bisherige Konzentration auf technisch-betriebliche Innovation weicht einer umfassenderen Sicht. Viele zentrale Bereiche in unserer Gesellschaft sind ebenso wie Technik und Wissenschaft auf Innovation angewiesen. Die vorliegenden Kapitel behandeln Möglichkeiten der Innovation in Familie, in Bildungsinstitutionen des Elementarbereichs (Kinderkrippe, Kindergarten, Grundschule), im Bildungssystem der Sekundarstufe, an Universitäten, in Betrieben, Organisationen und in der Verwaltung Das Abschlusskapitel führt alle Autoren nochmals zusammen und bietet ein Kaleidoskop von Vorschlägen und Ideen zu dem, was an Innovation zukünftig notwendig erscheint und wie man Innovation und Tradition sinnvoll verbinden kann.

Das Buch wendet sich nicht nur an Fachkollegen und Studierende der Sozialwissenschaften, sondern auch an alle, die sich für eine breitere Sichtweise von Innovation interessieren und an alle, die in ihrem jeweiligen beruflichen Handlungsfeld Innovation realisieren. Daher haben wir auf detaillierte Literaturhinweise verzichtet und uns auf einige wichtige Angaben beschränkt. Es muss aber hervorgehoben werden, dass alle unsere Aussagen, sofern sie nicht nachdrücklich als Spekulation gekennzeichnet sind, auf empirisch belegten Fakten beruhen.

Im sprachlichen Duktus haben wir uns um eine allgemein verständliche und leicht lesbare Darstellung bemüht. Wir hoffen, dass unsere Ideen dadurch für einen breiten Leserkreis interessant werden.

Wir danken Frau Judith Weichert, die das Buch für den Verlag formatiert und die Bearbeitung der Abbildungen besorgt hat.

Rolf Oerter, im Auftrag der Münchener Innovationsgruppe
München, Sommer 2009

Kreativität und Innovation

Rolf Oerter

Das vorliegende Buch wird über Innovation in vielen Bereichen handeln. Daher erscheint es sinnvoll, die Begriffe Kreativität und Innovation genauer unter die Lupe zu nehmen. Handelt es sich um nebulöse vieldeutige Alltagsvorstellungen oder wissen wir mehr? Zunächst lässt sich festhalten: Ohne Kreativität keine Innovation. Daher wollen wir uns zunächst mit dem Phänomen der Kreativität befassen. Danach werden einige Facetten der Innovation dargestellt. Dieses Vorgehen soll das Verständnis der in den nachfolgenden Kapiteln dargestellten Ideen und Befunde erleichtern, zugleich aber zum Weiterdenken anregen.

1. Kreativität

Kreativität erzeugt Leistungen, die etwas Neues beinhalten. Dieses Neue muss aber zumindest von einer Gruppe, die unserer Kultur angehört, als wertvoll erachtet werden, so dass es längere oder kürzere Zeit zum Bestandteil der Kultur wird.

1.1 Domäne, Feld und Individuum

Der Kreativitätsforscher Csikszentmihalyi hebt hervor, dass Kreativität nur in Wechselbeziehungen innerhalb eines Systems entsteht, das sich aus drei Hauptelementen zusammensetzt: Domäne, Feld und schöpferisches Individuum. Die kreative Persönlichkeit entfaltet ihre Leistungen nicht in einem Vakuum, sondern erbringt sie in einem bestimmten kulturell strukturierten Bereich, den wir auch als Domäne bezeichnen. Solche Domänen sind die einzelnen Naturwissenschaften, die vielen Zweige der Technik, genauso aber auch geisteswissenschaftliche und künstlerische Bereiche, schließlich ebenso die Sektoren Bildung, Wirtschaft und Politik. Am unkompliziertesten und zugleich an häufigsten tritt Kreativität im familiären und Freizeitbereich auf. Die dort wirksame Kreativität, die man gewöhnlich in der Forschung vernachlässigt und im Alltagsverständnis unterschlägt, ist sicherlich die Basis für die gesellschaftliche Dynamik, weil nur durch ihre ununterbrochene Vitalität gesellschaftliches Zusammenleben möglich ist. Dennoch werden wir im Folgenden mehr Domänen behandeln, die in unserer Kultur etabliert sind und der Weiterentwicklung bedürfen.

2 Kreativität und Innovation

Die zweite Komponente, das Feld, bezieht sich auf den Personenkreis, der den Zugang zur Domäne überwacht und kontrolliert. Dieser Personenkreis stellt die Experten einer Domäne dar. Sie beurteilen, ob ein kreativer Beitrag zur Domäne eine echte Bereicherung oder nur ein Hirngespinst darstellt. Diese Kontrolle ist einerseits notwendig, weil letztlich nur Experten ihres Faches den neuen Beitrag auf seinen Wahrheitsgehalt bzw. auf seine Brauchbarkeit überprüfen können. Andererseits sind kreative Beiträge oft dadurch gekennzeichnet, dass sie nicht in das bisherige Wissenssystem passen. Dann kann es geschehen, dass Fachleute ihre Zustimmung verweigern und den Beitrag als unsolide oder unbrauchbar ablehnen. Als Robert Koch die Bazillen als Krankheitserreger identifizierte, erhielt er für seine Entdeckung keine Unterstützung aus der Fachwelt. Mandelbrot musste lange kämpfen, bis die Mathematiker seine Fraktale-Theorie anerkannten. Heute erscheinen alle Konzeptionen eines Wirtschaftssystems, die drastisch vom dem weltweit dominierenden kapitalistischen System abweichen, als abwegig. Das "Feld" wird von Experten kontrolliert, die kreative Alternativen von vorne herein nicht einmal als Denkmöglichkeit zulassen.

Trotz der Einflussgrößen von Domäne und Feld ist das Individuum selbst als Schöpfer kreativer Ideen natürlich der Hauptfaktor. Aber da das Individuum nicht um luftleeren Raum denkt und handelt, gibt es günstige und weniger günstige Bedingungen für kreative Leistungen. Interessanterweise berichten Kreative, die man im Interview nach günstigsten Bedingungen befragte, am häufigsten: Ich habe einfach Glück gehabt, zur richtigen Zeit am richtigen Ort mit den richtigen Leuten zusammen gewesen zu sein. Hier wird deutlich, dass Zufall und glückliches Zusammentreffen von Bedingungen wichtiger sein können, als die isoliert betrachtete Fähigkeit des Individuums.

Eine zweite Bedingung, die man auch aus den Interviews erschließen konnte, lässt sich als Verinnerlichung des Systems kennzeichnen. Es handelt sich dabei um das System, das in der jeweiligen Domäne wirksam ist. Bevor in einer Domäne kreative Leistungen möglich sind, bedarf es der Aneignung eines umfangreichen Wissens, das man auch als Expertise bezeichnet. Man rechnet ca. 10 Jahre als Faustregel für den Aufbau einer Expertise, gleichgültig ob in Musik, Sport, Naturwissenschaft oder Schach. In einer komplexen Gesellschaft mit hohem Wissensniveau und hohen Leistungsstandards bedarf es einer langen Lern- und Trainingszeit, bis wirklich neue Beiträge erbracht werden können. Natürlich gilt das Expertise-Paradigma in dieser Weise nicht in allen Arbeits- und Lebensbereichen. Neuerungen in Betrieben, wie Verbesserung in der Produktionsweise und in der Verwaltung greifen zwar auch auf Erfahrungen zurück, bedürfen aber nicht des hohen Expertiseniveaus wie in Technik und Wissenschaft. Würde man die Gehälter wirklich nach dem Expertiseniveau staffeln, käme man zu deutlich anderen Gehaltsverteilungen. Manager würden vergleichsweise niedrig, Ingenieure vergleichsweise hoch bezahlt werden.

Neben der Aneignung eines Expertisewissens zeigen Hochkreative ein hohes Maß an Motivation. Sie sind von dem Thema, das sie beschäftigt, begeistert und fasziniert und kennen keine Zeitgrenzen für ihre Arbeit. Gleichzeitig aber haben sie im Regelfall die Maßstäbe des „Feldes" verinnerlicht und können den „Schrott", den es nun mal immer bei kreativen Bemühungen gibt, aussortieren.

Es gibt also so etwas wie eine kreative Umwelt. Man benötigt den Zugang zur Domäne, also zu Forschungszentren, Labors, Kontakte mit Experten. Es ist durchaus von zentraler Bedeutung, in einer intellektuellen Atmosphäre zu arbeiten und kreative Umwelten in Betrieben und Hochschulen zu schaffen.

Es gibt auch eine vertikale Dimension von Kreativität, nämlich die Zeit. Die meisten kreativen Leistungen fußen auf vorausgegangenen Entdeckungen und Erfindungen. Das Genie steht auf den Schultern von Riesen, wie es Newton formuliert hat. Dies gilt vor allem für ganz große umwälzende Entdeckungen, wie der Evolutionstheorie von Darwin (sie wurde mehrfach vorgedacht und in ähnlicher Weise von A. R. Wallace entworfen), der Infinitesimalrechnung von Newton und Leibniz (sie basiert auf mathematischen Konzepten, die zuvor entwickelt worden waren), der speziellen Relativitätstheorie von Einstein (sie greift vorherige Theorien auf). Sehr eindrucksvoll lässt sich die Zeitdimension auch in der Musikgeschichte demonstrieren. Große Komponisten bauen auf der vorausgegangenen musikalischen Entwicklung auf. Ohne die Musikgeschichte des Abendlandes wären die Kompositionen von Bach, Mozart und Beethoven nicht möglich gewesen.

1.2 Persönlichkeitsmerkmale

Aus dem bisher Gesagten wird deutlich, dass wir Kreativität als Phänomen nicht ausschließlich im Individuum suchen dürfen. Dennoch lassen sich Merkmale einer kreativen Persönlichkeit ausmachen, die immer wieder beobachtet wurden. Kreative zeigen Neugier und Staunen für Phänomene, die andere unberührt lassen. Die Wissenschaftsgeschichte ist voll von Belegen für diese Feststellung. Watt erfand die Dampfmaschine aufgrund seiner Beobachtung, dass der Deckel eines mit kochendem Wassern gefüllten Topf vom Dampf hochgehoben wird, eine Beobachtung, die Millionen Menschen damals und heute machen, aber bei ihnen nicht zu einem kreativen Einfall führte. Piaget entwickelte seine Theorie über die geistige Entwicklung des Kindes durch die genaue Bobachtung seiner eigenen Kinder, während Millionen Eltern nicht auf die Entdeckungen Piagets stießen. Eine Komponente, an die man gewöhnlich bei Kreativität nicht denkt, ist die physische und mentale Energie, die für kreative Leistungen aufgewendet wird. Edison, der große Erfinder, sagte einmal, Kreativität sei zu neunundneunzig Prozent Transpiration und nur zu einem Prozent Inspiration. Interessanterweise lässt sich kein Zusammenhang zwischen Intelligenz und Kreativität nachweisen. Bei Expertise verschwindet der Zusammenhang zwischen allgemeiner Intelligenz und Leistungsniveau schon deshalb, weil die Spezialisierung zum Experten eine lange Lern- und Trainingszeit erfordert. Als weitere Persönlichkeitsmerkmale werden angeführt: Verbindung von Disziplin und spielerischem Wechsel zwischen Imagination/Phantasie und Realitätssinn, Vereinigung gegensätzlicher Merkmale von Extraversion und Introversion, Mischung von Demut und Stolz, Neigung zur Androgynie, Flucht aus starren Rollenklischees, Kreative als Rebellen (Neues) und Traditionalisten (Vertiefung in das vorhandene Wissen) zugleich, Vereinigung von Leidenschaft und Objektivität, Offenheit und Sensibilität.

Natürlich erhebt sich die Frage nach einer genetischen Basis von Kreativität. Sind alle Menschen kreativ und hängt Kreativität daher nur von günstigen Umweltbedingungen ab? Konnten die großen kreativen Errungenschaften menschlicher Kultur nur von besonders begabten Persönlichkeiten erbracht werden? Die Antwort darauf ist nicht so leicht zu geben, wie es den Anschein hat. Da Kreativität bereichsspezifisch ist und in den meisten Fällen auf langjährig aufgebaute Expertise zurückgreift, erscheint es nicht leicht, von Hochleistungen auf genetische Bedingungen zu schließen. Eine mögliche Brücke könnten die Befunde über das angeborene Wissen von Säuglingen bilden. Dieses Wissen ist ebenfalls bereichsspezifisch und umfasst unter anderem Mathematik, Physik, Biologie und Psychologie. Dieses Kernwissen, wie es auch genannt wird, ist als Merkmal bei allen Säuglingen vorhanden, aber es könnte durchaus sein, dass das Kernwissen und die Fähigkeit, es auszubauen und weiterzuentwickeln zwischen den Individuen variiert. Alle biologischen Merkmale weisen interindividuelle Variationen auf, deshalb ist anzunehmen, dass es unterschiedliche Ausprägungen für die einzelnen Bereiche des Kernwissens gibt. Dafür sprechen auch Befunde der am Max Planck Institut in München durchgeführten Längsschnittuntersuchungen an Vor- und Grundschulkindern. Es zeigte sich z. B., dass Leistungen in Mathematik sich schon frühzeitig stabilisierten. Wer im Vorschulalter bereits mit guten Leistungen aufwarten konnte, behielt sie auch in späteren Jahren bei, während Kinder mit anfänglich niedrigen Leistungen der Tendenz nach auch noch im vierten Schuljahr schlecht abschnitten.

Abgesehen davon, dass heute Anlage und Umwelt als sich gegenseitig bedingende und unterstützende Kräfte gesehen werden, gibt es noch eine spezielle Dynamik. Da Merkmale zu je 50% von beiden Elternteilen vererbt werden, findet das Kind Umweltanregungen vor, die seinem Genotyp entsprechen, so dass eine gewisse Passung besteht; denn die von den Eltern bevorzugte und gestaltete Umwelt passt zu ihrem Genotyp und damit auch zum Genotyp des Kindes. Man nennt dies auch passive Genotyp-Umwelt-Interaktion. Sobald die Eltern und andere Bezugspersonen besondere Befähigungen und Interessen beim Kind bemerken, wählen sie aktiv Anregungen aus, die zu den Neigungen und dem Können des Kindes passen (evokative Genotyp-Umwelt-Interaktion). Schließlich aber wächst das Kind heran und wählt selbst aus der Umwelt aus, was zu ihm passt (aktive Genotyp-Umwelt-Interaktion). Gewöhnlich geschieht das erst im Jugend- oder frühen Erwachsenenalter. Diese letzte Form der Wechselwirkung ist für unsere Thematik besonders wichtig, da das persönliche aktive Bemühen um Zugang zu der den eigenen Potenzialen entsprechenden Umwelt meist für die späteren Erfolge ausschlaggebend ist. Die gezielte Wahl von Orten, Institutionen und Personen bildet eine Vorbedingung für den Zugang zum „Feld", in dem sich bereichsspezifische Kreativität erst entfalten kann. Für Maler und Bildhauer war zu Beginn des zwanzigsten Jahrhunderts Paris das Eldorado der Kunst. Frank Sinatra sang trotz des Verbotes seines Vaters in Kneipen und wurde nicht Arbeiter, wie es sein Vater gerne gehabt hätte.

Dennoch sollte man sehr vorsichtig bei der Zuweisung von besonderer „Begabung" sein. Kreative Prozesse zeigen sich bei allen Menschen, und die Qualität und Eigenart dieser Prozesse scheinen bei Höchstleistungen die gleiche zu sein wie bei Leistungen im Normalbereich. Dies soll im nächsten Abschnitt näher ausgeführt werden.

1.3 Der kreative Prozess

Kreativität ist als natürlicher Prozess anzusehen, der biologisch aus den Aktivitäten Wiederholung, Variation und Strukturierung resultiert. Jeder tierische Organismus zeigt Aktivitäten, beim Menschen sind dies äußere und mentale Handlungen, z. B. Denken und Vorstellungen. Aktivitäten werden wiederholt. Dies zeigt sich vor allem im Spielverhalten, bei dem Kinder unermüdlich Tätigkeiten, die ihnen Spaß machen, repetieren. Aber jede Wiederholung erzeugt auch Abweichungen, da ein lebender Organismus nie ein zweites Mal genau gleich agieren kann. So kommt es zu Variationen des Verhaltens, die mehr oder minder zwangsläufig zu etwas Neuem führen. Handlungen, ob mental oder motorisch, folgen nicht zufällig und beliebig aufeinander, sie formieren sich zu einer Struktur und erhalten damit eine Ordnung. Am Beispiel der kindlichen Gesangsimprovisation sei das Zusammenwirken dieser drei Prozesse erläutert. Wenn Vorschulkinder vor sich hin singen, wiederholen sie gerne ein Motiv, das ihnen gefällt. Dieses Motiv wandelt sich, sei es, dass es fehlerhaft wiederholt wird, sei es, dass das ursprüngliche Motiv vergessen wird oder sei es, dass das Kind das Motiv absichtlich verändert. Solche kindlichen Improvisationen haben immer eine Struktur, z. B. die Form abcd oder aabbc, wobei für jeden Buchstaben ein anderes Motiv steht.

Es gibt eine menschliche Grundhaltung, die Kreativität fördert und vielleicht die conditio sine qua non für Kreativität bildet: das Spiel. Sucht man nach allgemeinen Kennzeichen für Spiel, so lassen sich vier Merkmale ausmachen: Selbstzweck, Wiederholung, Realitätstransformation und Gegenstandsbezug. Alle vier Merkmale finden wir ausgeprägt bei kreativen Prozessen. Der Selbstzweck beim Spiel zeigt sich darin, dass Handlungen nicht ein Ziel außerhalb der Tätigkeit selbst verfolgen. Spielerische Tätigkeit wird um ihrer selbst willen betrieben. Bei kreativen Prozessen spielt man mit Ideen und Einfällen oder auch mit konkretem Material. Auch wenn im Hinterkopf die Zielsetzung solcher Tätigkeiten existiert, nimmt der Akteur doch häufig eine Spielhaltung ein und kümmert sich gegenwärtig nicht darum, ob die Tätigkeit dem Ziel dient oder nicht. Das zweite Merkmal, die Wiederholung, ist ebenfalls Grundbestandteil des Spiels und besitzt die Eigenart, dass keine Ermüdungserscheinungen auftreten. Dieses Phänomen zeigt sich noch im Erwachsenenalter, etwa wenn Kartenspieler bis tief in die Nacht hinein spielen, Skifahrer immer von neuem den Hang hinunterfahren und Menschen unermüdlich ihren Hobbys im Keller nachgehen. Das Spielmerkmal der Realitätstransformation ist für kreative Prozesse besonders bedeutsam. Im Spiel deuten Kinder die Realität um und schaffen sich eine eigene Wirklichkeit, die sie recht scharf von der sozialen Realität abgrenzen können. Gesunde, normal entwickelte Kinder können rasch und problemlos zwischen der Spielrealität und der sozialen Realität hin- und herwechseln. Genau das tun Kreative, die in Gedanken andere Realitätsentwürfe entwickeln und solche hypothetischen Konstruktionen auf ihre Brauchbarkeit hin prüfen.

Der Gegenstandsbezug schließlich, der sich beim Kind meist als Umgang mit konkreten materiellen Objekten zeigt, nimmt bei kreativen Prozessen auf späteren Altersstufen ein breites Spektrum ein, das vom Umgang mit Stoffen und materiellen Objekten (Physik, Chemie, Technik) bis zu geistigen Gebilden, wie mathematischen Konstrukten reicht. Bei der Festveranstaltung zur Verleihung des Nobelpreises für Physik 2005 an Theodor Hänsch an der LMU hob Wolfgang Ketterle, ebenfalls Nobelpreisträger für Physik, die spielerische Haltung und Neigung des Geehrten hervor, der seine Forschung immer wieder auch als Spiel ansah. Idealerweise verbinden sich Spiel und Arbeit im Erwachsenenalter auch in anderen Bereichen.

Obwohl es schwer ist, die Vielfalt kreativer Prozesse systematisch zu fassen, lassen sich doch Schritte oder Etappen ausmachen, die bei kreativen Leistungen immer wieder beobachtet wurden, vor allem in Feldern, in denen Expertise Voraussetzung für kreative Leistungen ist. Es handelt sich um folgende fünf Etappen: Vorbereitungsphase, Inkubations- oder Reifungsphase, Einsicht, oft als Aha-Erlebnis auftretend, Bewertung des Einfalls und Ausarbeitung.

Es lohnt sich diese Schritte an einem konkreten Beispiel zu demonstrieren. Watson und Crick, die das Modell der Doppelhelix für die Anordnung unserer Erbsubstanz, der DNA fanden, beschäftigten sich im Herbst 1951 mit dem Problem der Struktur der DNA. Ihre Vorbereitungsphase bestand in der Auseinandersetzung mit bisherigen Arbeiten, wobei sie vor allem auf die Forschungsergebnisse von Pauling und Brigg zurückgreifen konnten. Die Inkubations- und Reifungsphase beinhaltete, dass sie bereits im November 1951 Modelle einer dreisträngigen Helix entwickelten, die sie aber als unbrauchbar verwerfen mussten. Sie änderten die Konstruktion der Modelle und beschäftigten sich in den darauffolgenden Monaten mit zweisträngigen Helix-Modellen, die aber zunächst ebenfalls unbrauchbar waren. Dennoch waren sie mit ihren Anordnungsversuchen der Basen schon nahe an der Lösung. Der entscheidende Einfall kam Watson, als er eines Morgens mit den auf dem Schreibtisch aufgestellten Modellen herumprobierte. Dabei kam er zu der entscheidenden Lösung, die sich, wie er selbst berichtet, plötzlich einstellte. Mit Crick zusammen wurde die Idee bewertet und als adäquate Lösung der DNA-Struktur erkannt. Die Ausarbeitung und darauffolgende Publikation waren dann nur noch Routinearbeiten. Übrigens blieb diese Entdeckung jahrelang unbeachtet. Das „Feld" erkannt erst später die Bedeutung dieser Erkenntnis.

Im Alltag zeigen sich die Phasen des kreativen Prozesses in ähnlicher Weise, aber meist in einem zeitlich ganz kurzen Verlauf, der in der Selbsterfahrung oft bedeutungslos bleibt. Ein kleines Beispiel: Beim Versuch, die Glut eines Grillherdes anzufachen, fehlte ein Gebläse. Der Gastgeber sah zufällig in der Nähe einen Elektrobohrer liegen, den er zuvor gebraucht hatte. Da kam ihm die Idee, dass die Rotation des Bohrers ebenfalls Wind erzeugt und als Gebläse benutzt werden könnte. Also benutzte er das Werkzeug erfolgreich, indem er es zweckentfremdete. Solche Beispiele lassen sich beliebig vermehren. Im Allgemeinen ist es vorteilhafter, die genannten Etappen des kreativen Prozesses in Forschung, Kunst und Musik als fortlaufende Kette aufzufassen, bei der sich die fünf Etappen ständig wiederholen. Auch die Entstehungsgeschichte der Doppelhelix ließe sich in eine fortlaufende Folge der fünf Etappen darstellen.

Die Analyse von Denkprozessen zeitigt einige Besonderheiten, die man auch praktisch bei Kreativitätstraining oder in Gruppen, die neue Einfälle und Ideen kreieren sollen, nutzt. Während logisches Schlussfolgern beim Problemlösen linear Schritt für Schritt vorgeht und den Denkweg kontrolliert, tritt bei kreativen

Prozessen eine Form des Denkens hinzu, die gleichzeitig nach verschiedenen Richtungen sucht und die Kontrolle und Bewertung aufschiebt. Das lineare logische Denken nennt man auch konvergent, die zweite Form des Denkens divergent. Es gewährt den mentalen Prozessen freien Lauf und lässt es assoziativ im Problemraum herumsuchen. Wenn ein Einfall gefunden wurde, kommt es zu der oben beschriebenen Phase der Bewertung. Fällt diese positiv aus, dann geht es an die Ausarbeitung, bei der nun wieder das konvergente kontrollierende Denken am Werk ist. Diese Phase ist gewöhnlich arbeitsaufwendig und bildet die 99% Transpiration, von der Edison sprach. Aus der Computersprache stammt noch ein anderer Terminus, der sich auf Kreativität anwenden lässt: die parallele Verarbeitung von Information. Während man Computer zunächst mit einem linearen Algorithmus programmierte, der Probleme systematisch Schritt für Schritt bearbeitete, verwendet man heute auch Programme mit Parallelverarbeitung, die gleichzeitig mehrere Informationsverarbeitungsprozesse durchführen. Sie erweisen sich beim Sprach- und Schrifterkennen als vorteilhaft. Kreatives Denken kann analog zur Parallelverarbeitung bei Computern gleichzeitig nach mehreren Richtungen suchen und beim Auffinden eines Ergebnisses dieses bewusst werden lassen. Die Vorgänge während des Suchens hingegen können nicht bewusst sein, da wir nur mit einem Inhalt bewusst im Arbeitsgedächtnis umgehen können.

Die Nichtbewusstheit kreativer Vorgänge erklärt auch die phänomenologische Seite von Kreativität, mit der man sich früher schon beschäftigt hat. Wie erleben Kreative Wege und Ergebnis ihrer Einfälle? Es werden vor allem fünf Merkmale genannt: Ichferne, Ideenfluss, Imagination, Emotionale Erregung und Neuheitseindruck. Die Ichferne kreativer Einfälle führt zu dem Eindruck, dass der Einfall gar nicht von einem selbst, sondern von außen kommt. Der Einfall wird als Eingebung, als Inspiration erlebt. Kreative, vor allem Musiker, bildende Künstler und Schriftsteller berichten von einem Ideenfluss, der sie regelrecht überwältigt und mit dem sie nur zurechtkommen, wenn sie ihn in Werke umsetzen, in Musik, Bilder und Literatur. Mozart und Schubert haben in ihrem kurzen Leben soviel komponiert, dass das bloße Abschreiben genauso viel oder sogar mehr Zeit in Anspruch nehmen würde, wie die Schaffenszeit dieser Künstler. Die Imagination bezieht sich auf die Repräsentation von Ideen und Einfällen. Sie sind als visuelle oder als Klangbilder präsent oder werden als komplexe vernetzte Strukturen repräsentiert. Die Imagination scheint selbst bei Mathematikern am Werk zu sein, die sich bei der Beschäftigung mit hoch abstrakten Strukturen anschaulicher Modelle bedienen. Kreative Prozesse sind zudem meist mit hoher emotionaler Erregung verbunden. Vor allem wird der Einfall, die neue Idee von einem Erregungshöhepunkt begleitet. Es entsteht der Eindruck des Neuen, das bei seiner Vergegenwärtigung oft euphorisch begrüßt wird. Der nachfolgende Schritt der Bewertung muss dann klären, ob die Euphorie berechtigt war.

Weisberg, der schon in den achtziger Jahren ein Buch über Kreativität geschrieben hat, behauptet, dass sich Hochkreative, wie führende Wissenschaftler, Künstler und Erfinder, nicht qualitativ vom Normalmenschen unterscheiden. Er analysiert unter anderem Darwins Schritte hin zur Evolutionstheorie sowie die Entdeckung der Doppelhelix und zeigt anhand der gut dokumentierten Schritte, dass alle registrierbaren mentalen Vorgänge nichts Außergewöhnliches zeigen, sondern Prozesse sind, die bei allen Menschen existieren. Das freilich erklärt nicht, wie solche hochkreativen Ergebnisse zustande kamen. Die Argumentation Weisbergs erinnert an das Ei des Columbus. Liegt der Einfall erst einmal vor, dann hat man häufig den Eindruck, dass ihn jeder hätte finden können. Wir sollten das Besondere und oft Unbegreifliche an kreativen Leistungen nicht plattreden, sondern uns darüber freuen, dass es sie gibt.

1.4 Kreativitätstraining und Barrieren von Kreativität

Als der Sputnik 1957 von den Sowjets ins All geschossen wurde, verursachte dies in den USA einen Schock. Man war verblüfft und erschrocken darüber, dass die zweite Weltmacht in der Astronautik vorne lag. Eine heftige Forschungsaktivität setzte ein, die auch die Psychologie einschloss. Die Psychologen beschäftigten sich nicht nur mit der Erforschung kreativer Prozesse, sondern auch mit der Frage, wie man Kreativität fördern könnte. Eine Methode, die Maltzman entwickelte, regte Probanden dazu an, seltene Assoziationen zu vorgegebenen Themen zu produzieren. Trainierte Probanden schnitten bezüglich der Originalität der Einfälle besser ab, besonders dann, wenn man sie anregte, originelle Assoziationen zu finden. Bekannt wurde vor allem die Methode des Brainstormings in Gruppen von Osborn, die heute noch gerne in Betrieben genutzt wird. Die Gruppenmitglieder werden dazu angeregt, frei ihre Ideen zu äußern, ohne dass sie gleich von der Gruppe bewertet werden (Urteilsaufschub). Dazu werden Regeln für die Produktion von Einfällen angegeben. Zu ihnen gehören: andere Verwendungszwecke setzen, Adaptieren (an neue Verwendungszwecke), Modifizieren (z. B. Farbe, Form, Bewegung, Klang ändern), Vergrößerung (der räumlichen Ausdehnung oder der Bedeutung), Verkleinerung, Ersetzen (durch ein anderes Objekt, eine andere Idee), Neuordnen und Kombinieren.

Kreativität spielt sich aber keineswegs nur in der Vorstellung und im Denken ab. Schon das Manipulieren an Gegenständen oder Modellen ist kreativitätsfördernd. So hat man Kindern im Grundschulalter Spielzeug gegeben mit der Bitte, Vorschläge zu machen, wie man das Spielzeug verbessern könne, so dass es mehr

„Spaß machen" würde. Kinder, die Gelegenheit hatten, viel mit den Spieldingen manipulieren zu können, brachten mehr und bessere Vorschläge. Auch Watson, der Mitentdecker der Doppelhelix fand beim Herumspielen mit den Basenmodellen plötzlich die Lösung. Sie stellt freilich das Ergebnis monatelangen Bemühens dar, aber die Unterstützung des Denkens durch äußeres Handeln verhalf wohl zum entscheidenden Erkenntnisschritt.

Heute gibt es ganze Bücher mit Anregungen zum Kreativitätstraining. Sie haben allesamt die Annahme, dass sich Kreativität ganz allgemein, d.h. über alle Bereiche hinweg fördern lasse und dass Expertise keine Voraussetzung für Kreativität darstelle. Beide Annahmen sind falsch, so dass man sich von solchen Rezepten nicht allzu viel erwarten kann.

Leider muss man davon ausgehen, dass es wesentlich mehr Barrieren als fördernde Bedingungen für Kreativität gibt. Barrieren lassen sich im Bildungssystem, im Sektor von Beruf und Arbeit, in Wirtschaft und Verwaltung und in der Politik ausmachen. Davon wird in den folgenden Kapiteln noch ausführlich die Rede sein. Es gibt zwei allgemeine Blockaden, nämlich Blockaden von Seiten der Umwelt und Blockaden, die vom Individuum selbst aufgerichtet werden. Bevorzugt werden in nahezu allen Bereichen Personen, die angepasst sind und keine Ecken und Kanten haben. Bewerberinnen und Bewerber versuchen bei Einstellungsgesprächen möglichst genau dem Klischee des tüchtigen, unauffälligen und angepassten Arbeitnehmers zu entsprechen. Je besser sie dem Profil entsprechen, desto größer ist die Chance einer Einstellung. Dies gilt nicht nur für das Arbeitsleben, sondern auch für das Bildungssystem. Wer in den Schulen und Universitäten am genauesten weiß, was Lehrkräfte und Dozenten wünschen, erhält die besten Noten. Kreative sind von ihrer Persönlichkeitsstruktur, wie wir sahen, sensibel, oft unausgeglichen, nicht angepasst und können Leistungen nicht auf Kommando erbringen. Wer kreative Mitarbeiterinnen und Mitarbeiter, Schülerinnen und Schüler wünscht, muss von Anpassungsklischees Abstand nehmen und Abweichungen zulassen. Letztlich sind die Kulturen als Rahmen menschlichen Zusammenlebens eher konservativ und wählen allenfalls aus dem Neuen das aus, was die Tradition gerade noch zulässt.

Es gibt auch Barrieren beim Individuum selbst. Zu ihnen gehören: die falsche Selbsteinschätzung (Fehlattribution), man sei nicht kreativ, Leistungsängste vor Versagen und nicht zuletzt der Zeitdruck. Solchen individuellen Barrieren kann man eher begegnen als den institutionalisierten Barrieren. Beim Abschnitt über Innovation werden wir noch einmal auf Barrieren zu sprechen kommen.

1.5 Der sozio-kulturelle Ansatz

Aus dem bisher Gesagten wird deutlich, dass wir das Phänomen der Kreativität nicht ausschließlich am Individuum festmachen dürfen, sondern dass Kreativität in Gesellschaft und Kultur eingebettet und das Resultat eines gesamt- systemischen Zusammenhangs ist. Diesen Aspekt gilt es im Folgenden zu vertiefen. Beginnen wir mit Hochkreativen, die man als Genie bezeichnet. Das Verständnis vom Genie als romantisierte Figur in einer individualistischen Gesellschaft hat sich erst historisch seit der Renaissance entwickelt. Die Vorstellung vom Genie hängt mit der zunehmenden Individualisierung der Gesellschaftsordnung zusammen. Je mehr der einzelne an Bedeutung und Selbstwert gewinnt, desto mehr werden herausragende Leistungen einzelner Personen als ihr eigenes Verdienst gewertet.

Beispiele aus anderen Kulturen zeigen ein deutlich anderes Bild. Sawyer nennt als Beispiel die Kaste der Merawi-Maler in Indien. Sie stellen religiöse Bilder, Heiligen- und Götterbilder in verschieden hoher Qualität her. Die billigsten Produkte sind Massenware und werden von einer bestimmten Untergruppe der Merawi-Kaste angefertigt. Dann gibt es Bilder mit höherer Qualität, die als wertvoller angesehen werden und daher auch teurer sind. Schließlich gibt es sehr hochwertige Produkte, die einzelne Künstler anfertigen und für die ein hoher Preis verlangt wird. Die Kaste der Merawi wird nun aber nicht nach Begabung einzelner Künstler gebildet, es gibt keinen Zutritt von außen. Man muss vielmehr in die Kaste hineingeboren sein. Im Laufe der individuellen Entwicklung wachsen die Kinder und Jugendlichen in ihr zu Experten heran, sie werden nicht aufgrund ihrer Begabung sondern ihrer Kastenzugehörigkeit zu Künstlern.

In unseren modernen Gesellschaften gibt es etwas Analoges, Kasten von Experten, die oben als „Feld" bezeichnet wurden. Oft grenzen sich diese „Kasten" voneinander ab und bekriegen sich. Diese Situation ist angesichts einer anderen Entwicklung geradezu absurd. Die wesentlichen Fortschritte werden heute nämlich durch Teamarbeit erzielt. Alle Großprojekte, ob wissenschaftlich oder technisch, können nur durch die Zusammenarbeit von Experten aus verschiedensten Gebieten vorangebracht werden. Die Kreativität resultiert aus dem Zusammenfügen vieler einzelner Beiträge. Beispiele hierfür sind die Raumfahrt, der neue Protonenbeschleuniger von CERN und das Extra Large Telescope in der Atacama-Wüste in Chile. In der Raumfahrt mussten viele unterschiedliche technische Probleme gelöst werden. Eines davon bestand darin, leistungsfähige Computer zu bauen, die möglichst klein und leicht waren. Auf diese Weise gab es einen regelrechten Sprung in der Entwicklung von Computern. Der Large Hadron Collider von CERN ist ein technisches Meisterwerk, das auf verschiedenen Gebieten neue Entwicklungen erforderte, unter anderem die Herstellung eines Vakuums riesigen Ausmaßes und die Erzeugung tiefer Temperaturen, die noch unter der Temperatur des Weltraums liegen. Das Extra Large Telescope in der Atacama-Wüste in Chile erforderte ebenfalls die Zusammenarbeit verschiedenster Experten. Ein Problem bestand z. B. in der Beförderung der riesigen Spiegel, die beim Transport zu ihrem Standort keine Verzerrungen erfahren durften. Kreativität ist heute eine Leistung, die nur noch gemeinsam erbracht werden kann. Dies gilt für wissenschaftliche Forschung in Labors, die meist in Teamarbeit durchgeführt wird, in den technischen Entwicklungseinrichtungen von Großbetrieben und wird mehr und mehr zum Bestandteil in allen Bereichen von Produktion und Dienstleistung.

Auch im künstlerischen Bereich stehen heute vielfach kreative Gruppenleistungen im Vordergrund. So hat man beispielsweise analysiert, dass bei der Herstellung eines Filmes kreative Beiträge von 50 verschiedenen Leuten stammen. Regisseur und Drehbuchautor sind keineswegs die einzigen, die bestimmen, was aus einem Film wird. Kameraleute, Beleuchter, Designer, Techniker für besondere Effekte und last not least Schauspieler gestalten den Film mit. Bei Jazz-Ensembles und Bands wird die kreative Gruppenleistung unmittelbar evident. Das aufeinander abgestimmte improvisierende gemeinsame Musizieren macht die musikalische Leistung aus.

In Betrieben wird Teamkreativität immer wichtiger. Deshalb fragt man sich natürlich, unter welchen Bedingungen Teams besonders effizient sind. Diese Frage wird in späteren Kapiteln noch ausführlich behandelt. Im Folgenden sei an einem Untersuchungsbeispiel demonstriert, wie sich erfolgreiche Gruppen von erfolglosen unterscheiden. Scholl hat 21 Gruppen gebildet und ihnen eine schwere Aufgabe zur Bearbeitung vorgelegt. Die Gegenüberstellung der vier erfolgreichsten und der vier erfolglosesten Gruppen erbrachte deutliche Unterschiede, die in Tabelle 1 zusammengefasst sind. Interessanterweise vertrugen die erfolgreichen Gruppen interne Widersprüche eher und zeigten trotz der Schwierigkeit der Aufgabe positive Emotionen. Die erfolglosen Gruppen hatten stärker harmonisierende Tendenzen und beklagten, dass die Aufgabe mit zu vielen Schwierigkeiten behaftet sei.

Obwohl nach wie vor einzelne Hervorragendes zustande bringen und mehr als andere kreative Leistungen vorweisen können, gilt heute bei vielen praktischen Problemen häufig die Feststellung: „Der Durchschnitt ist besser als das Genie."

2. Innovation

2.1 Was ist Innovation?

Innovation und Kreativität sind nicht das Gleiche. Von Innovation sprechen wir, wenn eine Idee, die sich als nützlich erweist, in die Praxis umgesetzt und von der Gesellschaft oder einer maßgeblichen Gruppe der Gesellschaft als wertvoll und wünschenswert angesehen wird. Zur Innovation gehören daher vier Bedingungen: (a) Personen, die das Neue kreieren, (b) Verbündete, die das Neue implementieren, (c) Rahmenbedingungen, die diese Implementierung ermöglichen, und (d) eine Bevölkerungsgruppe, die das Neue akzeptiert und nutzt. Obwohl wir auch bei Kreativität als Definitionskriterium die Übernahme des Neuen durch die Kultur genannt haben, können kreative Ergebnisse ohne praktische Wirkung bleiben. Sie sind zwar dann Bestandteil der Kultur, verändern aber gesellschaftliche Praxis nicht. Viele wissenschaftliche Erkenntnisse erfahren dieses Schicksal. Selbst umwälzende wissenschaftliche Neuerungen, wie die Quantenphysik, blieben zunächst ohne praktische Folgen. Sofern ihre Nutzung für die Computertechnologie möglich wird, würde auch sie zu einer Innovation beitragen.

Innovationen können zur Bildung von Systemen führen, die eine Eigendynamik entwickeln. Die Erfindungen des Kraftfahrzeugs und des Computers haben die Welt verändert. Die Erfindung des Skifahrens hat ganze Industriezweige ins Leben gerufen, die Landschaft (oft nicht zu ihrem Vorteil) verändert und dafür gesorgt, dass an Winterwochenenden die Straßen verstopft sind. Die Entwicklung solcher Phänomene zeigt typische Systemeigenschaften, vor allem aber Emergenz und Selbstorganisation. Wenn Innovation in bestehende Systeme eingreift, tritt sie in Wechselwirkung mit ihnen und verändert sie nicht selten so, dass etwas Neues entsteht. So hat die Entstehung der Supermärkte außerhalb der Ortschaften viele Geschäfte im deren Zentrum zur Aufgabe gezwungen und Einkaufsgewohnheiten und die Verkehrssituation verändert.

Innovation ist aber nicht nur eine Angelegenheit industrieller Produktion und wirtschaftlicher Veränderung, sondern sollte in möglichst vielen Bereichen stattfinden. Wichtige Bereiche sind: Familie, Bildungssystem, Naturwissenschaft und Technik, Arbeitswelt, industrielle Produktion, Verwaltung, Politik und Gesellschaft. Wir haben kein Problem, die Erfindung des Handys als Innovation zu bezeichnen, tun uns aber schwerer, die Einführung der Demokratie und der sozialen Marktwirtschaft nach 1945 als Innovation zu erkennen, obwohl sie viel bedeutsamer und grundlegender war.

2.2 Wirkung und Arten von Innovation

Innovation ist das Ergebnis zweier Prozesse, dem Angebot von Problemlösungen durch Ideen und Produkte (Erfindungen, Entdeckungen) sowie der Nachfrage nach Problemlösungen. Im Idealfall gibt es, wie generell auf dem Markt, auch bei Innovationen eine gute Passung zwischen Angebot und Nachfrage. Innovationen setzen sich auf dem Markt besser durch, wenn sie einer Bedarfslage entgegenkommen. Die Erfindung von Waschmaschine und Spülmaschine bedeutete eine wesentliche Erleichterung der häuslichen Arbeit. Die Einführung des Fernsehens kam dem Bedürfnis nach Information, Abwechslung und Unterhaltung entgegen. Während aber die Erleichterung häuslicher Arbeit uneingeschränkt als Segen betrachtet werden kann, ist Fernsehen als Innovation trotz einer analogen Passung von Angebot und Bedarf auch problematisch. Der Fernsehkonsum kann die passive Rezeption bis hin zur Sucht fördern und aktive Freizeitgestaltung blockieren.

Es lassen sich zwei Arten von Innovation unterscheiden: Produktinnovation und Prozessinnovation. Bezogen auf die Autoindustrie wäre die Entwicklung eines neuen Wagentyps eine Produktinnovation, während die Verbesserung des Fertigungsvorganges eine Prozessinnovation darstellt. Im Bildungssystem könnte man die Verbesserung schulischer Leistungen, z. B. bei den sozial benachteiligten Gruppen als Produktinnovation ansehen, und die sie bedingende Umstrukturierung des Lehr-Lern-Systems als Prozessinnovation kennzeichnen. Aus diesem Beispiel wird deutlich, dass beide Innovationsarten nötig sind und wechselseitig voneinander abhängen.

Innerhalb des Marktsektors unterscheidet man zwischen Marktsog-Innovation und Technologiedruck-Innovation. Die Marktsog- oder Market-Pull-Innovation reagiert auf ein vorhandenes Bedürfnis und sucht es durch ein neues Angebot zu befriedigen. Typische Beispiele für diese Art der Innovation, die an das bereits genannte Passungsmodell anknüpft, waren die Erfindung des Kraftfahrzeuges, der Küchengeräte und des Telefons. In allen drei Fällen konnten die Produkte basale menschliche Bedürfnisse befriedigen, Bedürfnisse, die seit Beginn der Menschheitsgeschichte vorhanden waren und schon zuvor Erfindungen anregten, wie bei dem Bedürfnis nach Kommunikation und Informationsaustausch über weite Strecken die Nutzung optischer (Licht-, Rauchsignale) und akustischer (Trommelsignale) Zeichen und beim Bedürfnis nach Fortbewegung die Nutzung des Reittieres. Letztlich ist aber jedes Werkzeug eine Marktsog-Innovation. Werkzeuge wurden erfunden, um bestimmte konkrete Ziele leichter zu erreichen.

Die Technologiedruck-Innovation geht von der Verbesserung vorhandener Geräte aus, die zwar gute Dienste leisten, aber infolge des wissenschaftlichtechnischen Fortschritts über kurz oder lang rückständig, nicht mehr zeitgemäß sind. Diese Art der Innovation folgt einer gewissen Sachlogik und ergibt sich zwangsläufig aus der Tendenz, Produkte zu verbessern. Die Kunden zeigen sich jedoch zunächst mit dem vorhandenen Produkt zufrieden. Jede Neuerung erfordert auch neue Lernprozesse, was eine zusätzliche Anstrengung und zeitliche Belastung bedeutet. Die Kunden müssen also erst für das Neue gewonnen werden. Beispiele für Technologiedruck-Innovation sind die Einführung des Kabelfernsehens, die Umstellung auf Flachbildschirme und die Entwicklung neuer Computer und neuer Programme. In letzterem Falle hilft man der Trägheit des Kunden dadurch auf die Beine, dass ältere Computer und deren Software nach einiger Zeit nicht mehr kompatibel sind und zwangsläufig neue Geräte erworben werden müssen.

Eine andere Einteilung von Innovation bezieht sich auf das Kriterium der Kontinuität. Wenn es nur um Weiterführung und Verbesserungen bisheriger Produkte und institutioneller Struktur geht, handelt es sich um kontinuierliche Innovation. Sie findet in fast allen Bereichen permanent statt. Kontinuierliche Innovation gibt es auf fast allen Sektoren des Marktes, wobei konkrete Produkte, wie Gebrauchsgegenstände, Kraftfahrzeuge, Handys ebenso betroffen sind wie generelle innovative Maßnahmen (z. B. Energiesparen) oder pseudoinnovative Entwicklungen (z. B. Lehrplankorrekturen in den Schulen). Diskontinuierliche Innovation liegt dann vor, wenn neue Geräte mit Dienstleistungen auf den Markt kommen, die es bislang nicht gegeben hat. Die Einführung des Computers, die Etablierung des Internet und natürlich auch die Erfindung des Fliegens sind solche diskontinuierlichen Innovationen. Bemerkenswerterweise sind sie als Produkte des Marktes erstaunlich leicht durchsetzbar, während diskontinuierliche Innovationen in Institutionen mit langer Tradition nur sehr schwer realisierbar sind. Die Verwaltung verharrt im Wesentlichen auf Jahrhunderte alten Strukturen, das Bildungssystem hat sich trotz innovativer Anregungen aus der Forschung kaum gewandelt, und die Politik hält zäh an bestimmten Mechanismen fest. Davon wird in späteren Kapiteln ausführlich die Rede sein.

2.3 Merkmale und Einflussfaktoren von Innovation

Die Marktforscher Rogers und Shoemaker haben bereits in den siebziger Jahren des vorigen Jahrhunderts Eigenschaften beschrieben, die bei der Durchsetzung von Innovation typischerweise vorhanden sind. Es handelt sich dabei um die folgenden fünf Kriterien.

Relativer Vorteil. Innovation setzt sich durch, wenn ihr Vorteil im Verhältnis zu den bisherigen Produkten oder Prozessen erkennbar ist. Lässt sich ein Gerät leichter als bisher bedienen, so wird es sich verkaufen. Werden Verwaltungswege verkürzt und vereinfacht, so wird man sich darüber freuen. Eine Vereinfachung des Steuersystems ist lange angedacht. Wenn es dazu noch als sozial gerecht empfunden wird, dürfte es von der Bevölkerung breite Akzeptanz erhalten.

Kompatibilität. Wenn Neues mit Bisherigem kompatibel ist, kann es leichter übernommen werden. Ein Produkt, das an die Stelle des alten tritt, sei es ein neues Waschmittel, neue Konserven oder ein neues Werkzeug, wird fast schon gewohnheitsmäßig erworben. Neue Wege der Geldüberweisung oder der Steuervorauszahlung sind zwar auch kompatibel, werden aber abgelehnt, wenn die „Neuerungen" zu oft aufeinanderfolgen. Das Elsterprogramm, das die Steuerzahlung vereinfachen soll, wird jährlich erneuert und bringt Ärger, wenn der Kunde kein eifriger Computernutzer ist. Bankgeschäfte über Computer und Telefon sind vielen Kunden suspekt und werden nur akzeptiert, wenn die traditionellen Wege nicht mehr genutzt werden können.

Möglichkeit des Ausprobierens (triability). Die Werbung für neue Produkte operiert gerne mit der Aufforderung, das Produkt auszuprobieren. Lebensmittel, Waschmittel oder Kosmetika werden kostenlos angeboten, um das Ausprobieren verlockender zu machen. Besonders beliebt sind die kostenlosen Probefahrten mit neuen Kraftfahrzeugen. Sogar im Bildungssystem gibt es das Austesten. Obwohl es dort schwieriger ist, versuchen es viele Eltern mit Privatschulen, die Alternativen zum staatlichen Schulsystem anbieten.

Beobachtbarkeit, Veranschaulichung (observability). Das Ausprobieren beinhaltet zugleich die Möglichkeit, sich ein Bild von einer Sache zu machen. Produktinnovationen werden durch Vorführungen, Prozessinnovationen durch Zutritt zur betreffenden Einrichtung, wie etwa dem Tag der offenen Tür, anschaulich gemacht. Messen vereinen oft das Prinzip des Ausprobierens mit dem der Veranschaulichung.

Komplexität. Innovationen können in zwei Richtungen verlaufen, sie können im Vergleich zum Bisherigen komplexer oder einfacher werden. Autos sind im Laufe der Jahrzehnte zugleich komplexer und einfacher geworden. Die Vereinfachung bezieht sich vor allem auf die Bedienung des Fahrzeugs (Automatik, Abschließen, elektrische Fensteröffner), die zunehmende Komplexität auf Motor und Getriebe (computergesteuerte Systeme), so dass der Besitzer nicht mehr wie früher einfache Reparaturen ausführen oder ein stehengebliebenes Fahrzeug wieder zum Fahren bringen kann. In den Verwaltungen hat die Komplexität permanent zugenommen. In Brüssel ist das Gesetzeswerk beispielsweise auf über 90000 Seiten angewachsen. Hier würde Innovation auf jeden Fall eine Reduktion von Komplexität erfordern.

Weitere Einflussfaktoren. Neben diesen Merkmalen der Vermittelbarkeit gibt es noch eine Vielzahl von Einflussfaktoren, die mit der Marktfähigkeit eines Produkts zusammenhängen: z. B. Kosten, Erträge, Risiken und Leistungsfähigkeit. Während die oben genannten Merkmale eher psychologischer Natur sind, handelt es sich hier um objektiv fassbare Größen. Kosten und Erträge müssen sich bei Innovationen die Waage halten. Die Risiken müssen einerseits abschätzbar sein, andererseits bedeuten Innovationen immer auch das Tragen von Risiken. Schließlich muss das Neue leistungsfähig sein, sonst verschwindet es wieder.

Trotzdem hat es den Anschein, dass Unternehmer selbst als zentralen Faktor eine psychische Komponente nennen: Das Vertrauen. Sie betonen in Umfragen immer wieder, dass sie in ihre Leistungsfähigkeit und die ihrer Mitarbeiter Vertrauen setzen und vor allem, dass sie auf den Erfolg ihres Produkts vertrauen. Börsen und Banken belegen derzeit eindrucksvoll, wie sehr das ganze Wirtschaftssystem auf Vertrauen beruht. Innovationen setzen sich letztlich nur durch, wenn die psychologische Basis eines Vertrauensverhältnisses zwischen Anbieter und Kunden hergestellt wird bzw. erhalten bleibt. Insofern muss man dem Konzept des Homo oeconomicus, der rational abwägt, kalkuliert und entscheidet, widersprechen. Vielmehr ist es die emotionale und letztlich irrationale Komponente des wechselseitigen Vertrauens, welche das wirtschaftliche und gesellschaftliche Leben aufrecht erhält.

2.4 Verbreitung und Akzeptanz von Innovation

An Innovationen sind immer zwei komplementäre Prozesse beteiligt: die Verbreitung der Innovation und die Adaptation der Abnehmer. Die Verbreitung gewährleistet erst, dass ein genügend hoher Anteil von potenziellen Abnehmern von dem neuen Produkt, generell der Neuheit erfährt. Die Verbreitung geschieht bei Marktprodukten gewöhnlich über Werbemaßnahmen. Viele „Neuheiten" werden aber mehr noch durch Mundpropaganda verbreitet. Dies ist z. B. der Fall bei Gesundheitsfragen. Es gibt eine Reihe von angeblich gesundheitsfördernden Mitteln und Praktiken, die Modecharakter haben, d. h. ohne hinreichende Sachinformation geglaubt werden, weil sie Freunde und Bekannte empfehlen.

Modell der Innovationverbreitung. Ein rationales Modell der Verbreitung von Innovation nach McQuail und Windahl weist vier Schritte auf: Wissen, Überredung/Überzeugung, Entscheidung und Bestätigung. In einem ersten Schritt soll Sachinformation über das neue Produkt oder die neue Einrichtung vermittelt werden. Je mehr man über eine Sache weiß, desto vernünftiger kann man über ihren Wert entscheiden. Dennoch bedarf es der Überredung und auf Seiten des Abnehmers/der Abnehmerin der Überzeugung, dass es sich bei der Innovation um etwas Gutes, Lohnendes handelt. Dann kann man sich entscheiden und das neue Produkt, den neuen Prozess oder die neue Institution akzeptieren oder auch ablehnen. Schließlich kommt es zu einer Bewertung der Entscheidung. Sie wird bestätigt oder verworfen. Letzteres bedarf allerdings relativ großer psychischer Energie. Nach den Gesetzen der kognitiven Dissonanz sucht man zunächst nur Information, welche die eigene Entscheidung unterstützt. Die Wahl eines neuen Kraftfahrzeuges oder eines Chirurgen ist mit erheblichen Konsequenzen verbunden. Hat man sich entschieden, so ist damit ein äußeres Handeln, eine öffentlich gewordene Entscheidung verbunden. Also sucht man nach Informationen, die die Richtigkeit der eigenen Entscheidung unterstützen. Beim Autokauf sind dies Angaben über Spritverbrauch, Fahrsicherheit, Geschwindigkeit und Reparaturbescheidenheit. Beim Chirurgen sammelt man Belege über dessen Erfolge und sucht vor allem im Bekanntenkreis nach Bestätigung. Erst wenn zu viele Fakten gegen die eigene Entscheidung vorliegen, wird man sie als falsch einstufen.

Typologie des Übernehmens. Innovation wird gewöhnlich nicht schlagartig übernommen, sondern verbreitet sich unterschiedlich rasch. Es gibt Interessenten, die das Neue, sobald es auf den Markt kommt, übernehmen, solche die nicht sofort, aber doch bald zugreifen, eine Gruppe, die erst später das neue Produkt oder den neuen Service annimmt und schließlich auch Personen, die das Neue sehr spät akzeptieren oder sich verweigern. Der Marktforscher Roger hat diese Typologie überprüft und die in Tabelle 2 dargestellte Verteilung gefunden.

Modelle des Informationsflusses. Neben solchen Typologien lassen sich auch Modelle des Informationsflusses bei der Übernahme von Innovation entwickeln, die je nach Sachlage zutreffen. Das Two-Step-Flow-Modell beschränkt sich auf die zwei Hauptschritte des Informationsflusses, der Diffusion und Adaptation. Wenn man den Informationstransfer präziser aufschlüsselt, landet man beim Multi-Step-Modell. Der oben beschriebene Verlauf der Innovationsübernahme vom Wissen bis zur Bestätigung entspricht einem solchen Modell. Aber auch Strategien der sukzessiven Einführung in neue Produkte und Service-Leistungen, bei denen erst die Aufmerksamkeit durch ein Logo oder Schlagwort auf das Neue gerichtet wird und dann in Etappen Information und Überredung folgt, entsprechen einem Mehr-Schritte-Modell. Schließlich lassen sich beim Informationsempfänger ebenfalls Etappen der Akzeptanz ausmachen.

Das Schwellenmodell (Threshhold-Modell) nimmt an, dass erst bei Überschreiten eines Schwellenwertes Innovation wirksam wird. Gemeint ist dabei die Schwelle, bei der die Information greift. Die Information über das Neue kann beispielsweise schon lange angeboten werden, ohne dass sie Wirkung zeitigt. Ein Ereignis oder eine Zusatzinformation mag dann zur Schwellenüberschreitung und zur Akzeptanz führen. Auch rein quantitativ lassen sich Schwellenübergänge beobachten. Wenn die Information häufig und breit genug gestreut worden ist, mag sie schlagartig und zum Teil unerwartet Wirkung zeigen.

Das Konzept der kritischen Massen schließlich bezieht sich auf die Abnehmer. Wenn eine bestimmte Zahl von Kunden die Innovation akzeptiert hat, setzt sie sich durch, andernfalls nicht. Die kritische Masse ist natürlich je nach Produkt und Service-Leistung verschieden.

2.5 Barrieren und Mythen

Innovation setzt sich manchmal trotz optimaler Bedingungen und trotz hoher Qualität des neuen Angebots nicht durch. Es gibt eine Reihe von Barrieren, die Innovation blockieren können. Bei allen bremsenden Faktoren sind psychologische Mechanismen am Werk. Dennoch soll im Folgenden zwischen stärker psychologischen Komponenten und eher äußeren Barrieren unterschieden werden.

Psychologische Barrieren

Sie sind sowohl beim einzelnen als auch kulturell-gesellschaftlich verankert. Es lassen sich unterscheiden:

- Trägheit, Tendenz zum Konservativismus
- Verstärkungsmechanismen: augenblicklicher Erfolg verstellt den Blick für die Notwendigkeit von Innovation
- Bereichsspezifität: Blindheit für Aspekte außerhalb der Domäne
- Kognitive Dissonanz
- Suche nach Führung (biologische Wurzeln)
- Selbstwirksamkeit, Furcht vor Kontrollverlust und Hilflosigkeit
- Deutsche Kultur: Ortsgebundenheit
- Deutsche Kultur: Pessimismus
- Globalisierung: fehlendes Verständnis für andere Kulturen

Auf diese Bedingungen wollen wir noch etwas genauer eingehen.

Die Beharrungstendenz ist ein generell wirksames Phänomen und stört daher natürlich besonders bei der Einführung von etwas Neuem. Ältere Menschen neigen im Durchschnitt stärker zu Konservativismus als Jüngere, aber auch innerhalb einer Altersgruppe gibt es eine große Variation. Die Sozialpsychologie unterscheidet zwischen Progressiven und Konservativen. Beide Gruppen müssten bei Innovation auch verschieden angesprochen werden. Für Konservative wäre wichtig zu wissen, dass bestimmte Traditionen und liebgewordene Gepflogenheiten erhalten bleiben.

Verstärkungsmechanismen. Auf Seiten der Innovation selbst können Verstärkungsmechanismen bremsen. Wenn eine Produktion gut läuft, fühlt man sich mit dem bisherigen Konzept erfolgreich und hält es für richtig. Grundlegende Innovationen scheinen nicht nötig. Diese Einstellung kann sich jedoch verhängnisvoll auswirken, wie sich das bei Mercedes und BMW gezeigt hat. Man verzichtete auf die Einführung des Partikelfilters und führte ihn erst auf politischen Druck hin ein. Man setzte auf große, Sprit fressende Fahrzeuge und musste Einbußen auf dem Markt hinnehmen. Innovationen, wie das Prius-Prinzip sind abrufbereit, werden aber nicht in die Produktion umgesetzt, obwohl große Nachfrage nach dieser Technik besteht.

Bereichsspezifität. Eine andere Barriere kann in der Begrenzung auf das eigene Fachgebiet liegen. Wissenskompetenz erstreckt sich meist nur auf wenige Bereiche. Wenn Betriebswirtschaftler über technische Neuerungen und deren Einführung entscheiden sollen, sind sie überfordert. Wenn Manager einschätzen sollen, wie lange eine technische Entwicklung dauert, kommt es zu Fehleinschätzungen. Die Einführung der LKW-Maut und die Verzögerung der Lieferung des Airbus 380 sind beredte Beispiele. Interesse und Wissen von Managern beziehen sich auf Verträge und deren Einhaltung. Dabei werden Termine oft willkürlich gesetzt, ohne zu bedenken, dass Fristen nicht auf Kosten der für die technische Entwicklung benötigten Zeit verkürzt werden können.

Kognitive Dissonanz. Von dem Mechanismus der kognitiven Dissonanz war bereits oben die Rede. Er greift besonders an zwei Stellen an: bei der Ablehnung von Information und beim Widerspruch gegen eine vorausgegangene Handlungsentscheidung. Informationen, die gegen die eigenen Überzeugungen gerichtet sind, werden durch den Mechanismus der kognitiven Dissonanz in ihrer Bedeutung abgeschwächt oder negiert. Man neigt dazu, nur Informationen auszuwählen, die zur eigenen Überzeugung passen. Selbst in der Forschung sucht man eher nach bestätigenden als nach widersprechenden Ergebnissen. Diese Tendenz verstärkt sich noch, wenn man sich bereits für ein Produkt oder eine Serviceleistung oder eine politische Richtung entschieden hat. Spätere Informationen werden bevorzugt im Sinne der eigenen Entscheidung gedeutet, um bestehende Dissonanz (sog. Nachentscheidungs-Dissonanz) zu reduzieren.

Führung. Die Bedeutung von Führungspersönlichkeiten wird in späteren Kapiteln behandelt, so dass wir hier auf weitere Ausführungen verzichten können.

Selbstwirksamkeit, Kontrolle. Innovationen, die das Gefühl der Selbstwirksamkeit blockieren und Kontrollverlust erzeugen, müssen mit erheblichem Widerstand rechnen. Es ist beispielsweise technisch kein Problem, Fahrzeuge durch Straßensignale zu steuern oder sie zumindest zur Einhaltung der Geschwindigkeitsbeschränkung zu zwingen. Für den Fahrer bedeutet dies Kontrollverlust und Entzug des Fahrvergnügens. Natürlich ließe sich der Kontrollverlust durch andere selbstbestimmte Tätigkeiten kompensieren: man könnte während des Fahrens telefonieren, am Computer sitzen oder Geschäfte abwickeln. Bei Serviceleistungen, wie Reisen mit der Bahn oder dem Flugzeug erfährt man schon heute erheblichen Kontrollverlust und Versagen der Selbstwirksamkeit, nämlich wenn es an Personal fehlt und persönliche Beratung eingespart wird. Ausgesprochen negativ muss man Innovationen beurteilen, bei denen Ratsuchende stundenlang durch Automaten mit künstlich zusammengefügten Sätzen herumgereicht werden, bis sie schließlich doch auf einen lebenden Menschen treffen, der ihnen weiterhilft.

Sesshaftigkeit und Pessimismus. Schließlich sei noch auf zwei deutsche Eigenheiten verwiesen, die Innovation erschweren: Sesshaftigkeit und Pessimismus. Viele Arbeitsplätze erfordern Mobilität. Deutsche Arbeitnehmer hängen sehr viel mehr an ihrem angestammten Wohnort als beispielsweise Amerikaner. Die deutsche Neigung, an dem Ort zu bleiben, wo man Haus und Garten zusammengespart hat und ein Leben lang abbezahlt, versperrt den Weg zu besseren Arbeitsbedingungen. Wenn es sich um berufliche Tätigkeit in anderen Ländern handelt, kommt noch hinzu, dass eine neue kulturelle Identität entwickelt werden muss. Nach der Rückkehr ins eigene Land beginnt die Reintegration und damit erneut ein Identitätswandel. Die zweite deutsche Eigenart, der deutsche Pessimismus, zeigt sich besonders in relativ guten wirtschaftlichen Zeiten. Während sich andere Länder, allen voran die USA, in der Öffentlichkeit optimistisch und zupackend geben, tendieren die Deutschen dazu, ihre wirtschaftliche Lage schlecht zu reden. Vorreiter sind hier die Medien, weil schlechte Nachrichten stärker beachtet werden als gute.

Äußere Barrieren. Neben diesen vorwiegend psychischen Komponenten gibt es auch äußere Bedingungen, die Barrieren für Innovation darstellen. Zu ihnen gehören finanzielle Barrieren, die durch Verweigerung von Krediten Innovation blockieren, eine träge Verwaltung, die Genehmigungsverfahren in die Länge zieht, und die fehlende Einsicht in die Notwendigkeit von Innovation auf den Sektoren Verwaltung, Politik und Bildung. Demgegenüber wird permanente Innovation in der Technik als wichtig und geradezu selbstverständlich angesehen. Ein besonders hervorzuhebender Faktor ist die mangelnde Nutzung von Erfindungen. Großbetriebe interessieren sich zu wenig für Ideen, die ihnen non außen angeboten werden. Aber auch Erfindungen, die in den Betrieben selbst gemacht werden, kommen nicht bis zur Produktion. USB, Flachbildschirm und Faxgeräte sind deutsche Erfindungen, die aber nicht in Deutschland umgesetzt wurden. Auf diese Weise verzichtet Deutschland auf Innovationen, die gerade ein rohstoffarmes Land dringend nötig hat.

Mythen .In einzelnen Bereichen von Innovation gibt es Glaubensüberzeugungen, die den Charakter von Mythen haben. Am verbreitetsten ist der Mythos des Genies. Es besteht kein Zweifel, dass manche Menschen Herausragendes zustande bringen und dass solche Leistungen selten sind. Wir haben bereits festgestellt, wie viele Bedingungen bei hochkreativen Leistungen zusammenkommen, vor allem muss man der Konstellation, zur rechten Zeit am rechten Ort und mit den richtigen Personen zusammen zu sein, große Bedeutung beimessen. Unsere Gesellschaft hat seit der Romantik dem Personenkult immer größere Aufmerksamkeit gewidmet. Die Medien müssen ihrem Publikum Einzelpersonen vorstellen. Mit systemischer Wirkung und dem Zusammenspiel vieler Komponenten können die Zuschauer oder Leser nicht viel anfangen. So gibt es die Stars in Filmen, im Sport, in der Musik, aber auch in Politik, Wissenschaft und im Betrieb. In Unternehmen gibt es den Mythos des Machers. Er oder sie ist unentbehrlich und für den Erfolg verantwortlich. Diese Ideologie funktioniert, weil man nur positive Beispiele heranzieht und negative vernachlässigt. Die jüngste Vergangenheit hat gezeigt, wie oft Topmanager Fehlentscheidungen getroffen haben. Das Konzept des Machers bleibt dennoch erhalten. Oft ist der Erfolg nur ein statistisches Phänomen. Angenommen, ein Manager steht vor der Alternative, zwischen zwei Möglichkeiten zu wählen, von denen die eine zum Erfolg, die andere zum Misserfolg führt. Wählt er die richtige, gilt er als As, wählt er die falsche, wird ihm der Misserfolg unter Umständen gar nicht angelastet. Ließe man das Los entscheiden, hätte man die gleiche Trefferquote wie der Manager, nämlich 50%.

Experimentelle Simulationen von solchen Entscheidungssituation zeigen, wie problematisch die Kausalzuweisung auf einen Macher ist. Ein von Heinz Mandl und seinen Mitarbeitern durchgeführtes Simulationsprojekt zur Leitung einer Hosenfabrik erbrachte, dass nicht die „Experten", in diesem Fall Studierende der Betriebswirtschaft, am besten abschnitten, sondern eher Unkundige, z. B. Pädagogikstudenten. Dieter Dörner hatte mit seinen Mitarbeitern schon zuvor die inzwischen berühmt gewordenen Simulationsexperimente zur Verwaltung einer Stadt (Lohausen) und den damit verbundenen komplexen Aufgaben durchgeführt. Auch dabei zeigten Probanden mit Kompetenz fernem Bildungshintergrund oft bessere Leistungen als solche, denen man höhere Kompetenz zuschreiben würde. Vor einiger Zeit ging ein Versuchsergebnis durch die Presse, bei dem man Experten und Laien, darunter ein zwölfjähriges Kind, Spekulationen mit Aktien machen ließ. Es stellte sich heraus, dass das Kind zu ähnlichen Erfolgen kam wie der Börsenexperte.

Schließlich gibt es noch den Mythos des Sanierers, dem es, das lässt sich nicht leugnen, oft gelingt, ein Unternehmen zu retten. Sind hierfür besondere Kompetenzen nötig? Häufig beruht der Erfolg des Sanierers auf zwei Fakten. Er oder sie kommt von außen und die Vorschläge enthalten in jedem Fall die Streichung von Arbeitsplätzen. Wer von außen kommt, kann Vorschläge unterbreiten, die als neutral gelten und von Trägern der Unternehmensleitung nicht gemacht werden können, weil sie als parteiisch gelten. Sanierungsvorschläge, die zuvörderst Arbeitsplätze kosten und soziale Belastung für viele bedeuten, sind zwar effektiv, aber auch mehr als fragwürdig und in jedem Fall keine Innovation, denn die Streichung von Arbeitsplätzen ist längst zu einer stupiden allseits praktizierten Routine geworden.

Als Fazit lässt sich festhalten: Mythen muss man glauben, dann funktionieren sie. Ärgerlich ist nur die Schieflastigkeit der Honorierung. Die Menschen, die den Wohlstand eines Unternehmens wirklich herbeiführen, wie Ingenieure und Facharbeiter, werden im Vergleich zu Managern nicht adäquat honoriert. Immer noch zu wenig beachtet und gewürdigt werden auch die innovativen und erfolgreichen mittelständischen Unternehmen.

2.6 Prinzipien, die Innovation leiten sollen

Aus dem bisher Gesagten wird deutlich, dass es Wertmaßstäbe für Innovation geben muss. Nicht jede Innovation ist erstrebenswert. Die Erfindung neuer Fonds, die entweder unmoralisch sind (Hedge Fonds) oder über kurz oder lang zusammenbrechen, sind zwar innovativ, aber abzulehnen. Innovationsforscher setzen sich auch mit Wertmaßstäben für Innovation auseinander. Die wichtigsten seien im Folgenden kurz erläutert.

Wohlbefinden. Innovation sollte auf längere Sicht zum Wohlbefinden sowohl von Kunden wie von Anbietern beitragen. Wenn das Neue beispielsweise durch gesundheitliche Schädigung der Arbeiter erkauft wird oder gesundheitsgefährdende Produkte auf den Markt kommen, würde niemand solche Innovationen gutheißen. Der Bezug zu China ist in diesem Falle nicht abwegig.

Selbstwirksamkeit und Kontrolle. Wir haben dieses Prinzip bereits bei den Barrieren für Innovation besprochen. Hier geht es nun darum, dass Innovation die menschlichen Freiheitsgrade erhöht und damit dem Menschen Kontrolle über sein Leben und seine Lebenspläne ermöglicht. Viele Innovationen dienen in der Tat diesem Ziel.

Freiheit in Grenzen. Selbstwirksamkeit und Umweltkontrolle können als Ziel nicht verabsolutiert werden, denn die Freiheit des einen endet da, wo die des andern beginnt und endet, wo Umweltzerstörung einsetzt. Innovation sollte sich als Maßstab setzen, dass Freiheit nur innerhalb gewisser Grenzen möglich ist. Bislang kontrolliert und reguliert die Politik solche Grenzen. Besser wäre es, wenn die Unternehmen selbst die Regulierung übernehmen würden.

Lebenszeitperspektive. Innovationen sollten sowohl auf Seiten des Anbieters als auch auf Seiten des Abnehmers nicht nur einen punktuellen Vorteil bringen, sondern den Vorteil unter der Perspektive des gesamten Lebenslaufes berücksichtigen. Arbeitnehmer, die sehr früh in das Berufsleben einsteigen, haben häufig Tätigkeiten auszuführen, die auf lange Sicht gesundheitsgefährdend sind. Nach wie vor gilt, dass Menschen mit niedrigem Bildungsniveau und ungelernter Arbeit statistisch gesehen eine geringere Lebenserwartung haben als Personen mit höherer Bildung und qualifizierten Berufen. Innovation im Arbeitssektor würde dann bedeuten, dass dieser Nachteil verschwindet. Die Umschichtung zu höher qualifizierten Berufen, die in Deutschland immer dringender nötig wird und schon im Gange ist, beinhaltet eine solche weitreichende Innovation.

Auch auf Seiten der Abnehmer (Kunden, Verbraucher) gilt das Prinzip der Lebenszeitperspektive. Innovationen, die in einem bestimmten Altersabschnitt genutzt werden, sollten keine nachteilige Wirkung für das spätere Alter haben. Da wir permanent mit Geräten und Maschinen überschüttet werden, die als Hauptziel die Vermehrung der Bequemlichkeit haben, bedeutet vieles an der modernen Technologie eine Zunahme an Bewegungsarmut, Vernachlässigung des Muskelapparats und Schädigung des Herzkreislaufsystems. Ein groteskes Beispiel ist das vollautomatisierte Haus, das alle Arbeitsgänge erspart und mit Knopfdruck vom Lehnstuhl aus kontrolliert werden kann. Auch das Auto, das bezüglich der persönlichen Freiheit, Selbstwirksamkeit und Kontrolle hohe Bedeutung besitzt, birgt die Gefahr der Vernachlässigung körperlicher Beweglichkeit und Gesundheit.

Nachhaltigkeit. Viele Innovationen sind auf kurzfristige Effekte angelegt. In vielen Großbetrieben sollen sich die Kosten für ein neues Produkt innerhalb von fünf Jahren amortisieren. Dabei bleiben viele gute Erfindungen auf der Strecke, weil sich ihre industrielle Produktion unter diesem Prinzip nicht lohnt. Besonders drastisch wird das Prinzip der Nachhaltigkeit in der Politik verletzt. Da man Erfolge innerhalb einer Wahlperiode vorweisen möchte, werden nachhaltige Innovationen, die keine sofortige Wirkung zeigen, vernachlässigt. Umso wertvoller sind Bemühungen, die langfristige Verbesserungen anzielen, wie die zaghaften, aber doch wirksamen Maßnahmen für den Klimaschutz.

Fairness und Sozialverträglichkeit. Die bisherigen Aspekte münden in die Forderung nach sozialer Verträglichkeit von Innovation. Viele Innovationen haben eine Verbesserung der sozialen Situation herbeigeführt. In der Produktion wurden humanere Arbeitsbedingungen hergestellt, und die Löhne auf Druck der Gewerkschaften erhöht. Der Begriff der Sozialverträglichkeit bezieht sich aber hauptsächlich auf den neueren Trend von Innovation, die auf Kosten von Arbeitsplätzen und auf Kosten der Verschlechterung der Arbeitssituation (Arbeitszeitverlängerung, Arbeit unter erhöhtem Stress) neue Produkte und Serviceleistungen kreiert. Dies ist nicht nur unethisch, sondern erweist sich auf lange Sicht als politischer Unruheherd. Fairness und Sozialverträglichkeit sind daher zugleich Aspekte von Nachhaltigkeit.

Best Practice. Eine einfache Möglichkeit, zu innovativen Umsetzungen in der Praxis zu gelangen, ist die Nutzung bereits bestehender Modelle, die sich bewährt haben. In allen Innovationssektoren, wie Produktion, Dienstleistung, Verwaltung und Bildung, gibt es Beispiele von Best Practice. Was liegt näher, als sie unter die Lupe zu nehmen und zu adaptieren. Die Innovation besteht dann für die Organisatoren möglicherweise nur darin, erkannt zu haben, dass ein bestimmtes Modell sich übertragen lässt, obwohl es zunächst den eigenen Denkgewohnheiten und Ansichten widersprach.

Beweglichkeit und lebenslanges Lernen. Eine Kultur wie die unsere, die in raschem Wandel begriffen ist, bewirkt, dass sich das in ihr lebende Individuum permanent umstellen muss. Im Gegensatz zu früheren Generationen bedeutet das lebenslanges Lernen und geistige Beweglichkeit. Letztlich kann sich heute niemand dieser Anforderung verschließen. Die Notwendigkeit für diese geistige Aktivität bedeutet eine gesamtgesellschaftliche Innovation, die man nur gutheißen kann. Längsschnittuntersuchungen belegen, dass geistige und körperliche Aktivität die physische und mentale Leistungsfähigkeit bis ins Alter aufrecht erhält und damit die Lebensqualität erhöht.

Auseinandersetzung mit inflationärer Technik. Die rasante technische Entwicklung übt inzwischen einen so gewaltigen Einfluss aus, dass sie alle Sektoren des menschlichen Zusammenlebens erfasst hat. In vielen Bereichen ist es zu explosionsartigen Ausweitungen technischer Innovation gekommen. Der Markt wird mit immer mehr und immer überflüssigeren Produkten überflutet. Nach dem herkömmlichen Wirtschaftsprinzip müssen diese Produkte auch gekauft werden, weil nur hoher Konsum die Wirtschaftskonjunktur aufrecht erhält. Technische Inflation bedeutet auch, dass für jedes Produkt eine riesige Auswahl an Typen angeboten wird. Die Kunden müssen also mehr Zeit und Energie für ihre Entscheidungsfindung aufwenden. Natürlich funktioniert so der Markt, aber es gibt Grenzwerte bei dieser Tendenz, die nicht überschritten werden sollten.

3. Zum Nachdenken: Innovation wozu?

Am Ende dieser Auseinandersetzung mit Kreativität und Innovation sind wir bei der zentralen Frage angekommen: Wozu brauchen wir Innovation? Die Yamanas, ein inzwischen ausgestorbener Volksstamm auf Feuerland, veränderten ihre Lebensgewohnheiten viertausend Jahre nicht. Ihre Praktiken waren ausgesprochen umweltschonend, sie gingen mit den vorhandenen Ressourcen sparsam um und hatten über Jahrtausende eine begrenzte Population. Die einzige Innovation, die sie am Ende dieser langen Periode erlebten, war die Begegnung mit Weißen, die ihren Untergang verursachten. Nun wollen wir nicht zu der Lebensform der Yamanas überwechseln, obwohl sie für uns die größte Innovation wäre, die man sich denken kann, doch ist die grundsätzliche Frage berechtigt, wie viel und welche Innovation wir brauchen.

Alle Antworten auf diese grundsätzliche Frage beinhalten ein tragfähiges Menschenbild. Es ist hier nicht der Platz, philosophische, psychologische und soziologische Menschenbilder zu diskutieren. Für die Bewertung von Innovationen genügt eine kleine Auswahl von Forderungen, die allesamt ethischen Prinzipien gehorchen müssen. Innovation sollte für alle ein menschenwürdiges Leben ermöglichen. „Für alle" heißt dabei, global zu denken. Wir haben es aufgrund der Fortschritte in Wissenschaft und Technik in der Hand, auf lange Sicht, globale Gerechtigkeit und globales Wohlergehen herzustellen. Das ist freilich nur möglich, wenn wir das sogenannte freie Spiel der Kräfte des Kapitalismus besser regulieren. Konzepte hierfür gibt es kaum, weil Innovation auf dieser allgemeinen Ebene nicht angedacht wird.

Eine weitere Zielrichtung betrifft die Verantwortung für die Umwelt. Letztlich waren es Innovationen, die das ökologische Gleichgewicht ins Wanken gebracht haben: die Ausrottung von Tierarten, Vernichtung der Pflanzenvielfalt durch Monokulturen und Gentechnologie sowie zumindest zum Teil der Klimawandel. Innovation bedeutet hier, das gestörte Gleichgewicht zu korrigieren. Dazu bedarf es weiterer Erkenntnisse. Innovation als Erkenntnisgewinn und dessen Umsetzung ist sicherlich auch generell eine Komponente des Menschenbildes. Die Menschheit ist in ihrer Entwicklung noch nicht am Ende angelangt, sie befindet sich auf dem Weg und wird sich immer auf dem Weg befinden. Innovation hat die Aufgabe, eine günstige Weiterentwicklung zu fördern und Fehlentwicklungen zu verhüten. Dies ist nur möglich in einer offenen Gesellschaft, wie sie Karl Popper propagiert.

Tab. 1: Gegenüberstellung der vier erfolgreichsten und erfolglosesten Gruppen bei der Bearbeitung einer komplexen Aufgabe (Scholl, 2004)

erfolgreich	erfolglos
konstruktiv	harmonisierend
innovative Vorschläge	sich wechselseitig bestätigen
zielorientiert	lageorientiert
erst planungs- dann produktorientiert	bei Planung verharrend
Lösungssuche – Bewertung – neue Diskussion	lange Schleifen
positive Emotionen	Klagen, die sich später noch steigerten

Tab. 2: Typologie des Übernehmens und ihre Verteilung

Innovatoren	2,5%
Frühe Übernehmer	13,5%
Frühe Mehrheit	34%
Späte Mehrheit	34%
Nachzügler/Verweigerer	16%

Literatur

Csikszentmihalyi, M. (1997). *Creativity. Flow and the psychology of discovery and invention.* New York: Harper Perennial.

McQuail, D. & Windahl, S. (1998). *Communication models for the study of mass communications.* Harlow

Rogers, E. M. & Shoemaker, F. (1973). *Communication of innovations.* Glencoe

Rogers, E. M. (2003). *Diffusion of innovation.* New York

Sawyer, R. K. (2006). *Explaining creativity. The science of human innovation.* New York: Oxford University Press.

Scholl, W. (2004): *Innovation und Information. Wie in Unternehmen neues Wissen produziert wird* (Unter Mitarbeit von Lutz Hoffmann und Hans-Christof Gierschner). Göttingen: Hogrefe

Trommsdorff, V. & Steinhoff, F. (2007). *Innovationsmarketing.* München

Weisberg, R. W. (1989). *Kreativität und Begabung.* Heidelberg: Spektrum.

Familie und Innovation: Ansatzpunkte zur Stärkung der Familie als primärem Bildungssystem

Klaus A. Schneewind

1. Was ist „Familie"?

Bevor die Frage nach der Relevanz von Familie für die Entwicklung von Innovationsbereitschaft der nachwachsenden Generation in Angriff genommen werden kann, drängt sich die Frage danach auf, was unter „Familie" überhaupt zu verstehen ist. Jemand hat einmal gesagt, dass derjenige, der eine allgemein verbindliche und von allen geteilte Definition von Familie entwickeln könne, einen Nobelpreis verdiene. Auch ohne diesen Anspruch vor Augen zu haben, soll ein Definitionsvorschlag von Familie unterbreitet werden, dem vermutlich eine relativ hohe Konsensfähigkeit zugestanden werden kann.

Dabei geht es nicht nur um strukturelle Aspekte der Zusammensetzung von Familien wie es etwa in der amtlichen Statistik mit ihrem Zweigenerationenprinzip von Eltern und Kindern, die in einem Haushalt zusammenleben, der Fall ist. Vielmehr geht es um die Qualität von familialen Beziehungen, die sich als Vehikel für die Erfüllung bestimmter Zwecke erweisen. Um welche Zwecke es sich dabei handelt, wird im Siebten Familienbericht der Bundesrepublik Deutschland spezifiziert. Mit Blick auf die Zukunftsfähigkeit einer Gesellschaft wie der Bundesrepublik Deutschland steht zum einen die *Produktion gemeinsamer Güter* im Vordergrund, womit u.a. die Pflege und Sorge für die ältere Generation, die Bereitstellung einer ausreichenden Kinderzahl und die Erziehung und Bildung von Kindern gemeint ist. Zum anderen geht es um die *Produktion privater Güter*, d.h. die „Befriedigung emotionaler Bedürfnisse von Menschen wie Intimität, Liebe, persönliche Erfüllung" als eine „notwendige Voraussetzung, damit überhaupt jene gemeinsamen Güter entstehen können." (Bundesministerium für Familie, Senioren, Frauen und Jugend, 2006, S. 5). Demnach lässt sich „Familie" angesichts der im Siebten Familienbericht erwähnten Zwecke von Familien wie folgt begrifflich fassen:

Familien sind biologisch, sozial oder rechtlich miteinander verbundene Einheiten von Personen, die – in welcher Zusammensetzung auch immer – mindestens zwei Generationen umfassen und bestimmte Zwecke verfolgen. Familien qualifizieren sich dabei als Produzenten gemeinsamer, u.a. auch gesellschaftlich relevanter Güter (wie z.B. die Entscheidung für Kinder und deren Pflege, Erziehung und Bildung) sowie als Produzenten privater Güter, die auf die Befriedigung individueller und beziehungsspezifischer Bedürfnisse (wie z.B. Geborgenheit und Intimität) abzielen. Als Einheiten, die mehrere Personen und mehrere Generationen umfassen, bestehen Familien in der zeitlichen Abfolge von jeweils zwei Generationen aus Paar-, Eltern-Kind- und gegebenenfalls Geschwister-Konstellationen, die sich aus leiblichen, Adoptiv-, Pflege- oder Stiefeltern (Parentalgeneration) sowie leiblichen, Adoptiv-, Pflege- oder Stiefkindern (Filialgeneration) zusammensetzen können (Schneewind, in Vorb.). Den privaten Gütern kommt in diesem Definitionsvorschlag – wie im Siebten Familienbericht ausdrücklich erwähnt – als Voraussetzung für die Produktion gemeinsamer Güter eine primäre Stellung zu und begründet damit auch die besondere Bedeutung einer beziehungs- oder familienpsychologischen Perspektive von Familien als intimen Beziehungssystemen.

2. Aufgaben von Eltern

Die Besonderheiten von Beziehungen innerhalb der Interaktionsgemeinschaft Familie stellen die Basis für Entwicklungsprozesse einzelner Familienmitglieder und familialer Subsysteme sowie des gesamten Familiensystems dar. Insofern ist die Gestaltung entwicklungsförderlicher *Beziehungen* eine herausgehobene Aufgabe im Familienkontext. Darüber hinaus gibt es aber auch noch andere Aufgaben, die der Familie – oder genauer den Eltern – in Hinblick auf die nachwachsende Generation zuwachsen. Dies betrifft insbesondere die *Pflege* von Kindern (d.h. vor allem die Befriedigung basaler Bedürfnisse nach Nahrung, Wärme, körperlicher Unversehrtheit) sowie deren *Erziehung*, die Oelkers (2005, S. 97) in bemerkenswerter Kürze als „den ständigen Versuch" bezeichnet, „Alltag mit Kindern zu deren Nutzen zu gestalten."

Mit diesen beiden Aufgaben werden den Eltern nach Artikel 6 des Grundgesetzes der Bundesrepublik Deutschland nicht nur Rechte eingeräumt sondern auch Pflichten auferlegt. Wörtlich heißt es dort: „Pflege und Erziehung der Kinder sind das natürliche Recht der Eltern und die zuvörderst ihnen obliegende Pflicht". Darüber hinaus ist im Paragraphen 1 des Kinder- und Jugendhilfegesetzes (KJHG) Folgendes festgeschrieben: „Jeder junge Mensch hat ein Recht auf Förderung seiner Entwicklung und auf Erziehung zu einer eigenverantwortlichen und gemeinschaftsfähigen Persönlichkeit", wobei im Hinblick auf den zuerst genannten Grundgesetzartikel wiederum die Eltern als erste Adressaten für die Einlösung dies Rechtsauftrags infrage kommen.

Bemerkenswert an dem Paragraphen 1 KJHG ist, dass – wenn auch auf hohem Abstraktionsniveau – zwei grundlegende *Ziele* für die Entwicklung der nachwachsenden Generation benannt werden, die Eltern als grobe Leitlinien für die

Ausrichtung ihrer Bemühungen um eine entwicklungsförderliche Einflussnahme auf ihre Kinder dienen können. Dabei ist bislang wenig zur Kenntnis genommen worden, dass Eltern nicht nur für die sozio-emotionale Entwicklung ihrer Kinder wesentlich sind, sondern bereits von Anfang an auch deren kognitive Entwicklung in erheblichem Maße beeinflussen. Eltern qualifizieren sich somit auch als primäre Instanz für die *Bildung* ihre Kinder – und zwar sowohl auf direktem Wege im alltäglichen Umgang mit ihren Kindern als auch auf dem Wege der Kooperation mit weiterführenden außerfamilialen Bildungsinstanzen wie Kindergarten oder Schule. Insgesamt gesehen sind die hauptsächlichen Familienakteure bezüglich der vier zentralen Aufgaben von Familien – Pflege, Beziehung, Erziehung und Bildung – vornehmlich die Eltern. Die Erfüllung dieser Aufgaben geht für die Eltern mit einer Vielzahl von Herausforderungen einher, die nicht zuletzt in der „Eigenwilligkeit" ihrer Kindern begründet liegt.

„Bildung beginnt mit der Geburt" – so lautet der Titel eines Buches (Schäfer, 2005), das von Maßnahmen zur frühkindlichen Bildung handelt. Und eigentlich muss man sogar noch früher, d.h. mit der vorgeburtlichen Phase der Entwicklung, ansetzen. Es geht dabei vor allem um die Vermeidung schädlicher Umwelteinflüsse, sog. Teratogene, wie mütterlichen Drogen-, Alkohol- oder Tabakkonsum, aber auch chronischen Stress, die bei den Feten zu nachhaltigen Beeinträchtigungen des neuronalen Substrats mit entsprechenden Auswirkungen auf die nachgeburtliche Entwicklung führen können. Ein markantes Beispiel ist die Alkoholembryopathie, die auf mütterlichen Alkoholismus zurückgeht und beim Kind u.a. eine Reihe neuropsychologischer Störungen wie Aufmerksamkeits-, Lern- und Gedächtnisdefizite hervorruft. Insofern können Eltern bereits vorgeburtlich viel zu einer entwicklungsförderlichen Umwelt für ihren Nachwuchs beitragen.

Mehr noch ist dies der Fall, wenn die Kinder wohlbehalten, d.h. ohne prä- und perinatale Schädigungen, das Licht der Welt erblickt haben. Die nun im Gehirn vermehrt einsetzende Synapsenbildung führt zu Billionen von Nervenverbindungen und damit zur Plastizität des Gehirns. Gemeint ist damit die Fähigkeit des Gehirns, sich durch Erfahrung beeinflussen zu lassen. Eine besondere Rolle spielt dabei neben der Grundausstattung an erfahrungserwartender Plastizität die erfahrungsabhängige Plastizität. Diese beruht auf Nervenverbindungen, die als Funktion individueller Erfahrungen hergestellt und durch wiederholte Erfahrungen gleicher Art verfestigt werden. Allerdings können diese Bahnungen bei fehlender Umweltanregung auch wieder eliminiert werden. Es sind dies die Prozesse, die in der Neurobiologie des Lernens eine herausgehobene Rolle spielen – und zwar vor allem in der Phase der frühen Entwicklung.

Vor diesem Hintergrund sollte es eigentlich eine Selbstverständlichkeit sein, dass an erster Stelle die Eltern die wichtigsten Umweltanregungslieferanten und damit Bildungspromotoren für die Neuankömmlinge in ihrer Familie sind. Doch diese Sichtweise stößt sich an der teilweise immer noch vorhandenen Spezialisierung der Aufgabenteilung, wenn es um die Entwicklung und Förderung von Kindern geht. Während dem Elternhaus vornehmlich die Rolle des Versorgens, Betreuens und Erziehens – letzteres vor allem im Sinne eines sozial funktionsfähig machenden Verhaltens – zugeschrieben wird, fällt das Ressort „Bildung" traditionellerweise in den Aufgabenbereich von Schule und Hochschule in ihren unterschiedlichen Gliederungen. Allenfalls finden sich neuerdings – angestoßen durch entsprechende Initiativen auf der politischen Ebene – vermehrt auch Anstrengungen, Bildungsinhalte aus dem sprachlichen, naturwissenschaftlichen oder musischen Bereich bereits im Kindergarten bzw. in der Vorschule zu vermitteln. Während die außerfamiliale frühkindliche Bildung in Krippe und Kindergarten sowie die Erweiterung der Schule zur Ganztagsschule in aller Munde ist, ist – von Ausnahmen abgesehen (Wissenschaftlicher Beirat für Familienfragen, 2008) – vom Elternhaus als Bildungsinstanz so gut wie keine Rede. Dies vor allem dann nicht, wenn es darum geht, das elterliche Potential an Bildungsanregungen für ihre kleineren und größeren Kinder gezielt und nachhaltig zu stärken.

Ohne die Bedeutung von außerfamilalen Formen der Entwicklungsförderung von Kindern, wenn sie denn nach bestimmten Qualitätskriterien erfolgt, schmälern zu wollen, wohnt der Vernachlässigung der Familie als Bildungsinstanz für ihre Kinder ein Moment gravierender Kurzschlüssigkeit inne. Dies insbesondere auch dann, wenn es bei der nachwachsenden Generation um die Grundlegung von Basiskompetenzen für die Entwicklung von Kreativität und Innovativität geht. Die weltweit bislang einzigartigen Daten des Early Child Care Research Network des amerikanischen National Institute of Child Health and Human Development (NICHD) sprechen eine eindeutige Sprache: in einer multizentrischen Studie, in der die Entwicklung und die Entwicklungskontexte von über 1300 Kindern von der Geburt bis zum Alter von viereinhalb Jahren intensiv untersucht wurden, kommt das Forschungskonsortium hinsichtlich der kognitiven, emotionalen und sozialen Entwicklung der Kinder zu folgendem Ergebnis: „Die primäre Schlussfolgerung ist, dass das Elternverhalten einen viel größeren Einfluss hat als eine (außerfamilale) Kinderbetreuung. Dies mag Eltern dazu veranlassen, Entscheidungen zu treffen, die es ihnen ermöglichen, ‚quality time' mit ihren Kindern zu verbringen." (NICHD Early Child Care Research Network, 2006, S. 113).

Angesichts dieses Befunds stellt sich die Frage, ob die Investition in präventive Maßnahmen zur Stärkung von Elternkompetenzen ein Erfolg versprechender

Weg ist, um auf Seiten der Kinder eine wachstumsförderliche Entwicklung zu ermöglichen. Die hierzu bislang vorliegenden Ergebnisse auf der Basis von zusammenfassenden metaanalytischen Studien belegen die Wirksamkeit derartiger präventiver Ansätze – und zwar vor allem dann, wenn bei der Implementierung dieser Maßnahmen eine Reihe von Voraussetzungen berücksichtigt werden, zu denen z.B. ein möglichst früher Beginn, die Einbeziehung einer Selbstentwicklungskomponente für die Eltern, gruppenbezogene Prävention, Leitung durch professionelles Personal gehören.

Vor diesem Hintergrund lässt sich folgende zentrale These formulieren: *Adäquate Elternkompetenzen sind der Nährboden, auf dem Kreativität und Innovationsbereitschaft der nachwachsenden Generation gedeihen können.* Dabei spielt die Stärkung von Elternkompetenzen eine herausgehobene Rolle. Ein guter Ausgangspunkt, um die Frage nach der Stärkung von Elternkompetenzen zu beantworten, besteht darin, auf die zentralen *Grundbedürfnisse* von Kindern zu fokussieren, um dann das entsprechende entwicklungsförderliche Verhalten von Eltern oder anderen, auch außerfamilialen Betreuungspersonen (z.B. Erzieherinnen und Tagespflegekräfte) im Kontext von Interaktionsprozessen zu thematisieren, das schließlich einen Beitrag zu bestimmen Entwicklungseffekten auf Seiten der Kinder leistet.

3. Was brauchen Kinder?

Das kindliche *Bedürfnis nach Sicherheit* erfordert von Betreuungspersonen physische Präsenz, psychische Verfügbarkeit und feinfühliges Verhalten (z.B. in Gefahren- oder Kummersituationen), um auf Seiten des Kindes eine angemessene Stressbewältigung und Kontrolle negativer Emotionen zu ermöglichen. Kinder benötigen als Plattform für die Erkundung der Welt eine sichere Bindung an ihre primären Bezugspersonen, welche in der Regel ihre Eltern sind. Sichere Bindung stärkt das kindliche Explorationsbedürfnis – das ist die empirisch fundierte Botschaft der Bindungstheorie. Eine zweite wichtige Botschaft ist, dass die Entwicklung einer sicheren Bindung mit einem spezifischen Muster des Elternverhaltens verknüpft ist, das als elterliche Feinfühligkeit bezeichnet wird und Kriterien wie die Wahrnehmung, korrekte Interpretation und prompte Reaktion auf kindliche Signale umfasst. Und eine dritte wichtige Botschaft besteht darin, dass elterliche Feinfühligkeit erlernbar ist und auf Seiten der Kinder zu einer sicheren Bindung führt.

Das kindliche *Bedürfnis nach Stimulation* erfordert von Betreuungspersonen Maßnahmen zur Aktivierung des Explorationsbedürfnisses (z.B. durch eine anregungsreiche soziale und materielle Umgebung), um das eigenständige Erkunden der Umgebung und die Lernbereitschaft des Kindes zu stärken. Kinder sind von Anfang an in der Lage, sich als Ursache für selbst erzeugte Effekte zu erfahren. So lernen z.b. bereits zwei Monate alte Babys, deren Fuß über ein Band mit einem Mobile verbunden ist, dass sie durch Strampeln das Mobile bewegen können – eine Aktivität, die sie dann auch „absichtlich" und mit erkennbar großer Freude, schließlich auch mit variierender Intensität ihrer Strampelbewegungen und den darauf folgenden „Reaktionen" des Mobiles, immer wieder von Neuem wiederholen. Es sind dies die Ursprünge von Selbstwirksamkeit, einem wichtigen psychologischen Konzept, wonach Menschen sich als Akteure ihres Handelns und Ursprung von Kompetenzen erleben, die es ihnen im Laufe ihres Lebens auf immer differenziertere Weise ermöglichen, bestimmte Ziele zu erreichen. Des Weiteren ist das Erlernen der Sprache für Kinder ein Quantensprung der Kommunikation und der internen Repräsentation von Wissen, bei dem die Eltern eine wesentliche Rolle spielen. Ein Beispiel: Kinder, deren Mütter viel mit ihnen sprechen, haben als Zweijährige einen achtmal so großen Wortschatz als Kinder von Müttern mit einem geringen sprachlichen Anregungsniveau. Die Konsequenz für Eltern ist: Wenn sie die Entwicklung der Selbstwirksamkeit ihrer Kinder stärken wollen, sollten sie von Anbeginn für eine anregungsreiche soziale und materielle Umwelt sorgen.

Das kindliche *Bedürfnis nach Bezogenheit* erfordert von Betreuungspersonen emotionale Zuwendung und positive wechselseitige Beeinflussung (z.B. in Spielsituationen), um die Gemeinschaftsfähigkeit, Sozialisationsbereitschaft und soziale Integration des Kindes zu befördern. Von zentraler Bedeutung ist hierbei das Ausmaß an emotionaler Wärme, das Eltern im Sinne einer grundständigen, d.h. nicht an irgendwelche Bedingungen geknüpften Freundlichkeit in den Beziehungsprozess mit ihren Kindern einbringen. Sie leisten damit einen wichtigen Beitrag dazu, dass Kinder gemeinsame Aktivitäten mit den Eltern wertschätzen. Wie wichtig eine positive emotionale Wechselbeziehung zwischen Eltern und Kindern ist, wird deutlich, wenn Effekte des Interaktionsverhaltens von depressiven und nicht-depressiven Müttern mit ihren Kindern verglichen werden. Dabei zeigt sich, dass chronisch depressive Mütter im Spiel mit ihren Kindern deutlich weniger positive Emotionen zeigen, was wiederum bei den Kindern zu einer emotionalen Verflachung führt, die auch im Kontakt mit anderen Personen erkennbar ist. Allerdings ist in einer beziehungsorientierten Perspektive auch zu beachten, auf welche Weise die Kinder womöglich selbst zur Verfestigung emotional negativer Interaktionszyklen mit ihren Eltern beitragen. So können z.B. Kinder mit einem schwierigen Temperament und den damit häufig einhergehenden Disziplinproblemen das elterliche Kompetenzerleben untergraben und auf diese Weise eine depressive Symptomatik auslösen. In solchen Fällen kann die Vermittlung spezifischer Elternkompetenzen (z.B. das Anwenden konsistenter

Regelbefolgung) zu einer Reduzierung kindlicher Verhaltensauffälligkeiten und zur Verringerung der elterlichen Depression führen.

Insofern ist die Herstellung einer positiven Beziehungsqualität zwischen Eltern und ihren Kindern von zentraler Bedeutung für alle anderen Elternfunktionen. Da positive Beziehungserfahrungen sich am ehesten in *konfliktfreien Situationen* entfalten, die für die Beteiligten entweder mit angenehmen Aktivitäten verbunden sind (z.b. gemeinsames Spielen, Sporttreiben) oder als etablierte *Routinen* bzw. *Rituale* (z.B. gemeinsame Mahlzeiten) den Familienalltag kennzeichnen, geht es darum, solche Verhaltensmuster besonders zu pflegen. Auf diese Weise werden jenseits konfliktgeladener Auseinandersetzungen sozialisationsrelevante Selbstverständlichkeiten geschaffen, die nicht nur quasi „naturwüchsige" Lernprozesse nach sich ziehen, sondern u.a. auch den Boden dafür bereiten, dass herausfordernde Situationen, die den Einsatz expliziter elterliche Erziehungs- und Bildungskompetenzen erforderlich machen, mit größerer Wahrscheinlichkeit zum Erfolg führen.

Das kindliche *Bedürfnis nach Kompetenz und Autonomie* erfordert von Betreuungspersonen zum einen Explorationsunterstützung und Assistenz (z.B. bei schwierigen Anforderungen oder Problemen), um das Interesse und die Problemlösefähigkeit des Kindes zu entwickeln, und zum anderen das Eröffnen und Gewähren von Handlungsoptionen (z.B. bezüglich der Entscheidung für oder gegen bestimmte Spielaktivitäten), um die Entwicklung von Selbstwirksamkeit und Innovationsbereitschaft des Kindes anzuregen. Dies ist vor allem dann der Fall, wenn es darum geht, bei Kindern extrinsische Motivation (d.h. Handlungsimpulse aufgrund von außen an sie herangetragener Anforderungen) vermittels kompetenten Elternverhaltens in intrinsische Motivation (d.h. Impulse, Handlungen aus eigenem Antrieb und verbunden mit positiven Emotionen auszuüben) überführen lässt. Vorschläge hierzu stammen vor allem von Vertretern der Selbstbestimmungstheorie, die Wege zur *autonomen Selbstregulation* von Kindern aufzeigen (Grolnick, 2003). Entsprechend der Selbstbestimmungstheorie sind Kinder ebenso wie Erwachsene neben dem psychologischen Grundbedürfnis nach Bezogenheit mit den weiteren Grundbedürfnissen nach Kompetenz und Autonomie ausgestattet. Die Berücksichtigung dieser Grundbedürfnisse erleichtert Kindern schon im frühen Alter die Ausübung *willentlicher Kontrolle*, womit die Unterdrückung dominanter Handlungsimpulse zugunsten aktuell weniger attraktiver Handlungen als Vorläufer selbstorganisierten planvollen Handelns gemeint ist. Dabei zeigt sich, dass die Aneignung und Koordination von hierfür erforderlichen Fähigkeiten (u.a. die Fokussierung der Aufmerksamkeit, Aktivierung von Motivation und Aktualisierung zielführender Verhaltensweisen), eng mit der Qualität des Elternverhaltens einhergehen. Vor allem elterliche Responsivität und emotionale Wärme (d.h. Befriedigung des Bedürfnisses nach Bezogenheit), emotionale und sachbezogene Unterstützung (d.h. Befriedigung des Bedürfnisses nach Kompetenz) sowie ein Minimum an autonomieeinschränkender Kontrolle und angstprovozierenden Disziplinierungsmaßnahmen (d.h. Befriedigung des Bedürfnisses nach Autonomie) sind hierbei von ausschlaggebender Bedeutung.

Eine besondere Rolle spielt in diesem Zusammenhang die wechselseitige Gewährung von Autonomie zwischen Eltern und Kindern. So lässt sich z.B. nachweisen, dass Kinder, deren Mütter vertretbaren Forderungen ihrer Kinder nachgaben, eher dazu bereit waren, den Forderungen ihrer Mütter nachzukommen (z.B. wenn es um das Aufräumen von Spielsachen geht). In ähnlicher Weise zeigte sich in Längsschnittstudien, dass Kinder im Kleinkindalter, deren Mütter ihnen beim gemeinsamen Spielen die Möglichkeit einräumten, vieles selbst zu bestimmen, sich als Schulkinder kooperativer verhielten und eine stärker ausgeprägte Gewissensbildung aufwiesen. Mit zunehmendem Alter ist vor allem eine nicht-intrusive elterliche Kontrolle, die Kindern und Jugendlichen genügend Spielraum zur Entfaltung ihres Autonomiebedürfnisses belässt, eine wesentliche Voraussetzung für eine vertrauensvolle Eltern-Kind-Beziehung, die es Eltern ermöglicht, in wichtigen Fragen der Entwicklung ihrer Kinder trotz der zunehmenden Bedeutung der Gleichaltrigengruppe auch weiterhin Einfluss nehmen zu können.

Wie weiter oben bereits betont, sind Eltern-Kind-Beziehungen nicht nur im Hinblick auf die sozio-emotionale Entwicklung der Kinder sondern auch für deren kognitive Entwicklung von Belang. An dieser Stelle wird die Bedeutung elterlicher *Bildungskompetenzen* sichtbar. Anknüpfend an Vygotskys (1987) Konzept der „Zone der nächsten Entwicklung" und das im Englischen als „scaffolding" (zu Deutsch etwa: ein Gerüst bereitstellen) bezeichnete Konzept der autonomiegewährenden Unterstützung können Eltern z.B. bei der Lösung herausfordernder Probleme (etwa beim Zusammenfügen eines schwierigen Puzzles) in Form von Hinweisen, Fragen oder Demonstrationen Strukturierungshilfen geben, wenn ihr Kind nicht mehr weiter weiß, und diese wieder zurücknehmen, wenn ihr Kind eigenständig und erfolgreich weiter arbeitet, um das Problem selbst zu lösen. Auf diese Weise entwickeln Kinder im Laufe der Zeit nicht nur ein elternunabhängiges „Selbst-Scaffolding" sondern erleben sich selbst auch mehr und mehr als eigenständige Verursacher ihrer Problemlösung, was wiederum ihre intrinsische Motivation beflügelt. Eine Reihe von Studien belegt die Wirksamkeit dieser besonderen Form elterlicher Unterstützung im Hinblick auf die kognitive Entwicklung und den schulischen Erfolg der Kinder, womit sich Eltern als wichtige Promotoren der Bildung ihrer Kinder ausweisen. Darüber hinaus zeigt eine Reihe von Studien, dass Eigeninitiative, berufliches Fortkommen und erfolgreiches Unternehmertum bereits in jungen Jahren u.a. durch eine besondere Konstellation elterlichen Verhaltens im Umgang mit ihren Kindern gefördert wird. Genauer wird auf diesen so genannten „autoritativen" elterlichen Erziehungsstil (Baumrind, 1971) im Folgenden eingegangen.

4. Was brauchen Eltern?

Damit Kinder sich im familialen Kontext entsprechend ihren Grundbedürfnissen entwickeln können, brauchen Eltern zunächst einmal zu ihrer eigenen Orientierung konkrete Wertvorstellungen und Entwicklungsperspektiven, die für ihre Kinder förderlich sind. Hierzu gehören (a) die *individuelle Perspektive* (d.h. die Entfaltung der Begabungen, Interessen und Fähigkeiten zu einer selbstverantwortlichen Lebensführung jedes Einzelnen), (b) die *soziale Perspektive* (d.h. die Entwicklung sozialer Kompetenzen, die u.a. Kooperation und konstruktive Konfliktregulation ermöglichen) und (c) die *moralische Perspektive* (d.h. die Entwicklung von Wertmaßstäben, um beurteilen zu können, was richtig und falsch, zulässig und unzulässig, fair und unfair, gerecht und ungerecht ist). Die Konsequenz für Eltern ist: Wenn sie wollen, dass sich ihre Kinder in einer bestimmten Weise entwickeln, sollten sie zunächst die Frage nach dem „Wozu" klären, was die Entscheidung für eine eigene werteorientierte Erziehung erfordert (Schneewind, 2008). Neben der Frage nach dem „Wozu" sollten Eltern aber auch die Frage nach dem „Wie", d.h. den Einsatz entwicklungsförderlicher Kompetenzen im alltäglichen Umgang mit ihren Kindern, klären und entsprechend konsistent handeln. Die Erlernbarkeit und Wirksamkeit derartiger Elternkompetenzen hat sich in einer Fülle evidenz-basierter Interventionsstudien erwiesen (Wissenschaftlicher Beirat für Familienfragen, 2005).

Im Klartext heißt dies: Wenn Eltern sich als hilfreiche Akteure für die Entwicklungsförderung ihrer Kinder verstehen wollen, geht es vornehmlich darum, wie sie ihre werteorientierte Erziehung in entsprechenden Beziehungs- und Erziehungskompetenzen umsetzen können. Somit stellt sich die zentrale Frage, ob es so etwas wie Maßstäbe für eine „gute" Erziehung gibt. Die Antwort lautet: Grundsätzlich schon, denn „gute" Erziehung lässt sich auf die Formel bringen: *Kompetente Eltern* haben *kompetente Kinder*. Aber wann sind Eltern „kompetente Eltern"? Nach jahrzehntelangen Forschungsstudien gibt es nach dem bisherigen Erkenntnisstand eine klare Antwort auf diese Frage. Für positive Erziehungskompetenzen von Eltern sind vor allem drei Merkmale charakteristisch, auf denen auch das Erziehungskonzept „Freiheit in Grenzen" beruht, nämlich

- elterliche Wertschätzung,
- Fordern und Grenzensetzen,
- Gewähren und Förden von Eigenständigkeit.

Grundsätzlich ist eine Erziehung nach dem Prinzip „Freiheit in Grenzen" in Anlehnung an das bereits erwähnte Konzept der „autoritativen" Erziehung (Baumrind, 1971) eine Erziehungs*haltung*, die sich aber auch im *Verhalten* der Eltern zu erkennen gibt (zusammenfassend hierzu Schneewind, 2007).

Es gibt aber auch das Erziehungskonzept „Grenzen ohne Freiheit", das für eine *autoritäre Erziehung* steht. Dies besagt, dass Eltern zu ihren Kindern eine wenig liebevolle und eher distanzierte Beziehung haben, dass sie von ihren Kindern viel fordern und ihnen in dem, was sie tun, enge und starre Grenzen setzen, und dass sie ihnen wenig Spielraum für eigene Entscheidungen und eigenständiges Handeln ermöglichen.

Schließlich sei auch noch das Erziehungskonzept „Freiheit ohne Grenzen" erwähnt, das in den beiden Varianten einer nachgiebigen und vernachlässigenden Erziehung vorkommt. *Nachgiebige Eltern* lassen ihren Kindern ein Übermaß an Zärtlichkeit und Verwöhnung zukommen, zugleich fordern sie aber auch wenig von ihnen und lassen ihnen vieles durchgehen, womit sie eine selbstverantwortliche Entwicklung ihrer Kinder untergraben. Hingegen sind *vernachlässigende Eltern* daran zu erkennen, dass sie weder eine liebevolle Beziehung zu ihren Kindern haben, noch sich um deren physisches und psychisches Wohlbefinden kümmern, und schließlich ihnen auch keine Orientierung für eine eigenständige und werteorientierte Weiterentwicklung geben.

Eine mediengestützte Umsetzung des Erziehungsprinzips „Freiheit in Grenzen" erfolgte im Sinne eines primären bzw. universellen Präventionsansatzes anhand von drei interaktiven CD-ROMs/DVDs, deren Adressaten zwar in erster Linie Eltern mit Kindern sind. Darüber hinaus können die CD-ROMs/DVDs aber auch im professionellen Kontext im Rahmen von Elterntrainings oder für Ausbildungszwecke (z.B. für Fachkräfte im Bereich Familienbildung und Beratung) genutzt werden. Sie beziehen sich auf drei Altersgruppen von Kindern, nämlich Kinder im Vorschulalter, Kinder im Grundschulalter und Jugendliche. Auch wenn das Erziehungsprinzip „Freiheit in Grenzen" über alle Altersgruppen hinweg anwendbar ist, versteht es sich von selbst, dass die einzelnen Erziehungsszenarien auf das jeweilige Alter der Kinder bzw. Jugendlichen zugeschnitten sind (Näheres hierzu unter www.freiheit-in-grenzen.org).

Die drei interaktiven CD-ROMs/DVDs enthalten eine Fülle von Filmbeispielen, Erläuterungen und Tipps zur Stärkung elterlicher Erziehungskompetenzen.

Die Akteure sind dabei jeweils die Mitglieder einer vierköpfigen Familie, bestehend aus der Mutter, dem Vater und zwei Kindern unterschiedlichen Geschlechts in der entsprechenden Altersgruppe. Der Hauptinhalt der CD-ROMs/DVDs besteht aus Filmen zu fünf verschiedenen *Ausgangssituationen*. Für die Altergruppe der *Vorschulkinder* sind dies u.a. ein Wutanfall oder eine missachtete Warnung. Beispiele für die Altergruppe der *Grundschulkinder* sind etwa eine nicht eingehaltene Verabredung oder ein Geschwisterstreit. Und Beispiele für typische Ausgangssituationen für die Altergruppe der *Jugendlichen* sind Drogenkonsum oder körperliche Gewalt. Anschließend an jede dieser Ausgangssituationen stehen drei *Lösungsalternativen* zur Auswahl, die sich – ohne dass dies in der sprachlichen Formulierung unmittelbar erkennbar ist – auf die drei oben erwähnten Erziehungsprinzipien beziehen. Die Nutzer werden gebeten, auf diejenige Lösungsvariante zu klicken, die am ehesten beschreibt, wie Sie selbst handeln würden. Ein kurzer Film zeigt dann, wie es weitergeht.

Nach diesem Film besteht die Option, einen *Kommentar* anzusehen, der auf die Frage eingeht: „Was ist passiert?" und dabei im Einzelnen die kritischen bzw. besonders bemerkenswerten Punkte der jeweiligen Lösungsalternative hervorhebt. Schließlich richten zwei *Fazits* – „Wie verhalten sich die Eltern?" und „Was lernt das Kind?" – das Augenmerk auf die Verhaltensmuster der Eltern und deren Auswirkungen auf die Kinder.

Nach der Betrachtung der zunächst ausgewählten *Lösungsalternative* können natürlich auch die anderen Lösungsvorschläge angesehen werden. Dadurch kann verglichen werden, wie sich unterschiedliche Muster des Erziehungsverhaltens auswirken können. Darüber hinaus besteht aufgrund der einfachen Navigationsmöglichkeiten die Möglichkeit, den jeweiligen Film wiederholt anzusehen oder auch andere Ausgangssituationen aufzurufen.

Wie wird *Erziehungsverhalten* zum *Erziehungsstil?* Zu dieser Frage gibt es Antworten in einem Abschnitt mit der Überschrift *„Der rote Faden"*, bei dem es darum geht, die Ähnlichkeit des Erziehungsverhaltens in ganz unterschiedlichen Erziehungssituationen deutlich zu machen. Des Weiteren werden zwölf einfache aber effektive *Erziehungstipps* angeboten, die zur Optimierung des eigenen Erziehungsverhaltens herangezogen werden können.

5. Gefährdungen des elterlichen Kerngeschäfts

Jenseits der bereits erwähnten Elternkompetenzen zur Befriedigung kindlicher Grundbedürfnisse und der Möglichkeit, diesen Bedürfnissen vermittels des Konzepts „Freiheit in Grenzen" gerecht zu werden, gibt es eine Reihe von Einflussfaktoren, die das Kerngeschäft von Eltern, d.h. ihren Beitrag zu einer positiven Entwicklung ihrer Kinder, gefährden. Gefordert ist daher ein besondere Achtsamkeit für den möglichen Verfall elterlicher Ressourcen und gegebenenfalls ein frühzeitiges Verhindern bzw. Abfedern eines derartigen Ressourcenverfalls. Zum Teil liegen diese Gefährdungspotentiale auch innerhalb der Familie im engeren und weiteren Sinne. So erschwert z.b. ein *schwieriges Temperament* des Kindes, das sich u.a. durch ein hohes Maß an Unberechenbarkeit und negativer Emotionalität zu erkennen gibt, den Eltern, ihre Elternkompetenzen zur vollen Entfaltung zu bringen. Ähnliches trifft auch für die Eltern selbst zu, wenn sie über *problematische Persönlichkeitsmerkmale* verfügen, die sich etwa als geringes Einfühlungsvermögen und stark ausgeprägte Reizbarkeit oder Irritierbarkeit präsentieren. Auch eine *belastete Paarbeziehung* und – häufig damit einhergehend – eine *mangelnde Allianz der Eltern* im Umgang mit ihren Kindern erweist sich auf Dauer als abträglich für deren Entwicklung. Ähnliches gilt auch, wenn die Eltern selbst aus *schwierigen Herkunftsfamilien* stammen, in denen sie mit einem wenig entwicklungsförderlichen Verhalten ihrer eigenen Eltern konfrontiert waren. Auch ein *beeinträchtigender sozialer Kontext* (z.B. unsichere Wohnungsumgebung, fehlende soziale Unterstützung), *problematische Arbeitsbedingungen* (z.B. Arbeitslosigkeit, Arbeitsüberlastung), *prekäre ökonomische Lagen* (z.B. Armut, Schuldenlast), aber auch der Einfluss einer *überbordenden Medien- und Konsumgesellschaft* (z.B. unkontrolliertes und ausuferndes Fernsehen oder zeitraubende Computerspiele – auch von Eltern) schlagen hier zu Buche. Vor dem Hintergrund dieser vielfältigen Einflussfaktoren wird deutlich, dass die Realisierung adäquater Elternkompetenzen der Art, wie sie in den vorangegangenen Abschnitten angesprochen wurden, kein einfaches Geschäft ist. Stellen wir also nochmals die Frage, was Eltern brauchen – diesmal jenseits der Kompetenzen zur Befriedigung der Grundbedürfnisse ihrer Kinder. Im Folgenden soll kurz auf drei zentrale Punkte eingegangen werden.

5.1 Beziehungen von Eltern in ihrer Partner- und Elternrolle

Zu diesem Punkt soll nur soviel gesagt werden, dass die einschlägige Forschung klare Belege dafür aufzeigen kann, dass markante Zusammenhänge zwischen Elternkonflikten, der Qualität von Eltern-Kind-Beziehungen und kindlichen Verhaltensauffälligkeiten bestehen. Es kommt gewissermaßen zu negativen „Überschwapp"- oder „Spillover"-Effekten von belasteten Paarbeziehungen auf problematische Beziehungen der Eltern zu ihren Kindern, die dazu führen, dass die erwähnten Grundbedürfnisse der Kinder nicht mehr angemessen befriedigt werden können. Diese Prozesse erfolgen sowohl direkt (z.B. indem Kinder beobachten, wie Eltern sich vor ihnen streiten, was besonders abträglich ist, wenn die Kinder selbst der Streitgegenstand sind), als auch indirekt, indem Eltern wegen der Involviertheit in ihre eigenen Paarbeziehungsprobleme für die Kinder psychisch nicht mehr erreichbar sind.

5.2 Erziehungs- und Bildungspartnerschaften

Um das schwierige Geschäft der Eltern bei ihrem Bemühen um die positive Entwicklung ihrer Kinder zu unterstützen, findet sich in letzter Zeit vermehrt die Forderung nach der Einrichtung von Erziehungs- und Bildungspartnerschaften auf der Ebene von Ländern und Kommunen. Dies betrifft auch das Zusammenwirken von Eltern und außerfamilialen Betreuungseinrichtungen im frühen Kindesalter, wie es z.B. „Der Bayerische Erziehungs- und Bildungsplan für Kinder in Tageseinrichtungen bis zur Einschulung" programmatisch anmahnt. Hier existiert bereits eine Reihe von nachweislich wirksamen Programmen mit zentrums- und stadtteilbezogener *Kommstruktur* (z.B. das „Early Excellence Centre" in Berlin oder das Programm „PAT – Mit Eltern lernen" in Nürnberg) bzw. mit einer über Hausbesuche realisierten *Gehstruktur* (z.B. das Opstapje – Schritt für Schritt oder das HIPPY [Home Instruction for Parents of Preschool Youngsters] Programm). Diesen Programmen gelingt es, insbesondere auch bildungsferne und Migrationsfamilien anzusprechen (zusammenfassend hierzu: Berkic & Schneewind, 2007; Schneewind & Berkic, 2007). Generell bleibt zu wünschen, dass sowohl in elterlichen als auch in außerfamilialen Betreuungskontexten die oben genannten förderlichen Entwicklungsvoraussetzungen für Kinder als unverzichtbarer Qualitätsstandard Anerkennung finden und entsprechend nachhaltig umgesetzt werden.

5.3 Vereinbarkeit von Familie und Beruf

Ein weiterer Punkt bezieht sich auf die Forderung, dass insbesondere angesichts der in den letzten Jahrzehnten erfolgten drastischen Zunahme der Berufstätigkeit von Frauen (und vor allem auch von Müttern) Eltern eine bessere Vereinbarkeit von Familie und Beruf benötigen. Obwohl in letzter Zeit auf politischer und Unternehmensebene hierzu einige Fortschritte erzielt wurden, geht es nicht nur allein darum, vereinbarkeitstaugliche gesellschaftliche und institutionelle Rahmenbedingungen zu schaffen, sondern auch darum, auf der Paar- und Familienebene adaptive Strategien zu entwickeln bzw. im konkreten Familienalltag einzusetzen, die es ermöglichen, Familie und Beruf besser unter einen Hut zu bringen (Kupsch, Schneewind & Reeb, in Druck).

Vor diesem Hintergrund mag es nicht erstaunlich sein, dass sich die Pflege des individuellen und gemeinsamen hedonistischen Repertoires (also all jener Aktivitäten, die mit einem hohen Grad an positiven Emotionen verbunden sind) neben einigen anderen Aspekten wie Zeitmanagement, klare Trennung von Familie und Beruf, dyadisches Coping) als wichtige adaptive Strategien erwiesen haben, um berufliche und familiale Belastungen besser auffangen zu können (Kupsch & Schneewind, 2008).

Abgesehen davon, dass adaptive Strategien der genannten Art dazu beitragen, dass die erlebte Vereinbarkeit von Familie und Beruf positiver ausfällt und dass das persönliche Wohlergehen sowie die Familienzufriedenheit (einschließlich Paarzufriedenheit) und die Zufriedenheit im beruflichen Bereich sich günstiger darstellen, ist ein wichtiger Punkt besonders hervorzuheben. Gemeint ist die Tatsache, dass die Anwendung dieser adaptiven Strategien weitgehend in der Macht jedes Einzelnen oder jedes Paares und nicht unter dem Diktat irgendwelcher von außen gesetzter Rahmenbedingungen übergeordneter Instanzen steht. Mit anderen Worten: es geht im beruflichen und privaten Lebenskontext darum, sich die verfügbaren Ressourcen anzueignen. Vor allem aber geht es darum, diese Ressourcen dann auch entsprechend zu nutzen, um negative „Spillover"-Effekte – diesmal solche zwischen den Lebensbereichen Beruf und Partnerschaft bzw. Familie – spürbar zu reduzieren.

6. Fazit: Was ist zu tun?

Wenn im allgemeinen Sprachgebrauch vom primären, sekundären und tertiären Bildungssystem die Rede ist, stellt sich dabei kaum eine Assoziation zum System Familie her. Vor dem Hintergrund der hier dargelegten Argumente dürfte deutlich geworden sein, wie kurzsichtig es ist, die Familie nicht als eine Bildungsinstanz von besonderer Bedeutung für die nachwachsende Generation zu begreifen. Genau genommen ist die Familie das primäre und deswegen besonders wichtige Bildungssystem. Im Hinblick auf ihre herausgehobene Funktion für die Entwicklung eines die Zukunft unseres Gesellschaftssystems sichernden Humanvermögens bedürfen Familien daher einer nachhaltigen Unterstützung. Dabei geht es nicht nur um die Stärkung der Innovationsbereitschaft der nachwachsenden Generation, sondern vor allem auch darum, dass diese und folgende Generationen ein „bejahenswertes Leben" (Schmid, 2004) führen können. An psychologischem Wissen und überprüften Praxismodellen hierzu fehlt es nicht. Woran es fehlt, ist eine flächendeckende und nachdrückliche Umsetzung dieser gesellschaftspolitischen Aufgabe ersten Ranges.

Zu fordern ist daher in Anlehnung an den Wissenschaftlichen Beirat für Familienfragen (2005) eine „Nationale Allianz zur Stärkung von Elternkompetenzen", die auf allen gesellschaftlichen Ebenen – von den politischen Institutionen bis zu den Medien – eine Bündelung der in Deutschland bereits vielfältig vorhandenen, aber weitgehend zersplitterten Maßnahmen einer effektiven Elternbildung vorantreibt. Es würde dadurch die Basis für eine optimale Entwicklung der nachwachsenden Generation(en) geschaffen werden, die u.a. auch die Bereitschaft für kreatives und innovatives Handeln in einem ethisch verantwortbaren Rahmen beinhaltet. Nicht zuletzt würde dies auch die Anschlussfähigkeit an die „traditionellen" Instanzen des Bildungssystems erleichtern. Ansatzpunkte zur Stärkung von Elternkompetenzen, die Kinder brauchen, um sich zu kompetenten Personen entwickeln zu können, gibt es viele. Im Folgenden sollen vor dem Hintergrund der zuvor dargestellten Argumente drei Aspekte besonders herausgestellt werden.

(1) Um positive Eltern- und Familienkompetenzen zu *erhalten*, geht es u.a. darum,

- das bereits bestehende Kompetenzniveau auf Dauer zu stabilisieren und weiter zu entwickeln;
- qualitativ und finanziell akzeptable familienergänzende Betreuungsangebote vorzuhalten;
- bessere Rahmenbedingungen für die Vereinbarkeit von Familie und Beruf zu gestalten.

(2) Um entwicklungsfähige bzw. -bedürftige Eltern- und Familienkompetenzen zu *stärken*, sollten u.a.

- eine möglichst früh einsetzende universelle und gezielte Eltern- und Familienbildung flächendeckend etabliert werden;
- niedrigschwellige und vernetzte Angebotsstrukturen auf kommunaler Ebene (Stichwort Erziehungs- und Bildungspartnerschaften) eingerichtet und dauerhaft verankert werden;
- materielle und soziale Notlagen entschärft bzw. verhindert werden.

(3) Um kompetenzstärkende Maßnahmen für Eltern zu *koordinieren* und deren Qualität zu *sichern*, bietet sich u.a. an:

- die Gründung einer „Nationalen Allianz zur Stärkung von Eltern- und Familienkompetenzen";

- der medialen Präsenz von entwicklungsförderlichen Elternkompetenzen für die nachwachsende Generation eine hohe Priorität einzuräumen (z.B. in Analogie zu den Verkehrserziehungs-Fernsehspots „Der siebte Sinn");
- die Forschung zu evidenz-basierten Wirksamkeitsnachweisen von Maßnahmen zur Entwicklungsförderung und Prävention nachhaltig zu fördern.

Die bislang vorliegenden Ansätze zur familialen Prävention im Sinne einer für die nachwachsende Generation entwicklungsförderlichen Stärkung von Eltern- und Paarbeziehungskompetenzen belegen zwar die Nützlichkeit und Effektivität präventiver Interventionsmaßnahmen. Allerdings ist dabei zu bedenken, dass die meisten Forschungsbefunde zur methodischen Sicherung von verfügbaren Präventionsprogrammen aus dem angloamerikanischen Raum stammen. Mit Blick auf die deutschsprachigen Länder besteht ein eklatanter Nachholbedarf – nicht nur hinsichtlich evidenzbasierter Interventionsansätze sondern vor allem bezüglich eines flächendeckenden universellen Angebots sowie spezieller Maßnahmen für Personen bzw. Familien, die einer derartigen Unterstützung besonders bedürfen. Im Sinne einer „public health" Perspektive einerseits und eines innovationsförderlichen Ansatzes andererseits bietet sich an, neben den traditionellen Angebotsformen in verstärktem Maße auch audiovisuelle Medien (z.B. Fernsehen, DVDs, Internet) zu nutzen und gegebenenfalls in einem flexiblen Setting mit personalisierten Angeboten (z.B. Paar- und Erziehungsberatung) zu verzahnen (konkretes Beispiel hierfür: das Computer-basierte und um individualisierte Beratungsmöglichkeiten ergänzte Paarbeziehungstraining von Braithwaite & Fincham, 2009). Auf diese Weise könnte familiale Prävention einen wichtigen Beitrag zu einer positiven Entwicklung der nachwachsenden Generation leisten, die u.a. auch die Voraussetzungen für eigenständiges und innovatives Handeln umfasst. Damit würde einer familialen Aufgabe Rechnung getragen, die der sozialpolitisch engagierte Ökonom Heinz Lampert (1996, S. 270) als die „anspruchvollste und bedeutsamste Leistung von Eltern" bezeichnet hat.

Literatur

Baumrind, D. (1971). Current patterns of parental authority. *Developmental Psychology, 4*, 1-101.

Berkic, J. & Schneewind, K. A. (2007). Förderung von Elternkompetenzen: Ansätze zur Prävention kindlicher und familialer Fehlentwicklungen. *Kindesmisshandlung und -vernachlässigung, 10*, 31-51.

Braithwaite, S. R. & Fincham, F. D. (2009). A randomized clinical trial of a computer based preventive intervention: Replication and extension of ePREP. *Journal of Family Psychology, 23*, 32-38.

Bundesministerium für Familie, Senioren, Frauen und Jugend (Hrsg.). (2006). *Familie zwischen Flexibilität und Verlässlichkeit. Siebter Familienbericht.* Baden-Baden: Koelbin-Fortuna-Druck.

Grolnick, W. (2003). *The psychology of parental control: How well-meant parenting backfires.* Mahwah, NJ: Erlbaum.

Kupsch, M. & Schneewind, K. A. (2008). Adaptive strategies in balancing work and family life: A multilevel analysis. In A. M. Fontaine & M. Matias (Eds.), *Family, work and parenting. International perspectives* (pp. 95-106). Porto: Livpsic.

Kupsch, M., Schneewind, K. A. & Reeb, C. (in Druck). Entwicklung eines Fragebogens zur Erfassung Adaptiver Strategien in der Vereinbarkeit von Familie und Beruf. *Diagnostica.*

Lampert, H. (1996). *Priorität für Familie.* Berlin: Duncker & Humblot.

NICHD Early Child Care Research Network (2006). Child-care effect sizes for the NICHD Study of Early Child Care and Youth Development. *American Psychologist, 61*, 99-116.

Oelkers, J. (2005). Kinder im Konsumzeitalter. In Schmid, W. (Hrsg.). *Leben und Lebenskunst am Beginn des 21. Jahrhunderts* (S. 97-132). München: Fink.

Schäfer, G. E. (2005). *Bildung beginnt mit der Geburt* (2. Aufl.). Weinheim: Beltz.

Schmid, W. (2004). *Mit sich selbst befreundet sein.* Frankfurt a. M.: Suhrkamp.

Schneewind, K. A. (in Vorb.). *Familienpsychologie* (3. Aufl.). Stuttgart: Kohlhammer.

Schneewind, K. A. (2008). „Freiheit in Grenzen" – Plädoyer für ein integratives Konzept zur Stärkung von Elternkompetenzen. In M. Cierpka (Hrsg.), *Möglichkeiten der Gewaltprävention* (2. Aufl., S. 177-205). Göttingen: Vandenhoeck & Ruprecht.

Schneewind, K. A. (2007). Erziehung nach dem Prinzip „Freiheit in Grenzen". Ein mediengestütztes Programm zur Stärkung elterlicher Erziehungskompetenzen. *Psychodynamische Psychotherapie, 4*, 183-196.

Schneewind, K. A. & Berkic, J. (2007). Stärkung von Elternkompetenzen durch primäre Prävention: Eine Unze Prävention wiegt mehr als ein Pfund Therapie. *Praxis der Kindertherapie und Kinderpsychiatrie, 56*, 643-659.

Vygotsky, L. S. (1987). *Ausgewählte Schriften. Arbeiten zur psychischen Entwicklung der Persönlichkeit* (Band 2). Berlin: Volk und Wissen.

Wissenschaftlicher Beirat für Familienfragen (2008). *Bildung, Betreuung und Erziehung für Kinder unter drei Jahren – elterliche und öffentliche Sorge. Kurzgutachten.* Berlin: DruckVogt.

Wissenschaftlicher Beirat für Familienfragen (2005). *Familiale Erziehungskompetenzen.* München: Juvent

Es ist nie zu früh für den Aufbruch. Innovation in Kinderkrippen, Kindergärten und Grundschulen

Rolf Oerter

Die Forderung nach früher Förderung der Kinder und nach Herstellung besserer Chancen für benachteiligte Gruppen verschafft sich immer mehr Gehör. Es gibt aber nicht wenige, die Unbehagen angesichts dieser Bewegung verspüren und fürchten, dass nun das Kind noch früher als bisher verschult würde und die Kindheit als Freiraum für Spiel und Entfaltung verloren ginge. In der Tat zeigen viele Vorstellungen eine Vernachlässigung des heutigen Wissens über kindliche Entwicklung, und nicht wenige pädagogische Konzeptionen zielen auf eine Verschulung ab, einfach deswegen, weil Schule eine Einrichtung ist, die allen, Politikern, Fachleuten und Laien, aus ihrer eigenen Erfahrung vertraut ist. Es wäre keine Innovation, wenn wir Formen des schulischen Lernens vorverlagern würden. Ist es überhaupt nötig, Kinder frühzeitig außerhalb der Familie zu fördern oder sollten wir nicht lieber die Familien unterstützen, damit sie zumindest in den ersten sechs Lebensjahren des Kindes Bildungsarbeit leisten können? Rein ökonomische Gesichtspunkte, wie die Berufstätigkeit beider Elternteile, würden das Kind, sein Glück, seine Entwicklung zugunsten wirtschaftlicher Interessen instrumentalisieren.

1. Was wissen wir?

Die erste Frage, die wir beantworten sollten, ist: warum brauchen wir wirklich Kinderkrippen und Kindergärten als Bildungseinrichtungen und nicht nur als Bewahranstalten für Kinder berufstätiger Eltern? Zur Beantwortung dieser Frage existiert heute ein großer Fundus an Wissen, aus dem im Folgenden nur einige Fakten aufgeführt seien (s. vor allem die umfangreiche amerikanische Studie NICHL, 2006).

Viele Kinder erfahren keine optimale Entwicklung in den ersten 10 Lebensjahren, was bedeutet, dass sie fürs ganze Leben benachteiligt sein können. Defizite zeigen sich vor allem in der Sprache, deren basale Entwicklung in den ersten sechs Lebensjahren stattfinden muss. Bei der Entwicklung der Intelligenz zeigt sich ein ähnliches Phänomen. Während Kinder im Alter von einem Jahr noch keine schichtspezifischen Unterschiede aufweisen, finden wir bei den Dreijährigen bereits deutliche Unterschiede. Kinder aus sozial benachteiligten Schichten haben bereits im Durchschnitt einen niedrigeren IQ als Kinder aus gehobeneren Schichten.

Für viele Bereiche menschlicher Entwicklung gibt es Zeitfenster, die eine optimale Förderung gewährleisten. Nutzt man diese Zeitfenster nicht, so wird es später äußerst schwierig, wenn nicht unmöglich, Defizite aufzufangen. Das beeindruckendste Beispiel hierfür ist die Sprache. Sie entwickelt sich bis zum Alter von etwa sechs/sieben Jahren zu einem Niveau, das den Erwerb der Kulturtechniken (Schriftsprache, Rechnen) ermöglicht. Als Faustregel für optimale Entwicklung gilt eine Förderung, bei der Lernen unmittelbar nach Funktionsreifung einsetzt. Diese optimale Förderung bleibt vielen Kindern versagt. In Staaten wie Deutschland, die einen relativ großen Migrantenanteil aufweisen und zudem rechtzeitige Förderung der Kinder vernachlässigen, kommt es zu großen Differenzen zwischen Kindern von verschiedenen sozialen Gruppen. Kinder, die zu wenig Chancen auf Bildung und damit auf eine gute wünschenswerte Entwicklung erhalten, sind in ihren Grundrechten beeinträchtigt und werfen zudem spätestens ab dem Jugendalter für die Gesellschaft zusätzliche Probleme auf (Schmidt-Rodermund & Silbeeisen, 2008).

Auf der anderen Seite wissen wir, dass frühe Förderung für Kinder aus allen sozialen Gruppierungen Vorteile mit sich bringt, sofern das Elternhaus kooperiert und einigermaßen intakt ist. Es gibt inzwischen Hunderte von Untersuchungen, die diese Feststellung belegen. Studien zeigen auch, dass Kinder aus gestörten oder verwahrlosten Familien ohne zusätzliche Förderung in Institutionen chancenlos sind. Die große Ypsilanti-Längsschnittstudie hat geförderte Kinder mit 19 und 27 Jahren erneut untersucht und erstaunliche Unterschiede im Vergleich zu nicht geförderten Kindern gefunden. Sie erzielten ein höheres Einkommen, hatten einen höheren Sozialstatus, waren weniger auf Sozialhilfe angewiesen und weniger delinquent. Man hat ausgerechnet, dass ein in Frühförderung investierter Dollar 7,16 $ eingesparte Sozialkosten im Erwachsenenalter erbrachte (Weikart & Schweinhart, 1997).

Schließlich wissen wir auch, dass Lernen im Vorschulalter anders verläuft als in den Bildungsinstitutionen der Schule. Kinder unter sechs Jahren lernen kaum intentional und bewusst. Die Hauptform des Lernens in dieser frühen Zeit ist das inzidentelle (beiläufige, wenig zielgerichtete und wenig bewusste) Lernen. Die Entwicklung der Sprache verläuft nach diesem Muster. Kein Kind büffelt Vokabeln oder lernt grammatikalische Regeln bewusst, und doch beherrscht es unter günstigen Umständen die Grundregeln der Muttersprache mit etwa sechs Jahren.

2. Was wollen wir?

Im Vorschulbereich sind die Ziele für Bildung und Erziehung verschwommen, während die Grundschule zumindest als klare Zieldefinition die Vermittlung der Kulturtechniken hat. Innovation bedeutet bei der Formulierung von Zielen zunächst, die Zeit der frühkindlichen Entwicklung bis zum Ende der Grundschulzeit zusammen zu sehen und sich zu fragen, welche allgemeine Zielsetzung Familie, Krippe, Kindergarten und Grundschule verbindet. Es ist dies die Zeit, in der die Grundlagen für das gesamte spätere Leben gelegt werden und damit zugleich die Zeit, in der wir die besten Chancen haben, die Kinder optimal zu fördern. Zwar gibt es einige inhaltliche Ziele, wie Beherrschung der Sprache und Erwerb der Kulturtechniken, aber wir sind nicht in der Lage vorherzusehen, was Kinder in zehn bis zwanzig Jahren an Qualifikationen brauchen, da der rasche und möglicherweise abrupte gesellschaftlich-kulturelle Wandel neue Anforderungen stellt, die wir nicht kennen. Bildung und Erziehung kann daher als allgemeines Ziel nur die Unterstützung zur vollen Entfaltung des Menschen mit der optimalen Nutzung seiner Möglichkeiten anstreben. Jedes Kind soll das Recht haben, das höchstmögliche geistige Niveau zu erreichen, soziale Kompetenz zur Integration in spätere Lebenswelten zu erwerben und sich körperlich gesund zu entwickeln. Die mit diesen Zielen verbundenen hohen Leistungserwartungen an das Kind müssen stets hinter dem Glück des Kindes zurückstehen. Wer auf eine glückliche Kindheit zurückblicken kann, wird im Erwachsenenalter am ehesten die zur Lebensbewältigung erforderliche Stabilität und Kraft besitzen. Allgemein gilt: nicht ökonomische Ansprüche an spätere berufliche Qualifikationen dürfen die Bildungsbemühungen in der Kindheit bestimmen, sondern der Mensch selbst und sein Beitrag für die Weiterentwicklung der Kultur stehen im Mittelpunkt unserer Bemühungen.

3. Bildung und Erziehung von 1-12 gehören zusammen

Wir haben uns angewöhnt, erst mit Schuleintritt von Bildung zu reden. Wie aus dem vorausgegangenen Kapitel über die Familie hervorgeht, beginnt Bildung bereits in der Familie. Während das erste Lebensjahr zweifellos eine Sonderstellung einnimmt, beginnt im zweiten Lebensjahr die Sozialisation des Kindes, die je nach Herkunft, Bildungshintergrund und kultureller oder subkultureller Prägung der Eltern unterschiedlich verläuft. Was ab jetzt geschieht, bestimmt weitgehend die späteren Bildungschancen des Kindes, die Breite seines Horizontes und die Höhe des erreichbaren geistigen Entwicklungsniveaus. Abb.1 zeigt, wie die drei Lebensabschnitte der frühen, vorschulischen und schulischen Kindheit miteinander verzahnt sind. Die jeweiligen späteren Bildungs- und Erziehungsaufgaben bauen auf den vorausgegangen auf. Schulfähigkeit mit sechs Jahren stellt sich nicht von selbst ein, sondern gründet sich auf die zwei vorausgegangenen Etappen. Defizite in der Sprachförderung mit 3-4 Jahren bilden beispielsweise eine Hypothek, die unbedingt noch vor Schuleintritt abgetragen werden muss. Welche Entwicklungsaufgaben im Einzelnen anstehen und wie vorherige Entwicklung die nachfolgende trägt, soll nun etwas näher erläutert werden.

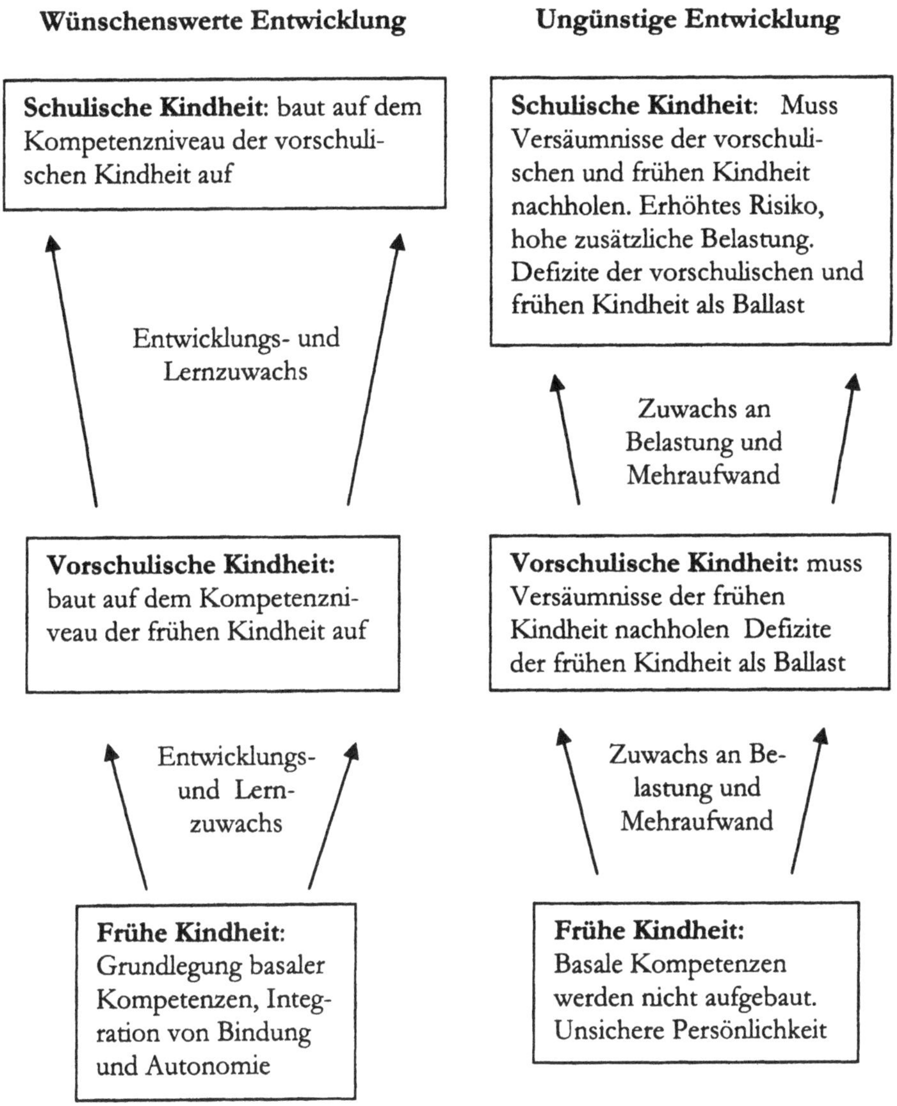

Bildung und Erziehung von 1-12 gehören zusammen 51

Wünschenswerte Entwicklung	Ungünstige Entwicklung
Schulische Kindheit: baut auf dem Kompetenzniveau der vorschulischen Kindheit auf	**Schulische Kindheit:** Muss Versäumnisse der vorschulischen und frühen Kindheit nachholen. Erhöhtes Risiko, hohe zusätzliche Belastung. Defizite der vorschulischen und frühen Kindheit als Ballast
↑ Entwicklungs- und Lernzuwachs ↑	↑ Zuwachs an Belastung und Mehraufwand ↑
Vorschulische Kindheit: baut auf dem Kompetenzniveau der frühen Kindheit auf	**Vorschulische Kindheit:** muss Versäumnisse der frühen Kindheit nachholen Defizite der frühen Kindheit als Ballast
↑ Entwicklungs- und Lernzuwachs ↑	↑ Zuwachs an Belastung und Mehraufwand ↑
Frühe Kindheit: Grundlegung basaler Kompetenzen, Integration von Bindung und Autonomie	**Frühe Kindheit:** Basale Kompetenzen werden nicht aufgebaut. Unsichere Persönlichkeit

Abb. 1: Unterschiedliche Erziehungs- und Bildungsaufgaben in Anhängigkeit vom Entwicklungsverlauf

4. Die ersten drei Jahre: Bindung, aber auch Geist

Die Kinderkrippe ist kein Notbehelf, sondern wird heute zu einer wichtigen Bildungsinstitution (Ahnert, 2006). Für diese Aufgabe muss sie aber eine Reihe von Bedingungen erfüllen, mit denen wir uns etwas näher beschäftigen wollen.

Zentrales Entwicklungsthema ist der Konflikt zwischen Bindungssicherheit und Autonomie. Einerseits benötigt das Kind Sicherheit durch Bindung und Bezogenheit, andererseits wächst das Bedürfnis nach Autonomie und eigener Kompetenz. Neugier und Wissbegier des Kindes resultieren aus beidem: einer sicheren Bindung, von der aus exploriert werden kann, und einer ersten Selbständigkeit, die Probieren und Experimentieren mit Gegenständen ermöglicht.

Zu den Qualitätskriterien für Krippenerziehung siehe auch die Krippenskala von Tietze et al. (2005).

4.1 Sprechen

Eine allgemeine entwicklungspsychologische Gesetzmäßigkeit besagt, dass Funktionen am besten unmittelbar nach ihrer Reifung gefördert werden können. Dies gilt in besonderem Maße für die Sprachentwicklung. Sie verläuft am günstigsten, wenn die Jahre zwischen 1 und 3 gut genutzt werden. Die Kinderkrippe könnte bei der Sprachentwicklung für benachteiligte Kinder kompensatorisch wirken, bei Kindern aus günstigen Verhältnissen hat sie dafür zu sorgen, dass keine Vernachlässigung in der Sprachförderung eintritt.

Die Sprachentwicklung zeigt im Laufe des zweiten Lebensjahres eine explosionsartige Vermehrung des Wortschatzes (erst Substantive und Adjektive, später Verben). Noch dramatischer ist die Syntaxentwicklung. Sie vollzieht einen Wandel von einer universellen Pivot-Grammatik und individuellen Grammatiken zu der Grammatik der Muttersprache. Diese „Revolution" ereignet sich in der Regel im dritten Lebensjahr.

4.2 Kognitive Fähigkeiten

Die Enkulturation bedingt bislang in der Intelligenzentwicklung eine spezifische Differenzierung des Intelligenzniveaus. Während bis Ende des ersten Lebensjahres keine schichtspezifischen Intelligenzunterschiede zu beobachten sind, haben sie sich mit etwa 3 Jahren zugunsten der höheren und zu Ungunsten der benachteiligten Schichten differenziert. Die Krippe könnte auch hier eine wichtige kompensatorische Funktion leisten.

Entwicklungstypisch für den Altersabschnitt zwischen 1 und 3 sind *Explorationsverhalten und Symbolspiel* (Als-ob-Spiel). Bindung und Exploration bilden ein gemeinsames System. Bei sicherer Bindung exploriert das Kind seine Umwelt, wobei es Merkmale und Funktionen von Gegenständen kennenlernt und erprobt. Sobald die ersten Begriffe erworben sind, wendet sich das Kind dem Symbolspiel (Als-ob-Spiel) zu. Es deutet Gegenstände um und weist ihnen Funktionen zu, die seinen augenblicklichen Wünschen entgegenkommen (Autofahren, Reiten, Kochen, Fliegen). Im Symbolspiel erfüllt sich das Kind stellvertretend und fiktiv Wünsche, die in der Realität noch nicht erfüllbar sind (z. B. Auto fahren) und übt sich zugleich in Begriffsbildung, indem es den Gegenständen neue Funktionen zuweist und damit verstehen lernt, dass Begriffsbildung ein kognitiver Akt der Ordnung von Erscheinungen der Welt ist. Exploration und Symbolspiel hängen oft zusammen, da das Kind im Umgang mit Gegenständen, die es hinreichend exploriert hat, zu einem Als-ob-Spiel überwechselt.

In der Kinderkrippe lassen sich Exploration und Symbolspiel in idealer Weise pflegen.

4.3 Gemeinsamer Gegenstandsbezug

Die eingangs gekennzeichnete Wandlung des Kindes zu einem Kulturwesen erfolgt in der Hauptsache über den gemeinsamen Gegenstandsbezug (Oerter, 1999). Er bahnt sich im ersten Lebensjahr als joint attention an und besteht darin, dass Kind und Partner(in) ihre Handlung auf ein gemeinsames Objekt zentrieren. Dadurch lernt das Kind Merkmale und Gebrauch des Gegenstandes (vor allem Werkzeuggebrauch), erfährt, dass Gegenstände ihre Funktion für viele Akteure anbieten (objektive Valenz) und wie man Handlungen, die sich auf einen Gegenstand konzentrieren, koordinieren kann (Beispiel Wippe als gemeinsamer Gegenstand). Der gemeinsame Gegenstandsbezug zwischen Erwachsenem und Kind sowie zwischen den Kindern ist daher die wichtigste Handlungsstruktur in der Kinderkrippe. Er bildet auch den Rahmen für Sprachentwicklung und motorische Entwicklung. Generell gilt, dass der gemeinsame Gegenstandsbezug die Basis für die Entstehung und Erhaltung menschlicher Kultur bildet und wie Sprache ein Trennkriterium zum Tier darstellt.

4.4 Motorische Entwicklung

Motorik bildet ab dem 2. Lebensjahr eine optimale Ausstattung für Lernen und Erkenntnis. Darüber hinaus ist sie für die körperliche Gesundheit unerlässlich. Dabei sind Grob- und Feinmotorik gleichermaßen bedeutsam. Die Grobmotorik dient der Lokomotion zum selbständigen Aufsuchen interessanter Objekte und

Situationen sowie der Koordination von Handlungen. Die Pflege und Entfaltung rhythmischer Koordination, wie etwa im Tanz, kommt dem Bedürfnis des Kindes und seiner natürlichen Fähigkeit für harmonische Bewegung entgegen. Hier wären zunächst auch die musikalischen Aktivitäten anzusiedeln, die sich erst allmählich als eigenständige Tätigkeit ausgliedern. Die Feinmotorik erlaubt die (Nach)Konstruktion von Ausschnitten der Welt (Bauen, Malen, Kneten). Dies ist zugleich der Beginn des *Konstruktionsspiels*, das den Vorläufer kulturellen Schaffens bildet.

Angesichts der durch die neuen Medien bedingten Bewegungsverarmung und der damit verbundenen Gesundheitsbeeinträchtigung kommt der motorischen Förderung heute besondere Bedeutung zu.

4.5 Soziale Kompetenz

Je früher soziale Förderung beginnt, desto vorteilhafter ist dies für die späteren Aufgaben in Kindergarten und Schule. Soziale Kompetenz als Fähigkeit, mit anderen gemeinsam und koordiniert zu handeln, andere zu verstehen, mit ihnen Mitleid zu empfinden und Konflikte zu lösen, all dies kann im Umgang mit Gleichaltrigen am besten erworben werden. Die Krippe ergänzt daher die Familie und gleicht die dort infolge mangelnder Geschwisterzahl gegebenen sozialen Defizite aus. Beobachtungen zeigen, dass Kinder schon zwischen 1 und 3 in der Lage sind, Konflikte mit anderen zu lösen, ohne dass sich die Erzieherin einmischen muss.

In der sozialen Interaktion wird die Sprache als Regulationsmittel zunehmend wichtiger. Besonders Erwachsene verwenden sog. distale Strategien zur Handlungsregulation (wechselseitige Regulierung ohne direkte körperliche Lenkung). Diese Form der sprachlichen, gestischen und mimischen Regulation bildet eine wichtige Voraussetzung für das Instruktionsverständnis, das in Kindergarten und Schule zur Vorbedingung für Lernen wird.

Resümee: Die hier aufgezählten Kompetenzen als Entwicklungsaufgaben der frühen Kindheit können natürlich schon innerhalb der Familien angemessen gefördert werden, zumal wenn mehrere Familien mit Kindern gleichen Alters in regem Austausch sind. Sofern es sich nicht um gestörte Familien handelt, können Kinder Bindungssicherheit aufbauen und erste Schritte in die Autonomie hinein unternehmen. Was aber in vielen Familien weniger gut gelingt, ist die Förderung der geistigen Entwicklung. Hier können massive Defizite auftreten, wie die Forschung über Sprach- und Intelligenzentwicklung zeigt. Die für Deutschland geltenden großen sozialen Unterschiede gehen auf solche Defizite zurück, Defizite, die später nie zufriedenstellend gemildert werden konnten.

Kinderkrippen sind daher die ideale Institution, rechtzeitig etwas zu unternehmen.

5. Vorschule: die letzte Chance für Chancengleichheit?

Als in den sechziger Jahren in den USA das Head Start Programm gestartet wurde, hatte man sich als Ziel gesetzt, gleiche Chancen für alle Kinder bei Schuleintritt herzustellen. Eine Vielzahl von Programmen zur Vorschulerziehung wurde entwickelt und teilweise auch sorgfältig erprobt. Bei einigen der Programme zeigten sich bemerkenswerte langfristige Erfolge, bei anderen waren die Erfolge vorübergehend. In Deutschland, dass sich damals mit einer Verzögerung der Vorschulbewegung anschloss, waren längerfristige Erfolge kaum zu verzeichnen, und 30 Jahre später stehen wir an der gleichen Stelle wie damals: die sozial bedingten Unterschiede bei Schuleintritt haben sich nicht verringert. Man kann vorhersagen, dass das Recht auf einen Kindergartenplatz zwar wichtig, aber nicht hinreichend für einen nachhaltigen Erfolg ist. Zunächst wollen wir die Entwicklungsvoraussetzungen kennenlernen, sodann Ziele formulieren und schließlich Empfehlungen für eine verbesserte Förderung im Vorschulalter aussprechen.

5.1 Entwicklungsvoraussetzungen beim Kind

Kinder zwischen 3 und 6 Jahren sind neugierig und wenden sich der Welt voller Wissbegier zu. Ihre erkenntnistheoretische Haltung ist – um mit den Philosophen zu reden – der naive Realismus. Die Welt ist so, wie sie erscheint. Man muss nur genau hinsehen, um sie zu begreifen. Daher profitieren Kinder dieses Alters von Angeboten, die in gut strukturierter Form die Rekonstruktion von Weltwissen erleichtern. Das Vorschulalter bringt zwei weitere Fortschritte geistiger Entwicklung mit sich, die zugleich mit Siebenmeilenstiefeln das kognitive Niveau von Tieren hinter sich lassen. Es sind dies die sogenannte Theory of Mind (Perner, 1991) und die Fähigkeit zur Zeitreise (Bisdchof-Köhler, 2000). Die Theory of Mind besagt, dass Kinder mit etwa vier bis fünf Jahren die Erkenntnis gewinnen, dass andere Personen unterschiedliches Wissen und unterschiedliche Überzeugungen haben können. Obwohl Kinder also einerseits die Realität der Welt als einheitlich und unmittelbar gegeben ansehen, erkennen sie, dass andere ein falsches Wissen über einen Sachverhalt haben können. Das verlockt Kinder auch dazu, andere zu täuschen und absichtlich zu lügen. Die zweite Fähigkeit, die sich in diesem Altersabschnitt entwickelt, die Zeitreise, ermöglicht dem Kind, sich gedanklich in der Zeit vor und rückwärts zu bewegen. Diese Leistung ist eines der Hauptkriterien für die Unterscheidung von Tier und

Mensch. Trotz aller Vorformen des Werkzeuggebrauchs und des Bestehens von Vorformen von „Kultur" bleibt das Tier in seiner Zeitperspektive auf die Gegenwart beschränkt. Die Ausweitung der Zeitdimension befähigt zum Aufbau eines biografischen Gedächtnisses und einer autobiografischen Zukunftsperspektive mit einer ersten Planung von Entwürfen für das spätere Leben (um diese Zeit wollen Kinder Raumfahrer, Königin, Bäcker oder Mutter werden). Nicht zufällig konstruieren die Kinder gerade jetzt das Verständnis für Geschlechtsidentität mit dem Wissen, dass die Zugehörigkeit zu einem bestimmten Geschlecht fürs ganze Leben erhalten bleibt. Ebenfalls im Zusammenhang mit der Ausweitung der Zeitperspektive kann sich nun ein neues Motivationssystem aufbauen, die Leistungsmotivation. Damit ist gemeint, dass Kinder nach selbstgesetzten Gütestandards handeln, deren Erreichung sie mit Stolz erfüllt und deren Verfehlen Trauer und Scham auslösen. Schließlich bildet das Vorschulalter ein Zeitfenster für die Entfaltung von bestimmten Entwicklungspotenzialen. So kann die phonologisch getreue Wiedergabe einer Sprache später nicht oder nur noch sehr schwer erlernt werden. Bei manchen Hochleistungen, wie sie von Geigern und Pianisten mit hohem Rang erwartet werden, müssen Lernen und Übung ebenfalls im Vorschulalter einsetzen.

5.2 Ziele

Die Zielsetzung für die vorschulische Erziehung bestimmt sich von zwei Seiten her, zum einen von den generellen Entwicklungsfortschritten und –potenzialen, zum andern von der Kultur her, in der das Kind aufwächst. Beide Seiten müssen zu einer Passung kommen und sich in vorschulische Bildungsmaßnahmen integrieren lassen. Aus entwicklungspsychologischer Sicht hat die Gesamtentwicklung zu einer selbstsicheren, stabilen und glücklichen Persönlichkeit Vorrang. Fördermaßnahmen, die dieses Oberziel nicht sicher stellen, sind fehl am Platze. Selbstsicherheit und Zuversicht können aber gerade durch das Erreichen von kulturell definierten Bildungszielen gewährleistet werden. Ebenfalls zu den allgemeinen Entwicklungszielen gehören Fortschritte in der Emotionskontrolle und in der sozialen Kompetenz. Gerade in der Gruppe können Kinder beide Fähigkeiten auf natürliche unkomplizierte Weise verbessern. Die Fähigkeit, die eigenen Emotionen allmählich besser unter Kontrolle halten zu können, schützt in der Gruppe vor Konflikten und lässt das Kind einen Zuwachs an Ich-Stärke erfahren. In der Gruppe verbessern sich weiterhin die Fähigkeiten, Konflikte zu lösen und Frustrationstoleranz auszuhalten. Die Förderung sozialer Kompetenz erhält durch die Entwicklung der Theory of Mind eine neue Dimension. Rollenübernahme und die Koordination von Perspektiven verbessern sich. Mit Frustrationstoleranz ist gemeint, dass Kinder lernen, ihre Bedürfnisse aufschieben zu können, was sich beispielsweise beim Warten in der Gruppe, bis man an der Reihe ist, von selbst ergibt.

Die kulturell vorgegebenen Bildungsziele als zweite Säule vorschulischer Erziehung sollen gewährleisten, dass Kinder rechtzeitig auf die Bewältigung von späteren Aufgaben vorbereitet werden, sich in der umgebenden Kultur zurechtfinden, aber auch bei ihrer Weiterentwicklung mitwirken können. Zu diesen Bildungszielen gehören primär die *Sprache* und die Vorbereitung auf die Schriftsprache. Wie wir schon festgestellt haben, sollte bei Schuleintritt ein Sprachniveau erreicht worden sein, das optimal das sprachliche Entwicklungsniveau des Kindes bezüglich Syntax, Semantik und Phonetik ausschöpft. Der Kindergarten ist vielleicht wirklich die letzte Chance für die Kompensation von Defiziten in der Sprachentwicklung. Sprachförderung beinhaltet auch die Vorbereitung auf den Schriftsprachenerwerb. Wie Untersuchungen zeigen, erwerben Kinder unter günstigen Bedingungen ein Vorwissen über Lesen und Schreiben, z. B. dass die Namen von Gegenständen durch Schriftzeichen dargestellt werden können, dass Kinder bereits die Schriftzeichen für manche Objekte kennen, dass sie Lesen im Spiel simulieren (Als-ob-Spiel) und generell, dass man Gegenstände und Sachverhalte durch Symbole darstellen kann.

Ein zweites Ziel, das Entwicklung und kulturelle Bildung in idealer Weise vereint, ist die *musische Erziehung*. Zu ihr gehören Singen und Musizieren, Tanzen und motorische Spiele, bildhaft gestalterische Leistungen wie Malen, Kneten, Falten etc. und die kreative Sprachnutzung in Rollenspielen und Sprachspielen. Musische Erziehung nimmt seit jeher in der Kindergartenpädagogik einen zentralen Platz ein, nutzt aber bislang nicht hinreichend das Potenzial der Kinder. Wir wissen zum Beispiel, dass Kinder bei guter musikalischer Förderung unter anderem folgende Leistungen zeigen: ein Lied richtig (das heißt unter Beibehaltung des Ankertons) singen, mehrstimmiger richtiger Gesang im Grundschulalter (können heute die wenigsten Kinder), komplexere Rhythmen nachklopfen, Komponisten auch bei unbekannten Stücken richtig zuordnen (zwischen 4 und 6 Jahren), Notenlesen vor dem Alter von 6 Jahren, ein Instrument kennen lernen und ein Grundkönnen erwerben (zwischen 3 und 6 Jahren). Heute bringen nur wenige Kinder diese Leistungen zustande.

Im Bereich der *Motorik* beobachten wir aufgrund stärkerer Mediennutzung und ungünstiger Wohnbedingungen heute sogar einen Rückgang der Leistungsfähigkeit, was bezüglich der körperlichen Gesundheit Anlass zur Sorge gibt (Übergewicht, Diabetes).

Ein dritter Zielbereich bezieht sich auf die Förderung des *Weltwissens*. Die Wissbegier des Kindes und seine naiv-realistische Erkenntnishaltung legen nahe, sachgerechtes Wissen über die Ausschnitte von Welt, zu denen das Kind Zugang hat, zu vermitteln. Vor diesem Hintergrund ist es wichtig, dem Kind konkreten Umgang mit Objekten und deren Wirkungsweise zu ermöglichen. Zu diesem Umgang gehören auch einfache naturwissenschaftliche Experimente aus der Physik, Chemie und Biologie. Bisher hat sich gezeigt, dass solches Wissen für Kinder leicht zu erwerben ist, aber nur dann erhalten bleibt, wenn es bewusst und in sprachlicher Form verfügbar ist. Diese Art der Verfügbarkeit nennt man auch deklaratives Wissen. Die Vermehrung des Weltwissens ist aufgrund der kindlichen Entwicklung nur innerhalb der intuitiven Theorien, die dem Kind zur Verfügung stehen, möglich. So können Kinder zwar schon Anfänge wissenschaftlichen Denkens und Vorgehens nachvollziehen, aber noch nicht wissenschaftliche Theorien verstehen, die jenseits der Anschauung liegen.

5.3 Mittel und Wege
Inzidentelles Lernen

Die Notwendigkeit der Förderung im Vorschulalter und der rechtzeitigen Kompensation vorhandener Defizite führt zusammen mit der Kenntnis, dass Kinder viel weiter, als bislang für möglich gehalten, gefördert werden können, verleitet manche Pädagogen zu einer falschen Innovation. Sie wollen Formen schulischen Lernens nach vorne verlagern. Das liegt daran, dass gerade Experten nur in Kategorien des zielgerichteten bewussten Lernens denken können. Die Hauptform des Lernens bis zu sechs Jahren ist aber das *inzidentelle Lernen*, ein Lernen, das wenig bewusst abläuft und viele Fertigkeiten und Wissensinhalte eher beiläufig als intentional aufbaut. So wie Erwachsene einen Großteil ihres Alltagswissens beiläufig erwerben (z. B. die Namen von Politikern, das Warensortiment in einem Supermarkt oder die gängigen Automarken), lernt das Kind ohne zielgerichtete Absicht. Seine Intentionen sind gar nicht auf das Lernen selbst gerichtet, sondern auf das Thema, mit dem es sich gerade beschäftigt. Sprachliches Lernen vollzieht sich meist „implizit". Es werden keine Wörter gebüffelt und keine grammatikalischen Regeln gelernt. Gerade der Erwerb der Grammatik der Muttersprache ist implizit und ihre Regeln können nicht bewusst abgerufen werden, wir haben sie „im Gefühl". Sprachgefühl ist nichts anderes als unser implizites Wissen über Grammatik, die wir auch ohne die bewusste Kenntnis von Regeln richtig anwenden. Für Migrantenkinder, die ja bei Schuleintritt das gleiche Sprachniveau wie deutsche Kinder haben sollten, empfiehlt sich, nur die deutsche Sprache in vorschulischen Einrichtungen zuzulassen. Nur dann kann sichergestellt werden, dass Deutsch als Lern- und „Schulsprache" sowohl für das Instruktionsverständnis als auch für den Wissensaufbau genutzt wird.

Das inzidentelle Lernen, das wir vor allem am Spracherwerb exemplifiziert haben, muss nach wie vor das Kernstück für vorschulische Förderung bleiben.

Spiel

Wie sich inzidentelles Lernen bei Kindern vollzieht, sieht man an der zentralen Tätigkeit der Kinder in den ersten Lebensjahren, nämlich dem *Spiel* (Oerter, 1999). Es sollte auch im Kindergarten die wichtigste Form der Tätigkeit bleiben. Spiel bildet den Rahmen für Lernen. Spielerisch Lernen heißt schon in der Alltagssprache leicht und ohne Mühe lernen. Dass im Spiel leicht gelernt werden kann, liegt an zwei Merkmalen des Spiels: seinem Selbstzweck und der Tendenz zur Wiederholung. Selbstzweck kennzeichnet die Tatsache, dass Spiel um seiner selbst willen betrieben wird und keine zusätzlichen Motive oder Antriebe benötigt. Die Spieltätigkeit selbst motiviert, ein Vorgang, den wir auch als intrinsische Motivation bezeichnen. Das zweite Merkmal, die Tendenz zur Wiederholung, führt automatisch dazu, dass Handlungen und Fertigkeiten geübt werden. Kinder können im Spiel viel länger wiederholen und üben, als im bewussten intentionalen Üben. Bei Vorschulkindern zwischen drei und sechs Jahren stehen Rollenspiele, Konstruktionsspiele und einfache Regelspiele im Vordergrund. Dabei sind die Rollenspiele besonders interessant, obwohl sie pädagogisch bis heute noch wenig genutzt werden. Kinder vereinbaren eine Spielthematik und nehmen unterschiedliche Rollen ein, deren wechselseitige Abstimmung sowohl am Anfang als auch während des Spiels Absprachen benötigt. Dieses Aushandeln und Abstimmen nennt man auch Metakommunikation. Sie erfordert vom Kind neue kognitive Leistungen, vor allem das Bewusstmachen von Rollenwissen und Rollenhandeln und die planvolle Nutzung von Sprache. Rollenspiele sind daher ein ausgezeichnetes Mittel zur geistigen, sprachlichen und sozialen Förderung.

Die bisherige Ideologie, das Spiel ganz dem Kind zu überlassen und sich nach Möglichkeit nicht einzumischen, muss aufgegeben werden. Es zeigt sich erstens, dass Kinder häufig auf einem niedrigeren Entwicklungsniveau spielen und daher die entwicklungsfördernden Möglichkeiten zu wenig nutzen und zweitens, dass Kinder zu neuen, höheren Spielformen, wie dem Rollenspiel nur durch die Interaktion mit kompetenten Partnern gelangen. Hier müssen die Erzieherinnen noch umlernen.

Zusammenspiel von kindlicher Initiative und strukturierten Angeboten

Wir haben die Gefahr der Verschulung bereits beim inzidentellen Lernen angesprochen. Sie droht auch noch von einer anderen Seite, nämlich der Vorgabe eines Stoffplanes, dessen Inhalte systematisch vorstrukturiert und nach Art eines Lehrplanes den Kindern übergestülpt werden. Im Vorschulalter wird das Handeln des Kindes viel stärker als später durch den Augenblick bestimmt. Was das

Kind gerade interessiert, durch welches Umweltangebot es gerade gefesselt wird, weckt seine Aufmerksamkeit und kann sie lange Zeit in Anspruch nehmen. Wie bereits erläutert, kann sich das Kind in seiner selbstgewählten Auseinandersetzung mit der Umwelt Gütestandards setzen und sie zu erreichen trachten. Der Einfluss vermittelnder Personen, wie Eltern, Großeltern und Erzieherinnen ist dennoch groß, denn das Kind hat oft genug erfahren, dass diese Personen erst den Zugang zu interessanten Quellen eröffnet haben. Daher bietet sich im Vorschulalter ein abgestimmtes Zusammenspiel zwischen kompetenten Partnern und dem Kind an. Erwachsene oder auch ältere Kinder spielen die Vermittler. Diese Vermittlerrolle verläuft nach zwei Richtungen. Zum einen nimmt sie die Wünsche und Ziele des Kindes auf und sucht sie durch passende Angebote zu erfüllen. Zum andern besteht ihre Aufgabe darin, neue Angebote zu präsentieren und das Kind für sie zu interessieren. Dadurch werden Erzieherinnen und andere sozialisierende Partner zugleich zu Vermittlern zwischen Kultur und Individuum. Im Vorschulbereich gibt es also keinen Unterricht im herkömmlichen Sinn, sondern flexibles situatives Lernen und Explorieren. Diese Idee beginnt sich allerdings auch schon in der Schule durchzusetzen, in der als Gegenbewegung zu herkömmlichem Lernen das situierte Lernen und das Lernen durch und in Projekten favorisiert werden.

Es darf nicht verheimlicht werden, dass diese Form von Bildung Kompetenzen erfordert, die derzeit nicht verlangt werden. Die flexible Anpassung an das jeweilige Interessen- und Entwicklungsniveau verlangt (1) den Zugriff zu einer Fülle von Lern- und Spielmaterial, (2) die Organisation von situativen Arrangements, in denen die Kinder Erfahrungen sammeln können, (3) Experten, die auf dem jeweiligen Gebiet (wie z. B. Tanz und Musik) kompetent sind und (4) ein Zeit- und Lernmanagement, das durchaus auf Erfahrungen in der Wirtschaft zurückgreifen könnte. Zukünftige Ausbildung von Erziehrinnen muss diese vier Aspekte berücksichtigen.

Zum Aspekt der Expertise noch eine Bemerkung. Es klingt abgehoben, wenn man die Forderung erhebt, bereits im Vorschulalter Experten zu bemühen. Man muss jedoch festhalten, dass die Förderung in Einzelbereichen, wie Sprache, Musik, bildnerisches Gestalten und Bewegung nur angemessen erfolgen kann, wenn dort auch Personen tätig sind, die ihr Geschäft verstehen. Genauso wenig, wie ein Laie Violinunterricht für Fünfjährige geben kann, vermag er musikalisches Hören und Produzieren adäquat zu fördern. Die kreativen Leistungen der Kinder im Malen und plastischen Gestalten sind ungleich höher, wenn Kinder mit Experten zusammen arbeiten. Ähnliches gilt für Tanz und Bewegung. Besonders kritisch wird die Forderung nach Experten bei der Sprachförderung. Sie ist ja schließlich das, was den Alltag der vorschulischen Erziehung immerzu durchdringt. Da aber bei vorhandenen Sprachdefiziten eine andere kulturelle Herkunft mitspielt, kann eine normale Förderung erschwert oder blockiert werden. Eine Möglichkeit besteht darin, dass ExpertInnen in regelmäßigen Abständen diagnostizierend und beratend von außen unterstützend mitwirken.

6. Grundschule: Vier Jahre sind zu wenig

Im Gegensatz zu vorschulischen Institutionen hat die Grundschule als elementare Bildungseinrichtung eine lange Tradition und auch eine Reihe von überdauernden Bildungszielen, nämlich den Erwerb der Kulturtechniken des Lesens, Rechnens und Schreibens. Wir werden uns nicht mit aktuellen Bildungszielen beschäftigen, sondern zu zeigen versuchen, worin die eigentliche Innovation im elementaren Bildungssektor liegt, nämlich (1) in der Synthese der drei Altersbereiche frühe, vorschulische und schulische Kindheit in den dort zu verankernden Bildungsbemühungen, (2) in der Ausdehnung der Grundschulzeit bis zum Alter von 12 Jahren und (3) in der Differenzierung und Individualisierung des Unterrichts, die bis heute immer nur in seltenen Ausnahmen gelingt.

6.1 Entwicklungsvoraussetzungen

Das Grundschulkind bietet im Normalfall, d. h., wenn sich nicht Defizite bis zum Schuleintritt akkumuliert haben, ideale Voraussetzungen für Lernen. Es ist wissbegierig, leistungsmotiviert und geistig weit entwickelt. Es sieht selbst Lernen und Wissenserwerb als wichtige Entwicklungsaufgabe an. Die kognitiven Voraussetzungen ermöglichen – immer den günstigen Fall einer normalen Entwicklung vorausgesetzt – relativ mühelos den Erwerb der Kulturtechniken des Lesens, Schreibens und Rechnens. Neuere Untersuchungen zeigen darüber hinaus, dass Grundschulkinder naturwissenschaftlich denken können, also Hypothesen bilden und diese experimentell überprüfen, wobei sie bei einfachen Versuchsanordnungen die Notwendigkeit der Variablenkontrolle verstehen und diese auch durchführen.

Auch die Persönlichkeitsentwicklung schreitet voran. Das Kind kann besser als zuvor seine Emotionen und Bedürfnisse kontrollieren und setzt Strategien bei dem zunehmend erfolgreichen Bemühen ein, Versuchungen zu widerstehen. Die Willenssteuerung zeigt sich auch in der Lenkung der Aufmerksamkeit, die sowohl hinsichtlich der Konzentrationsdauer als auch im Hinblick auf die Fähigkeit, sich gegenüber Ablenkungen abzuschirmen, beträchtliche Fortschritte macht. So sind Grundschulkinder trotz aller massiven Ablenkungen der modernen Medienwelt zu einer lernförderlichen Arbeitshaltung fähig. Sie verstehen, dass Leistung Anstrengung erfordert und später, dass sich Fähigkeit und Anstrengung beim Zustandekommen der Leistung kombinieren.

Die sozialen Kompetenzen der Theory of Mind und der Perspektivenübernahme verbessern sich weiter und ermöglichen einerseits differenzierte Leistungen der Koordination in der Gruppe, andererseits wirkungsvolles prosoziales Verhalten. Soziale Kompetenz wird allerdings auch zum Nachteil anderer eingesetzt (Mobbing, Gewinnmaximierung). Einen besonders bemerkenswerten Fortschritt bildet das auf dem Gerechtigkeitsprinzip gegründete Moralverständnis. Gleiches Recht für alle (z. B. in der Schulklasse) und gleiche Behandlung aller wird zur Grundlage des Werturteils. Zur Entwicklung des Schulkindes im Überblick s. Oerter (2008) und Sodian (2008).

6.2 Ziele

Die günstigen Voraussetzungen, die das Kind mitbringt, verpflichten dazu, als oberstes Ziel das Glück und Wohlbefinden des Kindes einzufordern, ein Ziel, das auch die Menschenrechtskommission und die WHO vertreten. In einer vierklassigen Grundschule kann dieses Ziel für viele Kinder wegen der frühen Auslese in weiterführende Schulen nicht verwirklicht werden. Glück und Wohlbefinden lassen sich in einer Schulkultur verwirklichen, die die freie, und das heißt vor allem auch angstfreie Entfaltung der Kinder ermöglicht.

Inhaltlich geht es darum, in der Grundschule eine verlässliche Basis für die spätere Lebensbewältigung zu schaffen. Diese Basis umfasst drei Bereiche: Festigung der Persönlichkeit, soziale und ethische Grundkompetenzen sowie kognitive Leistungen, die als Grundlage aller späteren Ausbildung anzusehen sind. Die Stabilisierung und Weiterentwicklung der Persönlichkeit gelingt, wenn das Kind ein positives Selbstwertgefühl besitzt und überzeugt ist, dass es sich und die Welt in angemessenem Umfang kontrollieren kann (Selbstwirksamkeit). Soziale und moralische Kompetenz umfasst die Fähigkeit, mit anderen zu kooperieren, zugleich aber auch in fairen Wettbewerb mit ihnen treten zu können, Toleranz zu entwickeln, ohne die eigenen Ansprüche aufzugeben und das Recht aller (im Regelfall der Mitschüler) auf faire gerechte Behandlung zu akzeptieren und auch einzufordern.

Die kognitiven Ziele umschließen vor allem ein Basiscurriculum, das für alle erreicht werden soll. Die unterste und wichtigste Ebene ist der Erwerb der Kulturtechniken. Darüber bauen sich Kompetenzen auf, die mehr oder minder als Lehrziele in allen Grundschulen vorliegen. Im sprachlichen Bereich ist dies ein Kanon, der einen Grundwortschatz und den bewussten Umgang mit der Grammatik der Muttersprache umfasst. Das Weltwissen sollte wissenschaftlich korrekte Grundkenntnisse auf wichtigen Gebieten umfassen. In dem für die Grundschule besonders wichtigen Bereich der musischen Bildung und Erziehung sollte das Kind Kompetenzerfahrungen sammeln können, die seiner Begabung entsprechen. Darüber hinaus garantiert musische Bildung besser eine ganzheitliche Entwicklung der kindlichen Persönlichkeit als fachliche Einzelkompetenzen. Sie darf daher auf keinen Fall zugunsten von fachlichen Einzelzielen vernachlässigt werden.

Übergänge in Bildungsinstitutionen sind auch ökologische Brüche, die vor allem beim Wechsel vom Kindergarten zur Schule und von der Grundschule zu weiterführenden Schulen Probleme aufwerfen können. Für einen fließenden Übergang von Kindergarten zur Grundschule gibt es bereits Modelle und positive Erfahrungen.

Der Übergang in weiterführende Schulen hingegen stellt sich als sehr problematisch dar. Es ist nicht mehr vertretbar, die Selektionsentscheidung bereits nach der vierten Klasse zu treffen, weil (a) dadurch für einen Großteil der Kinder Chancen verbaut werden und (b) die Kinder unter vorzeitigen Leistungsdruck geraten, Ängste entwickeln und ihre Lernfreude verlieren. Damit wird auch das oberste Ziel einer glücklichen Kindheit aufgegeben. Es ist daher dringlich geboten, den Übergang erst nach der sechsten Klasse zu etablieren, wie dies in den meisten Ländern bereits der Fall ist. Mit 12 Jahren geht die Kindheit zu Ende, es beginnt das Jugendalter mit neuen Entwicklungsaufgaben, neuen Perspektiven und der Auseinandersetzung mit der eigenen Identität. Die Verbindung des Übergangs von der Kindheit zur Jugend mit dem Wechsel in eine neue Bildungseinrichtung stellt eine organische, und für die Kinder plausible und notwendig erscheinende Veränderung dar. Zum Forschungsstand schulischen Lernens s. Köller & Baumert, 2008.

6.3 Wege

Schulisches Lernen läuft trotz aller Reformbemühungen immer noch in festgefahrenen Bahnen ab. Frontalunterricht, Einzelarbeit an Zweiertischen, feste Stundeneinteilungen mit jeweils abruptem Wechsel in ein neues Fachgebiet und das Fehlen differenzierender Maßnahmen kennzeichnen nach wie vor die Mehrzahl der staatlichen Schulen, während sich Privatschulen erfolgreich um andere Lernformen und Lernwege bemühen.

Kombination von situativem und systematischem Lernen

In Anknüpfung an das vorwiegend inzidentelle Lernens im Vorschulalter scheint es geboten, dieser Lernform auch im Grundschulalter größeren Raum zu gewähren. So wie beim außerschulischen Lernen auch, werden wichtige Fertigkeiten und Wissensinhalte nebenher erworben, wenn Kinder in Projekten sich bestimmte Aufgaben stellen, zu deren Bewältigung sie ein bestimmtes Wissen und Können benötigen. Sie arbeiten an einem gemeinsamen Vorhaben, z. B. der Organisation und Vorbereitung eines Theaterspiels. Je nach Kompetenz werden sich Kinder eher auf die Entwicklung der Handlung, die Ausarbeitung des Drehbuchs, den Entwurf von Kostümen, die Dekoration oder die musikalischen Umrahmung konzentrieren. Das für die Einzelaufgabe nötige Wissen steht im Dienste des jeweiligen Ziels und ist nicht Selbstzweck, während der traditionelle Unterricht umgekehrt diese Einzelleistungen akzentuiert und ihre Nutzung für übergeordnete Aufgaben vernachlässigt. Natürlich geht es auch um Systematik von Wissen und Können. Daher stellt sich heute für die Schule die Aufgabe, situatives Lernen und systematisches Lernen zu kombinieren.

Den Rahmen für die hier vorgeschlagene und in der modernen Pädagogik geforderte Umstrukturierung bildet die Ganztagsschule. Nur dort gibt es genügend Raum, inzidentelles und intentionales Lernen, Spiel und Arbeit, Projekte und Aufführungen ohne Zeitdruck und organisch zu verwirklichen.

Wie aber lässt sich die Zielsetzung eines Basiscurriculums in diesem Rahmen realisieren? Vor allem, wie gelingt es, benachteiligte Schülerinnen und Schüler so zu fördern, dass sie die erforderlichen Grundkompetenzen erwerben? Die Lösung ist seit langem bekannt, sie heißt *Differenzierung*. Unter Differenzierung versteht man pädagogische Maßnahmen, die darauf abzielen, Schüler gemäß ihrem aktuellen Entwicklungs- und Leistungsstand zu fördern, wobei auch persönliche Besonderheiten, wie Lerngeschwindigkeit, Motivation und Interesse berücksichtigt werden. Diese einfache und plausible Idee ist bislang noch nie in größerem Maßstab realisiert worden, was wiederum erklärt, warum es Schüler gibt, die auch nach Schulabschluss noch nicht lesen und schreiben können. Differenzierung an unseren Schulen wäre also eine echte Innovation. Wie lässt sie sich realisieren?

Diagnose

Die erste Voraussetzung für Differenzierung ist eine präzise Diagnose. Man stelle sich einen Arzt vor, der dem Kranken eine Medizin verschreibt, ohne zu wissen, was ihm fehlt. In unseren Schulen geschieht dies aber häufig. Die Walze des Lehrplans rollt auf alle Schüler gleichmäßig zu, ob sie die Inhalte und Fertigkeiten nun erwerben können oder nicht. Anstelle der permanenten Leistungsproben sollte daher die fortlaufende Erfassung des Status quo beim Schüler treten. Testung sollte den gleichen Charakter bekommen wie medizinische Tests. Dann würde sich der Schüler nicht vor der Leistungsmessung ängstigen, sondern sie als notwendig und wünschenswert einstufen. Die Diagnose ist im Gegensatz zur jetzigen Leistungsmessung theoriengeleitet. Sie verbindet schulische Leistungsqualität mit entwicklungspsychologischen Ansätzen. Dies geschieht auf folgende Weise: Die zentralen Bildungsinhalte, die nachhaltig beim Individuum aufgebaut werden sollen, bilden Tiefenstrukturen. Sie bilden den Kern von wissenschaftlichen Theorien und Sachverhalten. Die Operation des Teilens kann beispielsweise als Verteilen/Unterteilen oder als Enthaltensein verstanden werden. In Textaufgaben muss man diese Unterscheidung kennen, da die verlangte Operation die gleiche ist, während der Weg zur Operation verschieden verläuft (Enthaltensein als Messvorgang, den man mit der Nutzung eines Messbechers veranschaulichen kann – Teilen als Unterteilen oder Aufteilen, gerne veranschaulicht als Aufteilen eines Kuchens). Tiefenstrukturen sind zugleich Entwicklungsstrukturen. Sie entstehen nicht in Stunden oder Tagen, sondern benötigen Monate und Jahre zum Aufbau. Das adäquate Verständnis von Molekülen baut sich beispielsweise auch bei gezieltem Unterricht erst im Verlauf von mehreren Jahren auf, Es geht also bei der Diagnose um die Entwicklung eines Instrumentariums, das solche Tiefenstrukturen erfasst. Wir sind noch weit davon entfernt, eine Systematik wichtiger Wissensinhalte zu besitzen, die als Tiefenstrukturen gemessen werden sollen, noch viel weniger verfügen wir über eine Batterie von Testverfahren, die eine präzise Diagnose erlauben würden. Die vorhandenen Schulleistungstests sind atheoretisch, wenngleich sie immerhin Aussage über den aktuellen Leistungsstand erlauben.

Erst aufgrund der Diagnose lässt sich der Einzelne effektiv fördern, denn aufgrund der Diagnose kennt man nicht nur den Wissens- und Fertigkeitsstand, sondern auch individuelle Besonderheiten über Lernstil, Aufmerksamkeitsverhalten und Motivation. Diese Kenntnis muss in die jeweilige pädagogische Maßnahme mit einfließen.

Management und Expertise

Zwei Arten von Innovation sind nötig, um die auf der Basis der präzisen Diagnose erforderlichen Maßnahmen realisieren zu können: ein optimales Management und der Einsatz von Experten. Das Zeitmanagement und die Koordination von Angeboten sind bei einer optimalen Differenzierung sehr komplex. Für jeden Schüler, jede Schülerin müsste ein genauer Plan über aktuelle Leistungsniveaus, aber auch über persönliche Schwierigkeiten und Potenziale vorliegen, dazu müsste es Zeitpläne sowohl für die Lernenden als auch für die Lehrenden geben, die eine wechselseitige Passung erlauben. Dies alles ist heute relativ einfach mit Computertechnologie zu realisieren. Wenn diesbezüglich Programme entwickelt werden, stehen sie für viele Lernenden und Schulen zur Verfügung. Aber es ist klar, dass die Lehrkräfte derzeit nicht für solche Managementaufgaben ausgebildet werden. An größeren Schulen könnte dies ein Experte übernehmen und die Lehrkräfte selbst entlasten. Experten benötigt man allerdings generell als innovative Maßnahme an Grundschulen. Für musische Fächer erscheint es unmittelbar einleuchtend, dass die normal ausgebildete Lehrkraft nicht zugleich für Musik, Sport oder bildende Kunst zuständig sein kann. Die bisherigen Erfahrungen zeigen, dass Kinder zu ungleich besseren Ergebnissen kommen, wenn sie von Experten geleitet werden. Für die Musik bietet sich die Kooperation mit Musikschulen an, eine Möglichkeit, die bereits jetzt genutzt wird. Ein besonderer Bedarf besteht für benachteiligte Kinder, die mit Defiziten in die Schule eintreten (s. Abb. 1). Das bisherige Versagen der Schule bei diesen Kindern rührt ja daher, dass die normalen Maßnahmen im Unterricht nicht ausreichen, um bestehende Mängel zu korrigieren. Hier ist es notwendig, Lehrkräfte für solche Spezialaufgaben auszubilden, Solche Experten könnten dann mehrere Schulen und Kindergärten betreuen.

Neustrukturierung von Unterricht

Über die individuelle gezielte differenzierende Förderung hinaus gibt es allgemeine Möglichkeiten der Strukturierung von Unterricht. Sie beziehen sich zum einen auf das Arrangement von Situationen, in denen lebensnah gelernt werden kann und reale Konsequenzen des eigenen Handelns erfahrbar werden. Diesen Zugang nennt man auch situiertes Lernen. In der deutschen Reformpädagogik zu Beginn des 20. Jahrhunderts wurde eine Reihe von innovativen Vorschlägen unterbreitet, die bis heute noch kaum realisiert sind. Ein Reformansatz bildet der Peter-Petersen Plan in Jena, der den Unterricht nicht nach Fachstunden, sondern nach Themen ordnet und in Projektform sowie als selbstorganisierendes Lernen durchführt. Zum anderen geht es um soziale Lernformen und um soziale Partizipation. Die Kinder sollten viel stärker als bisher Lehrziele und Lernwege mitbestimmen und das schulische Leben mitgestalten. Schulkultur als Umwelt, in der sich Kinder entfalten können, muss auch von Kindern mitgeformt werden. Ohne das Prinzip der Partizipation ist auch keine moralische Entwicklung im Sinne der zunehmenden Reife von moralischem Unteilen und Handeln möglich.

7. Allgemeine Prinzipien für Bildung und Erziehung von 1-12 Jahren

Die vielleicht wichtigste innovative Idee ist die Zusammenführung der drei Entwicklungsabschnitte frühe, vorschulische und schulische Kindheit unter ein gemeinsames Dach. Ihre Verzahnung haben wir in Abb. 1 veranschaulicht. Es lassen sich allgemeine Prinzipien formulieren, die diese Zusammengehörigkeit untermauern. Einige dieser Prinzipien seien im Folgenden näher ausgeführt.

7.1 Bindung, Verbundenheit, Sicherheit

Das zentrale menschliche Thema der Bindung und der sozialen Verbundenheit sollte die Erziehungsarbeit in den drei Altersbereichen bestimmen. Nicht nur in der Familie ist Bindung wichtig, sondern genauso in Kinderkrippe, Kindergarten und Schule. Die Qualität der Bindung ändert sich mit zunehmendem Alter zur „Verbundenheit", einer Form der Sozialbeziehung, die über enge Bindungspartner hinaus Geborgenheit und Sicherheit gewährleistet. Lehrkräfte, die in der Grundschule dieses Angebot nicht machen, versäumen eine grundlegende Aufgabe. Soziale Bindungen zwischen Gleichaltrigen in Form von Freundschaften oder durch Zugehörigkeit zu einer Gruppe bilden eine Grundlage für Empathie, prosoziales Verhalten und für den Aufbau einer Gerechtigkeitsmoral. Zugleich aber stärken soziale Bindungen zu Gleichaltrigen das Selbstbewusstsein und dienen dem eigenen Wohlbefinden.

Wie gestalten sich in der Praxis solche Beziehungen? Interessanterweise gib es auch hier Gemeinsamkeiten bei den drei Alters- und Förderbereichen. Die Erwachsenen-Kind-Beziehung ist sowohl durch Bindungs- als auch durch Lehraufgaben gekennzeichnet und muss das Gleichgewicht zwischen Bindungsperson und Lehrperson wahren. In der Krippe liegt das Schwergewicht auf der Bindung. In Kindergarten und Grundschule verlagert sich der Akzent immer mehr auf Aufgaben der Lehre und Vermittlung, aber die Qualität einer guten, vertrauensvollen Sozialbeziehung zwischen Kind und Erwachsenem muss erhalten bleiben.

Die Sozialbeziehungen zwischen Gleichaltrigen tragen ebenfalls grundlegende gemeinsame Züge. Einerseits geht es um Koordination und Kooperation durch gemeinsames Handeln, andererseits um die Bewältigung sozialer Konflikte. Konflikte sind aus dieser Perspektive kein Übel, das man vermeiden sollte, sondern ein menschliches Grundphänomen, das immer auftritt, wenn individuelle Interessen und Ansprüche aufeinander prallen. Erfahrungen zeigen, dass schon zwei- und dreijährige Kinder Streitigkeiten und Konflikte selbst lösen können, wenn sie die Gelegenheit haben, gemeinsam miteinander zu agieren. Die Erziehungs- und Bildungssettings Krippe, Kindergarten und Grundschule bilden bei optimaler Gestaltung ideale Voraussetzungen für soziales Lernen.

Individuum und Kultur: Konstruktion und Co-Konstruktion

Menschliche Entwicklung vollzieht sich nicht „von innen heraus", sondern in ständiger Auseinandersetzung mit der umgebenden Kultur. Menschen sind Kulturwesen und werden während ihrer Entwicklung schrittweise Mitglieder der Kultur. Die Enkulturation, wie man diesen Vorgang auch bezeichnet, beinhaltet, dass Kinder ganz bestimmte Inhalte und Fertigkeiten erwerben. Sie lernen beispielsweise nicht Lassowerfen, Feuer mit Hilfe des Entzündens von dürrem Gras mit Hilfe von Funken zu machen, sondern Lesen, Schreiben und Rechnen, angemessenes Verkehrsverhalten, Umgang mit Computern (eine Fertigkeit, die noch vor 20 Jahren irrelevant war) und vieles andere mehr. Die Grundprozesse bei dieser Auseinandersetzung mit der Umwelt bezeichnet man als Konstruktion, weil das Kind nur in eigener Regie Wissen und Fertigkeiten aufbauen kann. Diese Eigenleistung ist aber nur möglich, wenn dem Kind bei dieser gewaltigen Aufgabe kompetente Partnerinnen und Partner zur Seite stehen. Zum einen, weil Kinder nicht wissen können, welche Inhalte und Fertigkeiten wichtig sind, zum andern, weil der Konstruktionsprozess wesentlich erleichtert wird. Entwicklung und Bildung vollziehen sich also als Co-Konstruktion, als gemeinsame Konstruktion. Sie unterstützt und bestimmt inhaltlich die Basisleistung der eigenständigen Konstruktion von Entwicklungs- und Bildungsstrukturen des Individuums.

Der optimale Vorgang vollzieht sich dabei in der *Zone nächster Entwicklung*. Die kompetente Bezugsperson löst mit dem Kind Aufgaben (im allgemeinsten Sinn des Wortes) auf der nächsten Ebene oberhalb des jetzigen Entwicklungsniveaus. Nach einiger Zeit vermag das Kind, diese Aufgaben selbständig ohne fremde Hilfe zu bewältigen. Diese von dem russischen Psychologen Wygotski stammende theoretische Konzeption steckt hinter einer effizienten Differenzierung, von der wir oben gesprochen haben. Auf allen drei Altersstufen geht es um die Förderung auf der Ebene der nächsten Entwicklung.

Professionalisierung und Expertise

Übergreifend für die drei Bildungseinrichtungen Krippe, Kindergarten und Grundschule ergibt sich ein großer Bedarf an Professionalisierung. Inhaltlich ist dieser Bedarf unterschiedlich und wird auch unterschiedlich bedient. In der Grundschule werden Lehrkräfte an Universitäten ausgebildet und sind auch im Einkommen im internationalen Vergleich relativ gut versorgt. Hier geht es um Zusatzqualifikationen wie dem oben beschriebenen Management und einer präzisen Diagnose des aktuellen Entwicklungsstandes. Benötigt werden im Grundschulbereich weiterhin Experten im musischen Bereich und für die Versorgung von benachteiligten, insbesondere sprachlich defizitär entwickelten Kindern.

Im Vorschulbereich liegt Deutschland in der Ausbildung von Erzieherin weit hinten, wie der Überblick in Abb. 2 zeigt. Hier gibt es auf lange Sicht nur die Möglichkeit, mit großen finanziellen Investitionen neue und bessere Ausbildungsgänge für Erzieherinnen zu schaffen. Kurzfristig lässt sich an Weiterbildungsprogramme denken, in denen ausgearbeitete Module als Grundlage für die Professionalisierung dienen. Auch dann bleibt das Problem der Einführung von Expertise bestehen. Wie im Grundschulalter geht es vor allem einerseits um

Experten im musischen Bereich, andererseits um Sprachförderung bei benachteiligten Kindern, die besondere Betreuung benötigen.

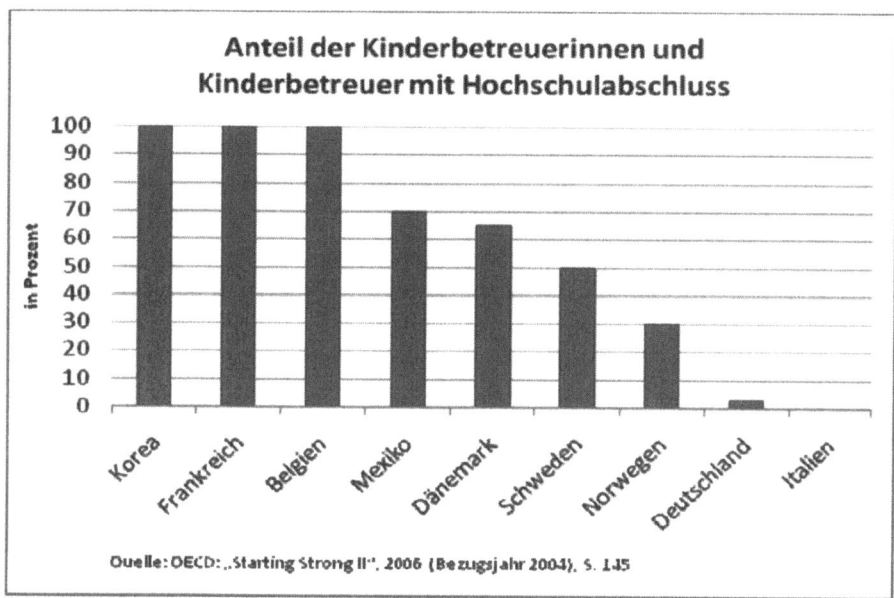

Abb. 2: Wir haben kaum Anforderungen an die Personen, die unsere Kinder in den entscheidenden Jahren ihres Lebens betreuen.

In der Kinderkrippe liegt die Professionalisierung besonders im Argen. Der lautstarken Forderung nach Einrichtung von Kinderkrippen steht keine Forderung nach Professionalisierung der Betreuerinnen zur Seite. Es müssen also auf lange Sicht neue Studiengänge eingerichtet werden. Kurzfristig benötigen wir Module, mit denen die Betreuerinnen unmittelbar arbeiten können. Es muss ausdrücklich darauf hingewiesen werden, dass Kinderkrippen ohne qualifizierte Betreuung auch eine Gefahr für Kinder darstellen können und sich die beabsichtigte positive Wirkung ins Gegenteil verkehren kann.

7.2 Konzertiere Aktion mit den Eltern

Internationale Studien haben gezeigt, dass sich unterschiedliche kulturelle und subkulturelle Gruppen verschieden gut in die Gesellschaft integrieren. So entwickeln sich Kinder aus asiatischen Subpopulationen, vor allem Japaner und Koreaner, gut und haben in den Schulleistungen keine Probleme. Andere Gruppen, wie die Puertoricaner und die afro-amerikanische Bevölkerung in den USA, zeigen einen intellektuellen und Bildungsrückstand. Die Ursache sieht man in dem

Ausmaß an Gettoisierung der sozialen Gruppen. Wenn ein hohes Maß an Integrationswilligkeit vorhanden ist und eine Gruppierung von der Gesamtbevölkerung leicht akzeptiert werden kann, ist auch die Bildung der Kinder gesichert. Asiaten sind in den USA in höheren Bildungsniveaus sogar überrepräsentiert. Wenn sich Bevölkerungsgruppen aber abschließen und sogar ihre Herkunftssprache beibehalten, gelingt die Integration und damit die Sicherstellung von Bildungschancen nicht.

Diese Befunde haben auch für die deutsche Situation Bedeutung. Während Angehörige der türkischen Mittelschicht bei uns gut integriert sind, gibt es starke Tendenzen der Gettoisierung bei Migrantenfamilien aus der Unterschicht. Auch deutsche bildungsferne Familien stehen kaum in Kontakt mit den Bildungsinstitutionen. Die fehlenden Kontakte und die mangelnden Kompetenzen bezüglich der Förderung ihrer Kinder blockieren den Bildungserfolg. Viel mehr als jetzt müssten gerade diese Eltern in die Bildungsarbeit miteinbezogen werden. Innovativ wäre dabei, die Kontakte in Übereinstimmung mit dem kulturellen Hintergrund der betroffenen Familien herzustellen. Gemeinsame Veranstaltungen, bei denen von den Eltern die kulturellen Besonderheiten, wie Speisen, Geschichten, Tänze präsentiert, und von schulischer Seite den Eltern Leben und Arbeiten im Unterricht nahe gebracht werden, bringen mehr als die Einberufung in die Sprechstunde. Erfahrungen zeigen, dass bildungsferne Väter sich für Kontakte mit Kindergarten und Schule interessieren, wenn sie ihre manuellen und handwerklichen Fertigkeiten einbringen können, z. B. bei der Spielzeug- und Geräteherstellung.

7.3 Partizipation

Entwicklung und Bildung sind eingebettet in das Hineinwachsen in die Kultur. Kinder werden, wie man es auch ausdrücken kann, Mitglieder der Expertengemeinschaft der Erwachsenen. Zentral für das Hineinwachsen in die moderne demokratische Gesellschaft ist die an das Entwicklungsniveau der Kinder angepasste Mitwirkung und Teilhabe. In den Bildungsinstitutionen ist Partizipation als echte Mitsprache und Mitgestaltung in keiner Weise realisiert. Der junge Erwachsene wird von einem auf den anderen Tag politisch voll verantwortlich, ohne dass er zuvor Verantwortung tragen musste oder am gesellschaftlichen Leben im Großen wie im Kleinen mitwirken konnte. Es gibt Modelle, die Partizipation in Kindergarten und Schule realisieren. Diese Modelle belegen, dass Partizipation als Mitbestimmung funktioniert und für die Kinder hoch motivierend ist. Kinder haben ein Recht auf Partizipation, bei der die zwei Komponenten Mitwirkung und Teilhabe zu unterscheiden sind. Das Recht auf Teilhabe bezieht sich vor allen darauf, dass Kindern die Möglichkeit eröffnet wird, die

Allgemeine Prinzipien für Bildung und Erziehung von 1-12 Jahren

Schätze unserer Kultur, wie Kunst, Musik, Tanz, Wissenschaft kennen zu lernen, indem sie in direkten Kontakt mit ihnen kommen. Teilhabe an der Kultur beginnt sehr früh und ist auch ein Bestandteil der Krippenerziehung. Wir sollten Partizipation als einen gestaffelten Prozess verstehen, der sich am Entwicklungsniveau der Kinder orientiert. Tab. 1 gibt einen kurzen Überblick über die drei Alters- bzw. Bildungsbereiche. Verantwortung und Selbständigkeit sind der jeweiligen Partizipationsebene zugeordnet.

Tab. 1: Mitwirkung und Teilhabe als schrittweises Partizipieren an Gesellschaft und Kultur

Altersabschnitt	Verantwortungsfähigkeit, Selbständigkeit	Teilhabe an Gesellschaft und Kultur
Frühe Kindheit	Konsequenzen eigenen Handelns erfahren lassen, Selbstvertrauen, Selbständigkeit bei sicherer Bindung	Teilhabe an gemeinsamen Handlungen, Einführung fester Rituale (Mahlzeiten, Bettgehen, Spielen)
Vorschulische Kindheit	Konsequenzen im Setting Familie und Kindergarten erfahren und tragen. Verantwortung in kleinen umgrenzten Handlungsfeldern übernehmen	In Familie u. Kindergarten Mitsprache bei die eigene Person betreffenden Entscheidungen, argumentativer Austausch
Schulische Kindheit	Konsequenzen in den Settings Familie, Schule, Gleichaltrigengruppe erfahren und tragen. Verantwortung (auch für andere) bei der Mitgestaltung schulischen Lebens übernehmen.	Meinungserhebung in der Klasse (analog zu Volksentscheid), Wahlrecht in Schulen und Vereinen. Evaluation von Schule und Lehrern als rechtlich verortetes Prinzip mit realen Konsequenzen für die Bildungsinstitution.

Erst Partizipation ermöglicht eine Bildungs- und Entwicklungskultur, die sowohl für das einzelne Kind als auch für die Gesellschaft, in die es hineinwächst, optimal ist. Freie Entfaltung, zugleich aber Koordination eigener und fremder Wünsche und Bedürfnisse bilden die Erfahrungsgrundlage für späteres verantwortungsbewusstes Handeln und für den Willen, die Gesellschaft mitzuformen.

Moralisch reifes Urteilen und Handeln vollends hat als unverzichtbare Basis die gelebte Partizipation.

Kohlberg und seine Schüler haben an der Harvard University ein Programm zur Förderung moralischen Urteilens und Handelns entwickelt, das an Schulen und in anderen Settings erprobt wurde. Die Grundidee Kohlbergs war, dass durch echte Partizipation eine moralische Atmosphäre geschaffen wird, die zu der just community, der gerechten Gemeinschaft führt. Die Kinder und Jugendlichen diskutieren selbst moralische Prinzipien und setzen sich moralische Maßstäbe. Man vergleiche demgegenüber die vierte Schulklasse, die für viele Bundesländer in Deutschland die Selektion zum Übertritt an weiterführende Schulen bildet. Hier herrschen Ängste, Konkurrenz und Stress vor. Von Partizipation kann da wirklich nicht die Rede sein.

7.4 Glück

Wir nannten als oberstes pädagogisches Ziel die Bemühung um eine glückliche Kindheit. Für die Kinderkrippe bedeutet Glück, dass das Kind sich aufgrund der sicheren Bindung und der gemeinsamen kognitiven und sozialen Aktivität wohlfühlt und vor allem, dass es den Wechsel von Familie zum Setting Krippe als Bereicherung und nicht als Stress erfährt. Im Kindergarten ist Glück bereits mehr mit neuen Umwelterfahrungen gekoppelt. Der gute Kindergarten bietet Neues, Möglichkeiten zur kreativen Produktion, emotional tiefgreifende neue soziale Erfahrungen und die Begegnung mit neuen erwachsenen Bezugspersonen. Glück bedeutet in diesem Alter das Erlebnis, dass die Welt reich und interessant ist und die neuen Menschen, mit denen man zusammen ist, eine Quelle der Freude und der Ermutigung darstellt.

Die deutsche Regelschule als Institution, in der Leistungsdruck, Verdrossenheit und Konkurrenz vorherrschen, verfehlt das oberste Ziel unserer pädagogischen Bemühungen, die Gewährleistung einer glücklichen Kindheit. Glück bedeutet nicht, unbeschwert und ohne Leistung und Lernen dahin zu leben. Im Gegenteil, Glück ist für Kinder mit Können, Lernen und Leistung verbunden, wie die obige Beschreibung von Entwicklungsmerkmalen gezeigt hat. Die für die Kindheit typische Haltung von Neugier und Wissbegier, die Bereitschaft zu aktivem Erforschen der Welt lassen Kinder Glück im Wissenserwerb und im Lernen finden. Freilich werden diese motivationalen Voraussetzungen oft durch Medienkonsum verschüttet. Die bereits oben eingeforderte Zusammenarbeit mit den Familien könnte hier Abhilfe schaffen. Entscheidend für dieses aktive Glück im Lernen und Explorieren ist der Glaube der Erzieherinnen, Lehrkräfte und Eltern an die Lernwilligkeit und Begeisterungsfähigkeit des Kindes.

Literatur

Ahnert, L. (2006). Die Anfänge der frühen Bildungskarriere: Familiäre und institutionelle Perspektiven. *Frühe Kindheit, 6*, 18-23

Bischof-Köhler, D. (2000). *Kinder auf Zeitreise. Theroy of Mind, Zeitverständnis und Handlungsorganisation.* Bern: Huber.

Oerter, R. (2008). Kindheit. In R. Oerter & L. Montada (Hrsg.), *Entwicklungspsychologie* (S. 225-227). Weinheim: Beltz.

NICHD Early Child Care Research Network (2006). Child-care effect sizes for the NICHD Study of Early Child Care and Youth Development. *American Psychologist, 61*, 99-116.

NICHD Early Child Care Research Network (2006). Child-care effect sizes for the NICHD Study of arly Child Care and Youth Development. *American Psychologist, 61*, 99-116.

Perner, J. (1991). *Understanding the representation of mind.* Harvard, Mass.: MIT Press.

Schmitt-Rodermund, E. & Silbereisen, R. K. (2008). Akkulturation und Entwicklung: jugendliche Immigranten. In R. Oerter & L. Montada (Hrsg.), *Entwicklungspsychologie* (S. 859-873). Weinheim: BeltzPVU.

Sodian, B. (2008). Entwicklung des Denkens. In R. Oerter & L. Montada (Hrsg.), *Entwicklungspsychologie* (S. 436479). Weinheim: Beltz PVU.

Tietze, W., Bolz, M., Grenner, K., Schlecht, D. & Wellner, B. (2005). *Krippenskala. Revidierte Fassung (KRIPS-R).* Weinheim: Beltz.

Weikart, D. P. & Schweinhart, L. J. (1997). High/Scope Perry Prteschool Program. In G. W. Albee & T. P. Gullotta (Hrsg.), *Primary prevention works* (S. 146-168). London: Sage Publications.

Lernen und Lehren in der Sekundarstufe: Innovationsbedarf und Entwicklungsmöglichkeiten

Heinz Mandl und Jan Hense

1. Innovationsbedarf in der Sekundarstufe

Betrachtet man die vielfältigen Reformen, die vor allem in Folge der PISA-Studien im Bildungsbereich ausgelöst wurden, so sind diese auch an der Sekundarstufe nicht folgenlos vorbei gegangen. Bundesweit ließ sich etwa ein Trend zum Ausbau ganztägiger Schulformen, zu zentralen Abschlussprüfungen sowie zu einer Aufwertung von Kernfächern und der Etablierung übergreifender Bildungsstandards verzeichnen. Auch auf Länderebene wurden viele Reformen und Innovationsprojekte initiiert, so etwa in Bayern die Verkürzung der gymnasialen Schulzeit von 9 auf 8 Jahre und die Einführung eines so genannten Seminarfachs in Gymnasien zur Verbesserung des Übergangs zu einem wissenschaftlichen Studium.

Die Frage ist allerdings, ob dem bestehenden Innovationsbedarf in der Sekundarstufe mit solchen primär strukturellen Reformen bereits Genüge getan wird. Denn so wichtig strukturelle Gegebenheiten als Rahmenbedingungen für erfolgreiches Lernen sind, so zeigt die Lehr-Lern-Forschung doch deutlich, dass für den nachhaltigen Lernerfolg und Kompetenzerwerb Faktoren im eigentlichen Lernprozess zentral sind. Wer also nach dem Innovationsbedarf in der Sekundarstufe fragt, sollte sich nicht auf Strukturelles beschränken, sondern vor allem Lernprozesse im Unterricht und beim außerunterrichtlichen Lernen der Schüler ins Blickfeld nehmen.

Da diese Ebene in der öffentlichen und vor allem in der politischen Debatte meist kaum eine Rolle spielt, legen wir in diesem Beitrag einen besonderen Schwerpunkt auf das Lernen und Lehren in der Sekundarstufe und diskutieren, wo aus Sicht der aktuellen Lehr-Lern-Forschung der größte Innovationsbedarf festzustellen ist. Ausgehen muss eine solche Diskussion von der Frage der Zielsetzungen, also der Frage nach den Kenntnisse, Kompetenzen, Werten und motivationalen Haltungen, die Schülerinnen und Schüler in der Sekundarstufe erwerben sollen, und wie sie in ihrer Persönlichkeitsentwicklung gefördert werden können. Diese Frage muss heute vor dem Hintergrund grundlegender und weitreichender gesellschaftlicher Trends und Entwicklungen beantwortet werden.

Die Entwicklung unserer Gesellschaft zu einer *Informations- und Wissensgesellschaft* impliziert einen Abschied vom „Vorratsmodell" des schulischen Lernens. Angesichts der kurzen Halbwertszeit von Wissen und Kompetenzen ist die Vorstellung, curricular fest umrissene Inhalte einmalig für den Rest des Lebens zu erwerben, heute völlig unangemessen. Vielmehr geht es um den Erwerb von Kompetenzen zum selbst gesteuerten, lebenslangen Lernen als Voraussetzung weiterführender Lern- und Bildungsprozesse. Diese Kompetenzen setzen neben Wissen und Fertigkeiten als zentrale Komponente auch die entsprechenden motivationalen Haltungen voraus, wie etwa die Bereitschaft zum Weiterlernen und die Neugier auf Neues, sowie emotionalen Prädispositionen, wie eine grundlegende Freude am Lernen als intrinsischer Wert.

Weiterer Innovationsdruck besteht durch den andauernden Trend der *Globalisierung*. Er umfasst als zentrale Aspekte die Internationalisierung von Märkten und Kulturgütern, den weltweiten Standortwettbewerb, die wachsende Rolle der globalen Informations- und Kommunikationstechnologien sowie die zunehmende Erosion nationalstaatlicher Gestaltungsspielräume. Auch wenn es schwierig ist, aus solchen dynamischen und schwer prognostizierbaren Trends klare Bildungsbedarfe abzuleiten, so dürften doch folgende Kompetenzbereiche eine Aufwertung erfahren: Die souveräne Beherrschung des Englischen sowie weiterer Fremdsprachen ist eine grundlegende Voraussetzungen der internationalen Kommunikation und Kooperation. Hinzu kommen interkulturelle Kompetenzen im reflektierten Umgang mit anderen Kulturkreisen wie etwa die Fähigkeit zur Perspektivübernahme. Wichtig sind daneben auch Einstellungen und Haltungen im Umgang mit den Anforderungen der Globalisierungen. Dazu gehören etwa Ambiguitätstoleranz im Angesicht von Vielfalt und Ungewissheit sowie eine grundsätzliche Veränderungsbereitschaft und Flexibilität im Lebensentwurf.

Ein dritter Faktor, der bereits im Kontext der Globalisierung angesprochen wurde, ist die zunehmende Präsenz und Relevanz der neuen *Medien, Informations- und Kommunikationstechnologien* sowie deren permanente Weiterentwicklung. Gerade die Dynamik der technischen Entwicklung macht es erforderlich, im Kontext der neuesten Entwicklungen ein altes Schlagwort wiederzubeleben und zwar das der Medienkompetenz, wobei es heute allerdings angemessen wäre, diese zum Begriff der Medien- und Informationskompetenz zu erweitern. Diese umfasst nicht nur die selbstbestimmte, kompetente und reflektierte Auswahl, Bewertung und Nutzung von Medien und Informationen. Gerade die Interaktivität aktueller Technologien und netzbasierter Anwendungen macht es erforderlich, auch Kenntnisse, Fähigkeiten und Einstellungen zu erwerben, die für eine kompetente Gestaltung eigener medialer Beiträge erforderlich sind und die Reflektion medialer Einflüsse sowie die Bedingungen der Produktion und Distribution von Medien und Informationen erlauben.

Wichtig ist bei einer solchen Analyse des Innovationsdrucks, der sich aus übergeordneten Entwicklungen auf gesellschaftlicher Ebene ergibt, die Perspektive der Zielgruppen von Bildungs- und Erziehungsprozessen in der Sekundarstufe nicht aus dem Auge zu verlieren. Denn Bildungsbedarf wird ja nicht nur von der Gesellschaft an ein Individuum herangetragen, primär haben ja erst einmal auch die Kinder und Jugendlichen berechtigte Ansprüche und Interessen gegenüber dem Schulsystem. Dazu gehört zuvorderst der Anspruch auf die Anerkennung und Förderung ihrer individuellen Begabungen und Schwächen, was einen angemessenen Umgang mit Ungleichheit und Heterogenität impliziert. Besonders gilt das für den Ausgleich von Defiziten aufgrund unterschiedlicher Bedingungen in Elternhaus und Umfeld, eine Aufgabe, die das deutsche Schulsystem, wie wir spätestens seit PISA wissen, derzeit nicht besonders erfolgreich meistert. Einheitliches Ziel muss dabei sein, dass es Heranwachsenden ermöglicht wird, ein Mindestniveau in elementaren Basiskompetenzen zu erreichen, das zur Selbstverwirklichung und gesellschaftlichen Teilhabe in sozialer und beruflicher Hinsicht befähigt. Angesichts der Tatsache, dass Berufseinsteiger mit niedrigem formalem Niveau heute kaum noch Chancen auf dem Arbeitsmarkt haben, sollte klar sein, dass selbst dieses Mindestniveau ein anspruchsvolles Ziel ist.

Auch wenn sich die Analyse noch weiter zuspitzen ließe, ist die Zielrichtung schulischer Innovation mit den Diskurslinien Informations- und Wissensgesellschaft, Globalisierung, Medien, Informations- und Kommunikationstechnologien sowie dem individuellen Bildungsanspruch von Heranwachsenden ausreichend deutlich abgesteckt. Wie oben argumentiert, sind es aber letztlich die im Unterricht initiierten Lehr-Lern-Prozesse, die darüber entscheiden, ob der entsprechende Kompetenzerwerb gelingt. In der Konsequenz ergibt sich daraus die Frage nach der Unterrichtsgestaltung in der Sekundarstufe oder weitergehend die Frage nach der erforderlichen Unterrichts- und Lernkultur.

2. Eine neue Lernkultur als Voraussetzung des nachhaltigen Kompetenzerwerbs

Traditionell war die Sekundarstufe vor allem im Gymnasium lange ein relativ elitärer Bildungsgang, der nur von wenigen Prozent eines Jahrgangs besucht wurde. Für diesen geringen Anteil der besonders Leistungsfähigen war die Frage der Unterrichtsgestaltung oft zweitrangig. Sie konnten aufgrund ihrer guten Lernvoraussetzungen auch unter dem Einfluss einer aus heutiger Sicht defizitären Pädagogik zu guten Lernergebnissen gelangen.

Heute dagegen, wo wesentlich größere Anteile eines Jahrgangs mit einer größeren Leistungsbreite weiterführende Abschlüsse suchen, kann man die Situation nicht mehr als gegeben voraussetzen, dass alle Lernenden auch unter suboptimalen Bedingungen zum Lernerfolg gelangen. Zwar können Leistungsstärkere ihre Stärken nutzen, um das im Unterricht angebotene optimal zu nutzen. Schwächere Schüler dagegen hängen sehr viel stärker von der Unterrichtsqualität ab, die trotz aller Reformintentionen und -bemühungen immer noch weit hinter dem zurückbleibt, was die Forschung bereits seit Jahren fordert.

Denn in den Schulen dominiert nach wie vor die Methode des fragenden Unterrichts, bei dem Inhalte auf kleinschrittigen und für alle einheitlichen Lernwegen lehrerzentriert und mit wenig Eigenaktivität der Lernenden erarbeitet werden. Gelegentlich wird diese Unterrichtsphilosophie nicht unzutreffend als „Osterhasen-Pädagogik" charakterisiert: Man versteckt das Wissen förmlich vor den Lernenden und macht die Suche nach der richtigen Lösung zum Selbstzweck. Nach wie vor gibt es auch wenig Einzel- und Gruppenarbeit, wenig eigene Problemlöseaktivitäten der Schüler und kaum Raum für individuelle Lernwege. Ein produktiver Umgang mit Fehlern kommt beim fragenden Unterricht ebenso zu kurz wie der Erwerb von Lernstrategien oder die Einbeziehung bedeutungsvoller Kontexte. Die Lehrerrolle ist nach wie vor oft die des aktiven Vermittlers, die der Schüler der passiven Empfänger von Fach- und Faktenwissen. Den Zukunftsforscher Matthias Horx bringt das zu der extremen Charakterisierung vom Lehrer als „Dealer", der verzweifelt versuchen muss, den Lernstoff an die Schüler zu bringen.

Resultat dieser herkömmlichen Unterrichtspraxis kann zwar durchaus der Aufbau umfangreichen Faktenwissens sein. Oft kann dieses kann aber nur schlecht auf praxisrelevante Probleme übertragen werden. Man spricht in diesem Zusammenhang auch von „trägem Wissen" (vgl. Renkl 1996). Gerade wenn es um den Kompetenzerwerb geht, ist aber eine solche Kluft zwischen Wissen und Handeln fatal. Vor diesem Hintergrund ergibt sich die bereits seit längerem erhobene Forderung, mit der immer noch vorherrschenden traditionellen Lehr-Lern-Auffassung zu brechen und eine neue Lernkultur im Unterricht zu etablieren.

2.1 Konstruktion und Instruktion als Basis einer neuen Lernkultur

Die Diskussion um eine neue Lernkultur war lange von einer konstruktivistischen Lehr-Lern-Auffassung geprägt. In Abgrenzung zum traditionellen Verständnis geht die konstruktivistische Sichtweise davon aus, dass Lerninhalte nicht einfach von einer Person zu einer anderen weitergegeben werden können. Stattdessen wird Wissen immer als das Ergebnis sehr individueller und subjektiver Konstruktionsprozesse betrachtet, die vor dem Hintergrund früherer Vorkenntnissen, Erfahrungen und Einstellungen der Lernenden erfolgen.

Radikale Umsetzungen konstruktivistischen Gedankenguts führten zur Gestaltung von Lernumgebungen, in denen die Lernenden sich weitgehend eigenständig und mit nur sehr geringer Vorstrukturierung und Unterstützung selbstgesteuert an Problemen und Aufgaben neue Inhalte und Kenntnisse aneignen sollten. Die Lehrenden gerieten darüber so in den Hintergrund, dass sie manchen bereits als verzichtbares Element erschienen. Bald zeigte sich jedoch, dass vor allem leistungsschwächere Lernende in rein konstruktivistisch gestalteten Lernumgebungen ins Hintertreffen gerieten, da sie mit der völlig eigenständigen Koordination ihres Lernprozesses überfordert waren.

In der Konsequenz wird heute eine eher gemäßigt konstruktivistische Sichtweise vertreten. Nach dieser wird Lernen als ein Prozess verstanden, der sich durch folgende Merkmale charakterisieren lässt:

Lernen als aktiver Prozess: Effektives Lernen ist nur über die Eigenaktivität der Lernenden möglich. Dazu sind Motivation, Interesse und emotionale Beteiligung notwendige Voraussetzungen.

Lernen als konstruktiver Prozess: Wissen kann nur erworben und genutzt werden, wenn es in die bereits vorhandenen Wissensstrukturen integriert wird und auf der Basis individueller Erfahrungen interpretiert werden kann.

Lernen als emotionaler Prozess: Wahrnehmen, Denken, Verstehen und Urteilen sind ohne Emotionen gar nicht denkbar. Erst ein bestimmter Erregungsgrad, der durch die emotionale Beteiligung am Lerngeschehen hergestellt wird, verbessert die Gedächtnis- und Lernleistung.

Lernen als selbst gesteuerter Prozess: Die Auseinandersetzung mit einem Inhaltsbereich erfordert die Kontrolle des eigenen Lernprozesses durch den Lernenden.

Lernen als sozialer Prozess: Der Erwerb von Wissen erfolgt durch Interaktion mit anderen. Lernen ist somit als Prozess zu sehen, der in einer bestimmten Lernkultur stattfindet, in der Wissensinhalte – aber auch Werthaltungen und Einstellungen – miteinander ausgehandelt werden.

Lernen als situativer Prozess: Der Erwerb von Wissen weist stets kontextuelle Bezüge auf und ist immer an einen spezifischen Kontext gebunden.

Eine Möglichkeit, die Prozessmerkmale einer gemäßigt konstruktivistischen Auffassung von Lernen umzusetzen, stellt die Gestaltung problemorientierter Lernumgebungen dar. Für die konkrete Realisierung wurde eine Reihe von Leitlinien entwickelt (Reinmann & Mandl, 2006):

Lernen sollte demnach zunächst immer in einen *authentischen Kontext* eingebunden sein, der den Lerntätigkeiten und -inhalten Bedeutung und Sinn verleiht. So oft es geht, ist eine Lernumgebung so zu gestalten, dass sie den Umgang mit realen Problemen und authentischen Situationen ermöglicht und anregt. Lernen anhand von relevanten Problemen, die Interesse und Neugier erzeugen oder betroffen machen, fördert die Motivation und sichert einen hohen Anwendungsbezug. Authentizität lässt sich im Unterricht zum Beispiel über medienbasierte Fallbeispiele oder handlungsorientierte Projektarbeit realisieren.

Ein zweites Prinzip lautet, dass das Lernen in *multiplen Kontexten* erfolgen soll. Damit ist gemeint, dass möglichst unterschiedliche Herangehensweisen an einen bestimmten Lerngegenstand thematisiert werden sollen. Um zu verhindern, dass situativ erworbenes Wissen auf einen bestimmten Kontext fixiert bleibt, ist eine Lernumgebung also möglichst so zu gestalten, dass spezifische Inhalte in verschiedene Situationen eingebettet werden können. Multiple Kontexte fördern einen flexiblen Umgang mit dem Gelernten und unterstützen dessen Transfer. Neben dem Einüben oder Anwenden des Gelernten in mehr als einer Situation ist auch die Berücksichtigung *mehrerer Sichtweisen* zu einem Inhalt (wie dies beispielsweise in der Gruppe der Fall ist) für die Realisierung multipler Kontexte von Bedeutung. Klassischer Umsetzungskontext in der Schule ist der fächerübergreifende Unterricht, bei dem etwa ein Thema wie Renaissance aus historischer, literarischer und künstlerischer Perspektive behandelt werden kann. Lerninhalte werden bei Berücksichtigung dieser Prinzipien besser untereinander und mit bereits bestehenden Wissensbeständen verknüpft, sind somit nachhaltiger und flexibler verfügbar, was auch dem Problem des „trägen Wissens" vorbeugen kann.

Problemorientiertes Lernen macht *soziale Lernkontexte* notwendig. Auch wenn Lernen auf den ersten Blick vor allem ein individueller Prozess ist, spielen soziale Aspekte eine große Rolle. Bei der Gestaltung einer Lernumgebung sollten möglichst oft soziale Lernarrangements integriert werden, um kooperatives Lernen und Problemlösen sowie Prozesse zu fördern, die die Entwicklung einer Lern- und Praxisgemeinschaft fördern. Gruppenarbeit, team- und handlungsorientierter Unterricht, aber auch die Öffnung der Schule nach außen, etwa über Expertenkontakte, sind Beispiele dafür, wie sich soziale Kontexte realisieren lassen.

Problemorientiertes Lernen verlangt darüber hinaus auch nach einem *instruktionalen Kontext*, womit er sich deutlich von radikal konstruktivistischen Ansätzen unterscheidet Die instruktionale Unterstützung seitens des Lehrenden in Form von Modellieren und Anleiten, Unterstützen und Beraten ist von gleich großer Bedeutung wie die Gewährleistung von Authentizität, multiplen Anwendungskontexten und sozialen Lernarrangements. Problemorientiertes Lernen gelingt also nur dann, wenn Anleitung und Unterstützung den Lernenden soweit wie erforderlich gegeben werden und auch wieder bei Bedarf ausgeblendet werden. Es handelt sich also um die wohlausgewogene *Kombination von Konstruktion und Instruktion*, die ausschlaggebend sind für eine neue Lernkultur.

2.2 Umsetzungsformen problemorientierten Lernens

Zur Umsetzung des Problemorientierten Lernens und einer neuen Lernkultur bieten sich drei Gestaltungsformen vorrangig an: Kooperatives Lernen, selbstgesteuertes Lernen und mediengestütztes Lernen.

Kooperatives Lernen bezeichnet die Interaktion von zwei oder mehr Lernenden beim Verfolgen gemeinsamer Lernziele. Für das Gelingen kooperativer Lernprozesse sind sowohl Faktoren in der Aufgabenstruktur als auch bei den Lernenden und der Gruppenzusammensetzung verantwortlich. Das kooperative Lernen bietet gute Potenziale für die Umsetzung problemorientierten Lernens, da etwa durch die Beteiligung mehrerer Akteure verschiedene Perspektiven im Lernprozess thematisiert werden und ein sozialer Kontext gewährleistet wird.

Selbstgesteuertes Lernen zeichnet sich dadurch aus, dass wesentliche Entscheidungen über Lernziele, Lerninhalte, Lernzeiten, Lernmedien und Lernorte, sowie die Überwachung und Steuerung des Lernprozesses durch die Lernenden selbst übernommen werden. In Bezug auf problemorientiertes Lernen wird üblicherweise ein hohes Maß an Selbststeuerung verlangt, damit sich dessen Potenziale zum aktiv-konstruierenden Lernen entfalten können. Auf das zentrale Problem der Förderung von Selbstlernkompetenzen gehen wir später noch in einem eigenen Abschnitt ein.

Mediengestütztes Lernen meint heute natürlich vor allem die Nutzung digitaler Medien in Form von mobilen und stationären Computern sowie des Internets und seinen Anwendungen, die sich permanent sowohl quantitativ als auch qualitativ weiterentwickeln. Aufgrund des innovativen Potenzials neuer Medien gehen wird auch auf den Aspekt des Einsatzes neuer Medien später noch gesondert ein.

2.3 Die Rolle der Lernmotivation

Wie oben bereits angedeutet wurde, ist Motivation eine unverzichtbare Voraussetzung aktiver Konstruktionsprozesse beim Lernen. Lernmotivation wird vor allem dann aufgebaut, wenn die Lernenden eine Bedeutung im Lernstoff erkennen und zwar aus ihrer eigenen, individuellen Perspektive. Dies unterstreicht noch einmal die Relevanz authentischer und realitätsnaher Lernanlässe, wie sie beim Problemorientierten Lernen gefordert werden. Wichtigste Quellen bedeutungshaltigen Lernens sind die Relevanz der behandelten Probleme und Fragestellungen für Alltag und Praxis, gegebenenfalls aber auch für die weitere Schulbildung.

Dabei ist zu beachten, dass Lernmotivation kein monolithisches Konstrukt ist. Bekannt ist vor allem die Unterscheidung zwischen intrinsischer und extrinsischer Motivation. Während bei der *intrinsischen Motivation* die Auseinandersetzung mit dem Lerngegenstand selbst den Anreiz zum Lernen liefert, kommen bei der extrinsischen Motivation die Lernanreize von außen, etwa in Form einer Belohnung oder befürchteter negativer Konsequenzen. Aus der Forschung wissen wir, dass intrinsische Motivation im Allgemeinen positive Auswirkungen auf das Lernen ausübt. So verwenden etwa intrinsisch Motivierte häufiger so genannte tiefenorientierte Lernstrategien, die für ein tieferes Verständnis des Lernstoffs sorgen und auch die Nachhaltigkeit des Gelernten verbessern. Die „optimale" Form der intrinsischen Motivation liegt vor, wenn die Lernenden nachhaltig *interessiert* sind, also eine persönliche und situationsüberdauernde Vorliebe für den Lerngegenstand entwickeln.

Extrinsische Motivation kann dagegen in bestimmten Konstellationen nachteilig wirken, da sie die Aufmerksamkeit weg vom Lerngegenstand und hin zu den antizipierten Konsequenzen des Lernens lenkt. Im Extremfall kann es sogar zum so genannten Korruptionseffekt kommen. Er beschreibt die Situation, dass eine ursprüngliche vorhandene intrinsische Motivation nach und nach verdeckt wird, wenn die Lernhandlung mit starken extrinsischen Anreizen verbunden wird. Bedenkt man die Allgegenwärtigkeit solcher starken Anreize in der Schule, die durch Notendruck, Versetzungsgefahr oder den sozialen Vergleich der Schüler untereinander entstehen, so wird besser verständlich, warum es der Schule so wenig gelingt, nachhaltig Interesse und Motivation für das Lernen aufzubauen.

Tatsächlich konnte etwa in PISA-Begleituntersuchungen gezeigt werden, dass es in Fächern wie Physik in nur einem Schuljahr zu einem ausgeprägten Verlust eines anfangs durchaus vorhandenen Sach- und Fachinteresses der Schüler kommen kann.

Gleichzeitig muss nicht jede Form der extrinsischen Motivation negativ gesehen werden, da sich bei ihr eine Reihe von Abstufungen unterscheiden lässt. Im Extremfall handelt es sich um eine externale Motivation, die ausschließlich von externen Verstärkern bestimmt wird. Es ist jedoch auch möglich, dass sich Lernende die Lernziele stärker zueigen machen, was über die intrijizierte zur identifizierten Motivation führt. Schließlich gibt es noch die integrierte Motivation, die vorliegt, wenn Lernende sich aufgrund von übergeordneten, selbstbestimmten Zielen mit einem Lerngegenstand auseinandersetzen, beispielsweise um einen persönlichen Berufswunsch erfüllen zu können. Auch wenn es sich dabei nicht um eine intrinsische Motivation handelt, da es nicht um die Lernhandlung selbst sondern um die Handlungskonsequenzen geht, wird diese Form der extrinsischen Motivation subjektiv ähnlich empfunden, da externer Druck hier kaum eine Rolle mehr spielt. Entsprechend fallen hier die negativen Wirkungen externaler Motivationsformen weniger ins Gewicht.

Da der Idealfall der intrinsischen Motivation nicht immer ein realistisches Ziel ist, sollte für effektive Lernprozesse also das Prinzip der *selbstbestimmten Lernmotivation* handlungsleitend werden (Deci & Ryan, 1993). Wann aber stellt sich diese bei den Lernenden ein? Die Lehr-Lern-Forschung hat drei Faktoren identifiziert, die elementar sind, um die Selbstbestimmung beim Lernen zu unterstützen:

Autonomieunterstützung. Selbstbestimmte Motivation ist auf darauf angewiesen, dass den Lernenden Wahlmöglichkeiten gegeben werden, dass Lernziele bis zu einem gewissen Grad selbst gewählt werden können und dass Lernprozesse nicht bis ins Letzte vorstrukturiert werden. Dies verweist bereits auf die Notwendigkeit, individuelle Lernwege der Schüler zu ermöglichen und zu unterstützen, dem wir uns später noch ausführlicher widmen werden.

Kompetenzunterstützung. Selbstbestimmte Motivation stellt sich ein, wenn die Lernenden sich als kompetent erleben und sichtbare Erfolgserlebnisse haben. Dazu ist erforderlich, dass sie häufige, konstruktive und individuelle Rückmeldungen auf ihre Leistungen erhalten und dass ihnen ernsthaftes Vertrauen in Bezug auf ihre Fähigkeiten und Bemühungen entgegengebracht wird.

Soziale Einbindung. Selbstbestimmte Motivation setzt schließlich voraus, dass Lernende sich als Teil einer Gemeinschaft erleben, die bestimmte Ziele, Erwartungen und Werte teilt und in der sie sich heimisch und akzeptiert fühlen.

Vergleicht man diese Anforderungen zur Aufrechterhaltung und Förderung von Lernmotivation mit der schulischen Praxis wie wir sie aus der Unterrichtsforschung kennen, so sind in fast allen Punkten deutliche Abweichungen vom Idealzustand festzustellen. Der schulische Unterricht ist zu oft monolithisch und vorstrukturiert, so dass nur wenig Autonomie erlebt wird. Rückmeldungen sind insgesamt zu selten und dann oft zu wenig individuell, konstruktiv und selbstwertförderlich. Statt Vertrauen dominiert oft eher das Misstrauen in die Fähigkeiten der Schüler die Interaktion, so dass viele Schüler in der Schule zu selten Kompetenzgefühle erleben. Eine soziale Einbindung besteht zwar für viele (nicht alle!) im Klassenverbund, doch wird diese Einbindung eher unspezifisch empfunden und ist nur selten auf das gemeinsame Lernen, auf gemeinsame Inhalte, auf das Verfolgen gemeinsamer Ziele und Projekte ausgerichtet.

Neben den oben genannten elementaren Faktoren gibt es eine Reihe weiterer Aspekte, die im Unterricht eine zentrale Rolle für die Lernmotivation spielen. Dazu gehört zunächst einmal die *Instruktionsqualität*, die sich vor allem in Klarheit und Transparenz des Unterrichts sowie einem angepassten Schwierigkeitsgrad äußert. Ein weiterer Faktor ist ein erkennbares *Interesse der Lehrenden* am Lernstoff. Ohne eigene Begeisterung für einen Inhalt wird es Lehrern kaum gelingen, Begeisterung bei den Lernenden zu wecken und ihnen die intrinsischen Anreize eines Gegenstands aufzuzeigen. *Inhaltliche Relevanz und Sinnhaftigkeit* äußern sich in den erkennbaren Möglichkeiten, die Inhalte selbst jetzt oder in Zukunft gebrauchen zu können. Das setzt aber voraus, dass Inhalte und Lernziele nicht einfach nur aus dem Lehrplan begründet werden, sondern in jedem einzelnen Fall an authentische Lernanlässe gebunden werden, wie es auch das Problemorientierte Lernen verlangt. Ein letzter zentraler Faktor ist die Frage, wie *Rückmeldungen* gegeben werden. Rückmeldungen sind nicht nur für das oben angesprochene Kompetenzerleben relevant, sondern haben ganz konkrete und nachgewiesene Folgen für das Selbstbild und Fähigkeitsselbstkonzept von Lernenden. Zentral ist demnach nicht nur, dass Rückmeldungen gegeben werden, sondern auch wie. Rückmeldungen sollten möglichst immer auf die Leistung und nicht auf die Person bezogen werden. Um zu weiteren Anstrengungen zu motivieren, ist es wichtig, Erfolg und Misserfolg eher auf frühere Anstrengung (oder deren Fehlen) zurückzuführen als auf die spezifischen Begabungen (oder fehlenden Begabungen) einer Person, die ohnehin nicht geändert werden können. Ebenso wichtig ist, den Vergleich mit anderen (soziale Bezugsnorm) zu vermeiden und stattdessen eher eine individuelle, zeitliche Perspektive anzulegen, die Fortschritte anerkennt egal auf welchem Leistungsniveau sie stattfinden.

Auch bei diesen gut erforschten Einflussfaktoren auf die Lernmotivation wissen wir, dass es nur einem Teil der Lehrenden gelingt, diese in ihrem Unterricht umzusetzen. So weiß man etwa aus Untersuchungen, dass Lehrkräfte, vielleicht aus einem falsch verstandenen Versuch, sich gegenüber den Schülern empathisch zu verhalten, teils erstaunlich negativ über ihren Unterrichtsgegenstand sprechen („Ich weiß, dass das sehr kompliziert ist") und dass sie ihn oft nicht inhaltlich sondern nur curricular begründen („Ich weiß auch nicht, warum ihr dass lernen müsst, aber so steht es halt im Lehrplan"). Ebenso wissen wir, dass positive und negative Leistungen viel zu oft der Persönlichkeit anstatt der Anstrengung zugeschrieben werden („Mathe liegt dir wohl einfach nicht") und dass der soziale Vergleich mit den Klassenkameraden eher die Regel als die Ausnahme ist. All diese Verhaltensweisen effektiven und motivationserhaltenden Lehrerverhaltens sind übrigens nicht angeboren sondern, guten Willen und einige Anstrengung vorausgesetzt, weitgehend trainierbar. Nur leisten wir uns derzeit den Luxus, solche Trainingsmaßnahmen in der Lehrerbildung weitgehend für verzichtbar zu halten.

3. Fallbeispiel „Tatfunk": Ein problemorientiertes Unterrichtsprojekt in der Sekundarstufe

Wie kann nun die Umsetzung einer neuen Lernkultur in der Sekundarstufe konkret aussehen? Beispielhaft wollen wir im Folgenden das Projekt „Tatfunk" vorstellen, das im relativ engen Korsett der gymnasialen Sekundarstufe II entwickelt und verwirklicht wurde (Mandl, Hense & Schratzenstaller, 2005; Hense, Mandl & Schratzenstaller, 2005).

3.1 Ziele, Konzept und Ablauf des Projekts

Das Projekt "Tatfunk" ist ein innovatives Schulprojekt, das die Förderung des unternehmerischen Denkens und Handelns in der Schule zum Ziel hat. Kern des Projekts ist ein einjähriger Wahlpflichtkurs, der in der Regel im 12. Schuljahr (Kollegstufe) an Gymnasien durchgeführt wird. Aufgabenstellung für die Schülerinnen und Schüler des Kurses ist die gemeinsame und weitgehend selbstständige Produktion einer Radiosendung. Um das nötige journalistische und medientechnische Know-how beizusteuern, erfolgt eine Betreuung durch externe Mediencoaches, die in der Regel Radiojournalisten mit langjähriger Praxiserfahrung sind.

Zu Beginn des Schuljahrs müssen die Schüler nach der gemeinsamen Themenfindung einen Projektplan erstellen. Nach deren Begutachtung wird anschließend über das beantragte Projektbudget entschieden und eine vertragliche Vereinbarung zwischen Stiftung und dem jeweiligen Tatfunk-Kurs geschlossen. Während der Durchführung des Projekts managen die Schüler das Projekt und das Projektbudget eigenständig und eigenverantwortlich. Gleichzeitig müssen regelmäßige Zwischenberichte angefertigt werden. Auch die abschließende Vermarktung des Produkts "Radiosendung" erfolgt eigenständig, da die Schule selbst einen geeigneten Sender für die Ausstrahlung des Beitrags finden muss.

Wichtigstes Lernziel auf individueller Ebene ist die Förderung von Kompetenzen des unternehmerischen Denkens und Handelns bei den beteiligten Schülerinnen und Schülern. Unternehmerisches Denken und Handeln lässt sich nach Mandl und Hense (2004) als eine spezifische Kombination von Teilkompetenzen auf kognitiver Ebene (z. B. Kreativität), auf motivationaler Ebene (z. B. Eigeninitiative), auf sozialer Ebene (z. B. Verantwortungsbereitschaft) und auf organisationaler Ebene (z. B. Zielanalyse) operationalisieren.

Auf unterrichtlicher Ebene ist das Ziel des Projekts die Umsetzung einer innovativen Didaktik und Unterrichtsorganisation durch Problemorientierung und Projektunterricht. Dadurch soll eine Lernumgebung geschaffen werden, welche geeignete Lernanlässe für den Erwerb der oben genannten Kompetenzbereiche schafft. Dazu gehört v. a. die Abkehr vom traditionellen Frontalunterricht zugunsten des kooperativen und selbst gesteuerten Lernens der Schüler.

3.2 Problemorientierung im Projekt Tatfunk

Inwiefern stellt das Projekt Tatfunk eine problemorientierte Lernumgebung dar und warum repräsentiert es eine neue Lernkultur in der Sekundarstufe? Analysiert man das Projekt anhand der oben dargestellten Richtlinien für die Gestaltung von problemorientierten Lernumgebungen, so lassen sich diese Fragen folgendermaßen beantworten.

Ein *authentischer Kontext* liegt im Projekt mindestens in dreifacher Hinsicht vor. Zunächst ist die konkrete Aufgabenstellung zu nennen. Sie besteht im Produzieren einer Radiosendung, die in einer Radiostation ausgestrahlt werden soll. Dabei ist das Medium Radio den Schülern als regelmäßig genutztes Medium gut vertraut und knüpft damit an ihre außerschulische Erfahrungswelt an. Zweitens provoziert die Arbeit im Projekt vielfältige Situationen und Erfordernisse, die ähnlich auch in realen Arbeitszusammenhängen zu finden sind. Beispielhaft können hier etwa die Notwendigkeit zur Projektplanung, zielorientiertes Arbeiten unter Zeitdruck und die verschiedenen Kontakte mit externen Personen und

Institutionen genannt werden. Unter diesen ist als dritter authentischer Aspekt des Projekts die enge Zusammenarbeit mit den Mediencoaches hervorzuheben. Deren praxiserprobte Ratschläge und ihr kritischer professioneller Blick konfrontieren die Lernenden mit einer hochgradig realitätsnahen Arbeitssituation.

Auch *multiple Kontexte und Perspektiven* sind in mehrfacher Hinsicht gegeben. Zunächst erfordert die journalistische Arbeit in der Regel eine ausgewogene Darstellung der Inhalte. Sie macht es nötig, die behandelten Inhalte immer aus mehreren Perspektiven zu beleuchten. Auch die Diskussion in der Gruppe und mit externen Personen bringt eine Auseinandersetzung mit verschiedenen Ansichten über einen Sachverhalt mit sich. Am wichtigsten scheint aber, dass das Projekt in starkem Maße fachübergreifend angelegt ist. So sind Aspekte der Fächer Deutsch, Sozialkunde, Arbeitslehre und informationstechnische Grundbildung in jedem Falle vertreten; je nach Themenwahl können Fächer wie etwa Geschichte, Geographie, Naturwissenschaften, Musik oder Wirtschaftskunde hinzukommen.

Der *soziale Kontext* im Projekt ist primär durch die ein Schuljahr dauernde Zusammenarbeit in einer festen Kursgruppe gegeben. Besonders diese lange, kontinuierliche Kooperation bietet vielfältige Gelegenheit zum sozialen Lernen durch Kooperation. Mit den Merkmalen klare Aufgabenstruktur, verteilte Aufgaben und gemeinsame Verantwortung für das Endprodukt sind zentrale Voraussetzungen für ein produktives kooperatives Lernen gegeben (Renkl & Mandl, 1995). Weitere soziale Aspekte ergeben sich durch die Medienarbeit. Einerseits müssen im Rahmen der Recherche (z. B. Interviewpartner) und bei der Projektabwicklung (z. B. Stiftung, Radiosender) vielfältige Kontakte zu Externen hergestellt und gepflegt werden. Außerdem bedingt die Kommunikationssituation des Mediums Radio (einkanalig, synchron und in der Regel unidirektional) eine ganz eigene soziale Konstellation.

Der *instruktionale Kontext* im Projekt wird vor allem durch den Lehrer hergestellt. Er hat zwar gegenüber dem herkömmlichen Unterricht eine stark zurückgenommene Rolle, die aber dadurch nicht weniger wichtig ist. Besonders zu Beginn des Kurses ist seine Moderation bei der Projektinitiative erforderlich. Danach hat er quasi als Supervisor der Projekttätigkeit des Kurses die Verantwortung dafür, dass keine unrealistische Projektplanung aufgestellt wird und dass Fehlentwicklungen im organisatorischen und zeitlichen Ablauf und in der Kooperation nicht zu einem Scheitern des Projekts führen. Gleichzeitig fungiert er als Ratgeber in inhaltlichen Fragen.

Wichtig ist für die Lehrkraft ein sorgfältiges Abwägen der eigenen Rolle im Kurs, da einerseits Fehlentwicklungen bei einzelnen Schülern oder der ganzen Gruppe aufgefangen werden müssen. Andererseits darf den Lernenden aber nicht zu viel Verantwortung abgenommen werden, damit sie wichtige eigene Erfahrungen machen können. In diesem Spannungsverhältnis zeigt sich, wie Konstruktion und Instruktion beim Problemorientierten Lernen verknüpft werden müssen. Auch die zeitweise Anwesenheit eines externen Experten in Person des Mediencoaches stellt eine neue Herausforderung an das Rollenverständnis des Lehrers dar. Lehrer, die in der Lage sind, sich auch als Lernpartner ihrer Schüler zu sehen, werden dabei vermutlich weniger Probleme haben.

Betrachtet man die konkreten Umsetzungsformen der Problemorientierung in Tatfunk, so erkennt man deutlich, wie diese durch eine Kombination kooperativen, selbst gesteuerten und mediengestützten Lernens realisiert wird. Die Schüler lernen *kooperativ*, da die Radiobeiträge in Kleingruppen konzipiert und produziert werden. Sie lernen in weiten Phasen *selbstgesteuert*, da zwar mit der Produktion einer Sendung das Ziel konkret vorgegeben ist, nicht aber der Weg zum Ziel, der im Rahmen des Projektmanagements selbst zu gestalten ist. *Mediengestützt* ist das Projekt nicht alleine durch das Zielmedium Radio, sondern auch durch die Verwendung neuer digitaler Medien bei der Projektplanung, bei der Recherche von Inhalten, bei der Kommunikation mit Externen, bei der Dokumentation des Projekts sowie schließlich bei der Produktion der Beiträge.

3.3 Evaluationsergebnisse zum Projekt Tatfunk

Eine umfangreiche Evaluation des Projekts konnte Umsetzbarkeit und Erfolge des Projektkonzepts belegen. So zeigte sich eine im Projektverlauf konstant hohe Motivation der Kursteilnehmer. Die Akzeptanz bei Schülern, Lehrern und externen Beteiligten des Projekts war ebenfalls hoch. Die Lernenden haben sowohl nach eigener Einschätzung als auch nach Einschätzung der Lehrkräfte Kompetenzen des unternehmerischen Denkens und Handelns im Kurs gelernt, und zwar in deutlich stärkerem Maße als in anderem Unterricht. Auch im sozialen und im motivationalen Bereich ist ein gegenüber herkömmlichem Unterricht erhöhter Lernzuwachs festzustellen. Auch die Nachhaltigkeit dieser Effekte wurde untersucht. Es zeigte sich, dass das Gelernte außerhalb der Schule und teils auch in anderen Kursen angewendet werden konnte. Als bleibende Veränderung wird vor allem das Erlernen von Team- und Kommunikationskompetenzen genannt. Auch in Bezug auf die zukünftige Berufswahl konnte das Projekt für die meisten Projektbeteiligten zusätzliche Klarheit herstellen.

Der Erfolg des Projekts zeigt sich auch darin, dass das Konzept ausgehend von der Münchener Pilotschule inzwischen in einer Reihe von Schulen im gesamten Bundesgebiet übernommen wurde. In Bayern diente es seit 2007 in der

Erprobungsphase der Einführung so genannter Seminarfächer als exemplarisches „P-Seminare" (Projekt-Seminar). Diese haben gemeinsam mit den parallel eingeführten W-Seminaren (wissenschaftspropädeutische Seminare) zum Ziel, die gymnasiale Oberstufe stärker studien- und berufsorientiert zu gestalten, um den Übergang auf Ausbildung, Universität oder Berufsleben zu verbessern.

4. Schlüsselqualifikation Selbstlernkompetenz

Selbstlernkompetenz ist die Fähigkeit, sich selbstgesteuert und eigenverantwortlich neue Inhalte und Kompetenzen anzueignen und alle dabei erforderlichen Lernhandlungen auszuführen. Sie kann als fast wichtigste Schlüsselqualifikation in der Wissensgesellschaft bezeichnet werden, da sie ein flexibles Reagieren auf neue Anforderungen sowie eine entsprechende persönliche Weiterentwicklung ermöglicht. Aber auch die Etablierung einer neuen Lernkultur setzt die Fähigkeit zur Selbststeuerung bis zu einem gewissen Grad voraus, da Lernen als aktiv-konstruktiver Prozess nicht ohne Selbststeuerung realisierbar ist. Daneben sind wir mit zunehmendem Alter und zunehmender Bildung in wachsendem Maße gefordert, Entscheidungen bezüglich Zielsetzung und Strategiewahl selbst zu treffen, die Bedeutung von Selbststeuerungsfähigkeiten nimmt also im Erwachsenenalter zu. In der klassischen Definition ist Lernen dann selbstgesteuert, wenn die Lernenden weitgehend selbst entscheiden ob, was, wann, wie und woraufhin gelernt wird (Weinert, 1982). Selbstlernkompetenz wird gelegentlich als die Fähigkeit bezeichnet, sich selbst zu unterrichten. Daraus lassen sich als notwendige Voraussetzungen ableiten, dass die Lernenden in der Lage sind, das Lernen vorzubereiten, Lernhandlung durchzuführen, den Lernprozess zu regulieren (z. B. durch Selbstreflektion und -kontrolle), die eigene Lernleistung zu bewerten und im Lernprozess ihre Motivation und Konzentration aufrechtzuerhalten (Simons, 1992).

Das *Lernen vorbereiten*: Die Lernenden müssen Lernziele formulieren und diese Lernziele in Zwischenziele unterteilen. Lernzeiten müssen realistisch geplant werden, was das Setzen von Prioritäten sowie die Planung von Pausen und wechselnde Arbeitsformen impliziert. Daneben müssen Lernende ihre Aufmerksamkeit aktivieren sowie sich auf frühere Lernprozesse und ihr Vorwissen rückbesinnen.

Lernhandlungen durchführen: Für die Durchführung brauchen Lernende Strategien zur Verarbeitung relevanter Informationen zu Wissen. Sie müssen in der Lage sein, Informationen zu elaborieren, d.h. sie mit ihrem Vorwissen und Erfahrungshintergrund zu verknüpfen und damit in individuelles Wissen umzuwandeln. Dies kann z.B. durch visuelle Techniken wie dem Mindmapping geschehen oder durch das Suchen nach Beispielen. Weiterhin müssen sie ihr neu erworbenes Wissen auf das Wesentliche reduzieren und sinnvoll strukturieren können.

Den *Lernprozess regulieren*: Beim selbst gesteuerten Lernen gilt es, den eigenen Lernprozess zu überwachen, sich sozusagen selbst beim Lernen über die Schulter zu blicken. Lernende müssen dabei ihre Aufmerksamkeit kontrollieren, Fehler erkennen und berichtigen, Schwierigkeiten beim Lernen und ihre Ursachen diagnostizieren und die Lernaktivitäten entsprechend anpassen.

Die eigene *Lernleistung bewerten*: Für die Bewertung ihres Lernerfolgs müssen Lernende in der Lage sein, ihre Leistung mit ihren Lernzielen zu vergleichen, sich also selbst Rückmeldung über Lernprozess und -ergebnisse zu geben. Zur Feststellung von Wissenslücken können beispielsweise Strategien wie die Wiedergabe des Gelernten zum Einsatz kommen.

Motivation und Konzentration aufrechterhalten: Neben kognitiven und metakognitiven Fähigkeiten spielt die Lernmotivation eine zentrale Rolle beim selbst gesteuerten Lernen. Um diese aufrecht zu erhalten, müssen Lernende in der Lage sein, ihre Gefühle zu kontrollieren, Erfolge und Misserfolge geeignet zu analysieren sowie lernfremde Wünsche und Bedürfnisse aufzuschieben.

Das scheinbar Paradoxe an diesen komplexen Anforderungen, die das selbstgesteuerte Lernen stellt, ist, dass sie bei der Realisierung entsprechend gestalteter Lernumgebungen Lernziel und Voraussetzung des Lernens gleichermaßen sind. Unterrichtskonzepte, wie sie im oben diskutierten Projekt Tatfunk realisiert wurden, stehen vor dem grundlegenden Dilemma, dass sie einerseits die Selbstlernkompetenzen der Lernenden verbessern wollen, andererseits aber so gestaltet sind, dass die Lernenden sie eigentlich bereits mitbringen müssen. Grundsätzlich lassen sich zwei Strategien unterscheiden, um diesen scheinbaren Konflikt aufzulösen, dass das, was gelernt werden soll, eigentlich bereits vorausgesetzt wird.

Bei einer *direkten Förderung* zum selbst gesteuerten Lernen werden die erforderlichen Techniken und Strategien explizit in eigenen Lerneinheiten thematisiert und erarbeitet. Je nach Kompetenzniveau eignen sich die Lernenden dabei etwa Strategien zur Zeit- und Arbeitsplanung, zur Wissensaufbereitung, zur Selbstkontrolle oder zur Selbstmotivation an und üben diese ein. Gemäß den Prinzipien des Problemorientierten Lernens darf eine solche explizite Strategieförderung natürlich nicht wieder losgelöst von konkreten Lernprojekten erfolgen, sondern sollte mit zu einem realen selbst gesteuerten Lernprojekt verknüpft werden, das dann zur Erprobung und Einübung der neuen Strategien dient. Die Lösung besteht hier also nicht in der Einführung neuer Schulfächer oder losgelöster Förderkurse, vielmehr sollten entsprechende Strategietrainings in den laufenden Unterricht integriert und mit ihm verknüpft werden.

Bei der *indirekten Förderung* wird die Trennung von Strategietraining und -einübung ganz aufgehoben. Sie wird realisiert, indem die Lernenden bei der Bewältigung anspruchsvoller selbstgesteuerter Lerneinheiten gezielte und bedarfsgerechte Unterstützung erhalten. Dies setzt voraus, dass der Lernprozess genau beobachtet und analysiert wird, um Strategiebedarf erkennen und entsprechend intervenieren zu können. Viele gutgemeinte Ansätze scheitern genau an diesem Punkt: Selbstgesteuertes Lernen in der Schule bedeutet eben nicht, dass man den Lernenden komplexe Aufgaben und Probleme präsentiert und sie bei der Lösung alleine lässt. Die Forschung zeigt, dass in solchen Konstellationen nur die Leistungsstarken profitieren, da sie die notwendigen Kompetenzen bereits zu großen Teilen mitbringen. Leistungsschwächere dagegen sind kognitiv überfordert und profitieren weniger als von einem klassisch lehrerzentrierten Unterricht. Gelingt es jedoch, den selbst gesteuerten Lernprozess angemessen zu begleiten und gezielte Unterstützung zu leisten, kann der nachhaltige Erwerb von Selbstlernkompetenzen gelingen. Auch dies verweist wieder auf die Rolle der Instruktion, wie sie im Problemorientierten Lernen betont wird. Gleichzeitig bringt es uns zu einem weiteren Innovationsdefizit der Sekundarstufe, der individuellen Förderung und Unter-stützung.

5. Individuelle Förderung und instruktionale Unterstützung

Einer der hartnäckigsten Mythen des deutschen Schul- und Bildungsdiskurses besagt, dass in leistungshomogenen Lerngruppen besser gelernt werden kann und dass gleicher Unterricht zu gleichen Ergebnissen führt. Strukturell schlägt sich diese Annahme in einem im internationalen Vergleich stark gegliederten Schulsystem nieder, das versucht, möglichst früh Schüler mit unterschiedlichem Leistungsniveau voneinander zu trennen. Auch das Nichtversetzen von leistungsschwächeren Schülern („Sitzenbleiben") soll dazu führen, das Leistungsniveau im Klassenverband einheitlich zu halten.

Ein Blick in die Empirie zeigt, wie illusorisch diese Annahmen sind und zu welchen kontraproduktiven Konsequenzen sie führen. Schon die Grundannahme, dass es überhaupt möglich ist, leistungshomogene Gruppen herzustellen, könnte nicht ferner von der Realität liegen.

So zeigt beispielsweise der Schulartvergleich der ersten PISA-Studie erhebliche Überlappungen zwischen den Schulformen. Bei den Lesekompetenzen etwa schneidet das obere Leistungsviertel der Hauptschule besser ab als das schlechteste Viertel der Gymnasiasten. Auch die Annahme, das Sitzenbleiben trage zur Homogenität der Lerngruppen bei, ist nicht haltbar. Zwar lassen sich in den ersten beiden Jahren nach dem Nichtversetzen noch geringfügig positive Effekte auf die Leistungsentwicklung beobachten, nach spätestens drei Jahren sind diese jedoch nicht mehr nachweisbar (Ehmke, Drechsel & Carstensen, 2008).

Angesichts der Kosten, die durch die Wiederholung von Klassen entstehen, und der ausbleibenden Effekte für die Leistungsentwicklung der Schüler mutet es realitätsfern an, wenn das Sitzenbleiben gelegentlich als Ansatz zur individuellen Förderung verteidigt wird. Denn diese wird hier eher verhindert, schließlich haben die Wiederholer ja einen scheinbaren Vorteil gegenüber ihren neuen Klassenkameraden und benötigen nach dieser Logik gar keine zusätzliche Förderung.

Wenn tatsächlich leistungshomogene Lerngruppen gegeben wären, sollte man erwarten, dass alle Schüler in einem Schuljahr einen vergleichbaren Lernfortschritt zu verzeichnen haben. Dem ist aber nicht so, wie wieder PISA-Daten zeigen. Für das Fach Mathematik etwa konnte eine im Rahmen von PISA 2003 durchgeführte Längsschnittuntersuchung zeigen, dass nur 58 % ihre Kompetenzen im Laufe eines Jahres signifikant steigern konnten, 33 % stagnierten und bei 8 % gingen die Kompetenzen sogar zurück. Von Leistungshomogenität kann hier offenbar nicht gesprochen werden, im Gegenteil es gibt eine erhebliche Heterogenität in den Leistungszuwächsen.

Fakt ist also, dass wir trotz eines stark gegliederten Schulsystems innerhalb der Klassen eine große Leistungsbreite zu Beginn jeden Schuljahrs zu verzeichnen haben. Dies gilt sowohl in Bezug auf die jeweiligen fachlichen Kompetenzen als auch in Bezug auf überfachliche Kompetenzen wie z. B. Lernstrategien, Teamfähigkeit, motivationale Orientierung und Interessen (Aktionsrat Bildung, 2007). Das ökonomisch kostspielige und individuell stigmatisierende Wiederholen von Klassenstufen ist als Korrekturmaßnahme dieser Unterschiede nicht effektiv.

Statt also länger am Mythos leistungshomogener Lerngruppen und deren lernförderlichen Wirkung festzuhalten, muss es endlich gelingen, die vorhandenen Unterschiede nicht als Bedrohung sondern Chance einer effektiven Pädagogik anzuerkennen. Denn die Annahme homogener Gruppen führt zu einem für alle homogenen Unterricht mit entsprechend unbefriedigenden Ergebnissen. Sie nährt die irrige Vorstellung einer gemeinsamen Denk- und Kompetenzstruktur, die von allen Lernenden mit gleichem Ausgangspunkt, Tempo und Endpunkt entwickelt wird. Ein solcher „Unterricht von der Stange" (Aktionsrat Bildung, 2007, S. 74) kommen vor allem die Leistungsschwachen zu kurz: Die

Leistungsschwachen halten den Unterricht auf, während die Starken das Ergebnis ohne große Anstrengung antizipieren können.

All dies ruft nach einer stärkeren Adaptivität und Differenzierung schulischen Lernens und Lehrens. Gemeint ist hier eine Binnendifferenzierung, bei der im Klassenverbund einzelne oder mehrere Schüler gezielt ausgehend von ihren jeweiligen Schwächen und Stärken spezifische Angebote erhalten. Genau solche Aspekte einer individuellen Lernbegleitung sind in den Klassenzimmern bisher zu selten zu beobachten, wo in typischen Schulstunden 80 % der Gesprächsanteile vom Lehrer bestritten werden, wie wiederum in Videostudien gezeigt wurde. Die Schülerbeiträge bestehen dabei vorwiegend aus Reproduktions- oder Kurzantworten, während sachlich-konstruktive oder positiv-unterstützende Rückmeldungen kaum vorkamen. Insgesamt kann vermutet werden, dass die auffällig hohe Streuung in den Kompetenzen 15-jähriger Schüler in Deutschland auf eben diesen Unterrichtsstil zurückzuführen sind, der zu selten fördert und nicht sicherstellt, dass alle ausgehend von ihrem gegebenen Leistungsniveau dazulernen.

Was muss geschehen, damit sich dies ändert? Zunächst sind natürlich die Lehrkräfte gefragt, die für die Gestaltung des Unterrichts und die Förderung der Lernenden Verantwortung tragen. Neben der Fähigkeit, einen qualitätsvollen Unterricht zu gestalten, besteht ein Entwicklungsbedarf vor allem in drei Punkten:

1. *Diagnosekompetenz*: Lehrer müssen in der Lage sein, individuelle Lerndefizite festzustellen und zu analysieren. Es geht also nicht nur darum, Lernergebnisse zu bewerten, sondern auch den Lernprozess. Es geht um das Verständnis der beteiligten kognitiven, motivationalen, sozialen und verhaltensorientierten Prozesse, die am Zustandekommen von Fehlleistungen beteiligt sind. Notwenige Grundlage ist nicht zuletzt ein vertieftes Verständnis von Lernen und den beteiligten Prozessen.

2. *Interventionskompetenz*: Lehrer müssen nicht jedes Lern- oder Strategiedefizit ihrer Schüler beheben können. Sie müssen aber ausgehend von der Diagnose individueller Lerndefizite in der Lage sein, ihnen bei leichteren Problemen im Rahmen des eigenen Unterrichts angemessene Hilfestellungen zu geben oder ihnen bei grundlegenderen Schwierigkeiten passende Angebote zu vermitteln.

3. *Rollenverständnis*: Diagnose und Intervention als zentrale Kompetenzen von Lehrkräften machen nur Sinn, wenn sie mit einem Einstellungswandel verbunden werden. Wer sich nur als Wissensvermittler versteht, wird keinen Blick für individuellen Förderbedarf entwickeln. Notwendig ist ein Rollen-

verständnis des Unterstützens, Begleitens und Moderierens von individuellen und kollektiven Lernprozessen, wie es ohnehin Teil einer neuen Lernkultur sein muss.

Wollen diese drei Punkte verwirklicht werden, so gehen sie ein gutes Stück über traditionelle Anforderungen an den Lehrerberuf hinaus. Auch wenn das Ressourcenargument oft missbraucht wird, um allfällige Reformen und Innovationen auszubremsen, so sollte doch klar sein, dass eine ernstgemeinte individuelle Förderung nicht mit den bestehenden Mitteln zu realisieren ist. Vor allem sind dies Aufgaben, die nicht von einzelnen Lehrkräften und von jeder Lehrkraft einzeln wahrgenommen werden können. Gefragt ist hier also neben gewissen personellen Entlastungen eine verstärkte Kooperation und Kommunikation der Lehrerinnen und Lehrer beim Lösen der Lerndefizite einzelner Schüler. Wie dies auf Schulebene gelingen kann, kann modellhaft in den skandinavischen PISA-Musterländern beobachtet werden

6. Nutzung neuer Medien und Technologien

Als zentrale Innovationsfelder für die Sekundarstufe haben wir bisher die Etablierung einer neuen Lernkultur, die Förderung von Selbstlernkompetenz und die individuelle Förderung angesprochen. Von besonderer gesellschaftlicher Bedeutung dürfte ein weiterer wichtiger Innovationsbereich sein, die Förderung von Medien- und Informationskompetenz in der Schule. Die Notwendigkeit dazu ergibt sich natürlich vor allem aus den eingangs erwähnten rasanten Entwicklungen im Bereich der neuen *Medien, Informations- und Kommunikationstechnologien*. Sie üben einen erheblichen Veränderungsdruck auf den Bildungsbereich aus, wobei sich auch Wechselwirkungen feststellen lassen (Hense & Mandl, 2009).

Denn Verflechtungen zwischen technologischen Entwicklungen und dem Bildungsbereich stellen ja historisch gesehen keineswegs ein neues Phänomen dar. Allerdings hat der komplexe wechselseitige Zusammenhang nach allgemeiner Wahrnehmung in den vergangenen Jahren erheblich an Dynamik gewonnen. Wichtige Fragen ergeben sich daraus auf allen Ebenen des Bildungswesens:

Aus *administrativer* Perspektive stellt sich die Frage, welche Ausstattung in Bildungsinstitutionen für das Lernen mit digitalen Technologien erforderlich ist.

Die *mediendidaktische* Perspektive betrachtet digitale Technologien als pädagogisches Mittel und interessiert sich für die Unterstützung und Umsetzung innovativer Lehr-Lern-Formen mit Hilfe digitaler Medien.

Die *curriculare* Perspektive betrachtet digitale Technologien als Inhalt pädagogischer Maßnahmen und fragt, wie und in welchem Umfang die für ihre Nutzung erforderlichen Kompetenzen Gegenstand von Bildungsprozessen sein können.

Aus *organisationaler* Perspektive stellt sich die Frage, welche Veränderungen die digitalen Technologien für die Strukturen und Prozesse von Bildungsinstitutionen mit sich bringen.

Die *System*perspektive diskutiert Veränderungen des gesamten Bildungssystems in Folge der zunehmenden Bedeutung digitaler Technologien in der Gesellschaft.

Die *kulturtheoretische* Perspektive schließlich geht von globalen kulturellen Veränderungen aus, die sich in Folge der „digitalen Revolution" ergeben und betrachtet deren Auswirkungen auf das Bildungswesen.

6.1 Die mediendidaktische Perspektive: Wie können neue Technologien Unterrichtsinnovationen unterstützen?

Konzentriert man sich auf die Ebene der *mediendidaktischen Ebene*, die für unseren Fokus der Unterrichtsinnovation besonders relevant ist, so zeigt sich bei der Analyse früherer Bemühungen um eine sinnvolle Nutzung neuer Technologien für Lehr-Lernzwecke ein oft ernüchterndes Bild. Denn neben praktischen Nutzungsprobleme, die sich aus der Kurzlebigkeit vieler digitaler Technologien ergeben, ist ein wiederkehrendes Muster immer wieder zu beobachten: Anfangs werden mit der neuen Technologie oft euphorische Erwartungen im Hinblick auf zu erwartende Verbesserungen bei Lernen und Bildung verknüpft. Diese führen dann zu breit angelegten Initiativen zur Ausstattung von Schulen und anderen Bildungsinstitutionen mit den jeweiligen Technologien (klassisches Beispiel sind die Sprachlabors der 1970er Jahre). Nach einiger Zeit jedoch stellt sich eine mehr oder weniger große Ernüchterung im Hinblick auf die tatsächlichen Effekte der neuen Technologie ein. Diese sind teils auf die anfangs völlig überzogenen Erwartungen zurückzuführen, teils auf eine Unterschätzung von Implementierungsproblemen in der Praxis.

Verantwortlich für solche Entwicklungen ist eine zu stark technologiezentrierte Vorgehensweise, die zu wenig von einer Verbesserung des Lernens, sondern eher vom aktuell technologisch Machbaren ausgeht. Anstatt also nur zu fragen, welche Anwendungen sich für die jeweils neuesten verfügbaren Technologien beim Lehren und Lernen finden lassen, sollten neue Technologien systematisch daraufhin überprüft werden, welchen Beitrag sie zur Umsetzung einer neuen Lernkultur leisten können. Legt man diese Perspektive an, so lassen sich vielfache Potenziale beispielsweise bei der Umsetzung problemorientierten Lernens nennen.

Schaffung eines *authentischen Kontexts*: Vor allem fallbasierte Lernszenarios, Planspiele oder Simulationssysteme erlauben es, am Einzelplatzrechner oder im Netzwerk in komplexen Szenarios zu agieren, die realen Situationen nachmodelliert sind. Weitere Möglichkeiten zur Gestaltung sind durch den vielfältigen und unmittelbaren Informationszugriff mittels neuer Medien gegeben. So stehen im Internet vielfältige Ressourcen für die Auseinandersetzung mit authentischen und aktuellen Materialien zu den verschiedensten Themenbereichen zur Verfügung.

Anregen von *multiplen Perspektiven und Kontexten*: Das Arbeiten an komplexen Fällen und in simulierten Systemen erlaubt meist auch die Variation von Bedingungen, Abläufen und Lösungswegen. Damit ist es möglich, denselben Lerngegenstand aus verschiedenen Perspektiven und in verschiedenen Kontexten zu betrachten. Multiple Perspektiven entstehen beispielsweise durch das Einnehmen verschiedener Rollen in computermodellierten Simulationen oder durch das Suchen alternativer Lösungswege bei einer Fallbearbeitung. Weitere Zugänge ergeben sich durch die Informationsfülle und Multimedialität neuer Medien. Nicht zu vergessen sind auch die vereinfachten Möglichkeiten zur Kontaktaufnahme und Kooperation mit externen Lernpartnern (s. u.). Sie bedeuten immer auch die Konfrontation und Auseinandersetzung mit anderen Sicht- und Verhaltensweisen.

Unterstützung des *sozialen Kontexts*: Neben „alt gedienten" Anwendungen wie E-Mail, Diskussionsforen und Chats sind hier vor allem die neueren „social networks" wie etwa MySpace oder verschiedene Online-Communities wie YouTube zu nennen. Sie sind relativ leicht nutzbare Möglichkeiten, in Computernetzen zu kommunizieren und zu kooperieren. Für das gemeinsame Arbeiten an konkreten Produkten wie Texten eignen sich vor allem die Anwendungen und Dienste des Web 2.0 wie Wikis und Weblogs. Allerdings garantieren diese Werkzeuge alleine nicht automatisch eine lernförderliche Kommunikation und Kooperation. Wichtig ist, dass ihr Einsatz durch geeignete instruktionale Unterstützung flankiert wird, die je nach Kontext etwa in Form von Kooperationsskripts, Feedback-Regeln oder Online-Tutoring realisiert werden kann.

Bereitstellen von *instruktionaler Unterstützung*: Digitale Medien wie Weblogs, Wikis oder die jeweils integrierten Kommentarfunktionen können etwa für die direkte und individualisierte Rückmeldung genutzt werden. Feedback auf Arbeitsergebnisse von Einzelnen oder Gruppen kann beispielsweise bei länger dauernden Projekten, die zeitweise neben dem regulären Unterricht durchgeführt werden, per E-Mail oder in virtuellen Arbeitsbereichen gegeben werden.

Bewusst haben wir oben von Potenzialen gesprochen. Denn oft genug hat sich gezeigt, dass die Metapher von den digitalen Medien als „Trojanisches Pferd" zur Umsetzung einer neuen Lernkultur insofern irreführend ist, als dass die technische Innovation nicht automatisch zu pädagogischen Innovationen führen muss.

Berücksichtigt man diesen Sachverhalt, so ist auch zu erklären, warum die Wirkungsforschung in Bezug auf die Effekte des Lernens mit digitalen Medien ein so heterogenes Bild abgibt. Denn mit digitalen Medien lassen sich zwar wie oben beschrieben lehr-lern-theoretisch gut fundierte Lernumgebungen gestalten, nichts hält einen aber davon ab, mit ihnen auch ineffektiven Lehr-Lern-Prinzipien zum neuen Leben zu verhelfen. Clark hat schon vor 25 Jahren seine bekannte provokative These aufgestellt, nach der Medien niemals einen Einfluss auf das Lernen haben werden („media will never influence learning", Clark

1983). Auch wenn man ihm nicht Recht geben will, so kann man aber ins Positive gewendet feststellen: Die digitalen Medien werden das Lernen nur dann nachhaltig positiv beeinflussen, wenn sie auch pädagogisch sinnvoll zum Einsatz gebracht werden.

6.2 Die curriculare Perspektive: Welche medienbezogenen Inhalte sollen gelernt werden?

Im Hinblick auf Innovationsbedarf ist neben der oben besprochenen mediendidaktischen Ebene auch die *curriculare Perspektive* zentral. Sie stellt die Frage, welche neuen Lernziele und -inhalte sich aus den technologischen Einflüssen auf das gesellschaftliche, das berufliche und das Privatleben ergeben.

Brisanz erhält diese Frage nicht zuletzt angesichts der Diskussion um die so genannte „digitale Kluft", bei der mit der „Informationselite" interessanterweise nur die auf einen Seite der Kluft eine feste Bezeichnung tragen. Die auf der anderen Seite werden dagegen mal als „Nichtvernetzte", als „Informationsarme" oder auch als „Informationsparia" bezeichnet. An sich gehen diese Bezeichnungen aber am eigentlichen Problem vorbei, denn zumindest in unserer Gesellschaft ist weniger der technische Zugang zu Informationen das Problem. Vielmehr zeigt sich hier ein soziales Bildungsproblem: die Kluft verläuft zwischen denen, die Informationszugänge kompetent nutzen zu wissen und sich neue Medien und Inhalte leicht erschließen, und denen, die über die entsprechenden Kenntnisse und Fähigkeiten in geringerem Maße verfügen. Um diese Kluft zu schließen haben wir bereits einführend dafür plädiert, den Begriff der Medienkompetenz wiederzubeleben und um den Aspekt der Informationskompetenz zu ergänzen.

Medienkompetenz betrifft in erster Linie den selbstbestimmten, kompetenten und reflektierten Umgang mit Medien und Technologien. Dazu gehört einerseits deren Nutzung, die auf einer gezielten Auswahl und Bewertung von Medien und Inhalten beruht. Vor allem der Aspekt der Bewertung erscheint heute essentiell, da sich das traditionelle Verhältnis von wenigen Medienanbietern zu vielen Medienkonsumenten spätestens seit dem Web 2.0 grundlegend geändert hat. Denn die Anwendungen des Web 2.0 ermöglichen inzwischen aber auch technisch weniger versierten Personen, Inhalte im Rahmen häufig kostenloser Dienste einem breiten Publikum in ansprechender Form und allein mit Hilfe eines Webbrowsers zu präsentieren. Mit diesem Trend zum „user generated content" löst sich die Grenze zwischen Inhaltsanbietern und -nutzern zunehmend auf, womit noch stärker als bisher die Notwendigkeit entsteht, jede mediale Information auf ihre Qualität hin zu überprüfen. Aus dem gleichen

Grund darf Medienkompetenz sich nicht auf Mediennutzung beschränken. Gerade die Interaktivität aktueller Technologien und netzbasierter Anwendungen macht es erforderlich, auch Kenntnisse, Fähigkeiten und Einstellungen zu erwerben, die für eine kompetente Gestaltung eigener medialer Beiträge erforderlich sind und die Reflektion medialer Einflüsse sowie die Bedingungen der Produktion und Distribution von Medien und Informationen erlauben.

Die Notwendigkeit von *Informationskompetenz* erklärt sich aus Phänomenen wie der oft beklagten Informationsflut oder gar *information overkill*, die inzwischen zum Alltag in informationsintensiven Berufen gehören. Hintergrund unseres oft problematischen Umgangs mit Informationen ist der radikale Wandel eines ursprünglich knappen und daher traditionell als wertvoll geschätzten Guts zu einem Gut, das in praktisch unbegrenzter Menge jederzeit (aber auch in jeder denkbaren Qualität) zur Verfügung steht. Informationskompetenz besteht angesichts dieser Probleme daher aus den folgenden Fähigkeiten: Gezielte und problemzentrierte *Recherche* von Informationen, *Beurteilung und Auswahl* von qualitätsvollen und nützlichen Informationen, systematische *Verarbeitung und Ablage* von Informationen sowie Strategien zum bedarfsgerechten *Wiederfinden* von Informationen.

Ähnlich wie Selbststeuerungskompetenzen können Medien- und Informationskompetenzen direkt oder indirekt vermittelt bzw. erworben werden. Auch hier spricht für die indirekte Vermittlung, dass die zu erwerbenden Kompetenzen Querschnittscharakter haben und prinzipiell mit jedem fachlichen Inhalt verknüpft werden können. Daher macht es wenig Sinn, ein weiteres Fach zu einem ohnehin künstlich separierten Fächerkanon hinzuzufügen. Ein Problem, das sich vielleicht nur durch die Zeit nachhaltig lösen lässt ist der zumindest auf der technischen Oberfläche vorhandenen Kompetenzvorsprungs, den viele Lernende als „digital natives" gegenüber den „digital immigrants" unter den Lehrern haben. Bis dahin ist auch an dieser Stelle in erster Linie die Selbstlernkompetenz der Lehrenden gefragt, um hier Schritt zu halten und Lernprozesse mit und über digitale Medien kompetent gestalten zu können.

7. Ausblick

Eingangs haben wir argumentiert, dass viele Reformdebatten und -ansätze im Bildungsbereich im Strukturellen verharren und wenig an den konkreten Lehr-Lern-Prozessen ändern. Wenn wir also an nachhaltigen Verbesserungen des Sekundarbereichs und seiner Ergebnisse interessiert sind, kommen wir nicht darum herum, dem bisher vernachlässigten unterrichtlichen Bereich mehr Aufmerksamkeit zu verschaffen.

Unterricht findet allerdings nicht im luftleeren Raum statt und seine Reform kann nur bei Berücksichtigung übergeordneter Kontexte gelingen. Dies sagt uns schon die Erfahrung aus vielen gutgemeinten, aber letztlich erfolglosen Unterrichtsinnovationsprojekten der vergangenen Jahre. Diese haben zwar für sich genommen teils recht eindrucksvolle Ergebnisse erbracht, sind letztlich aber oft an der nachhaltigen Implementation in der Breite gescheitert, da eben die übergeordneten Rahmenbedingungen ignoriert wurden.

In Bezug auf die oben geforderten unterrichtlichen Innovationen erscheinen uns die folgenden Bereiche als besonders relevant: Öffnung von Schulen, Ganztägige Organisation des Schulalltags, Lehreraus- und -fortbildung, Autonomie und Selbstständigkeit von Schulen sowie Evaluation und Selbstevaluation.

Öffnung von Schulen. Auch heute erinnert der Alltag in Schulen oft an einen hermetisch abgeschlossenen Kosmos, in dem Außerschulisches und das „echte Leben" kaum vorkommen. Ein selbstverständlicher und alltäglicher Austausch mit außerschulischen Personen und Institutionen findet in der Regel nicht statt, obwohl er reichlich Potenzial im Hinblick auf authentische und realitätsnahe Lernkontexte und -anlässe bieten könnte, wie sie das Problemorientierte Lernen fordert. Öffnung von Schule hat zwei Seiten, es geht einerseits darum, die Außenwelt und ihre Repräsentanten in die Schulen zu holen, und andererseits müssen in viel stärkerem Maße außerschulische Lernorte genutzt werden (vgl. Holtappels, 1994). Und idealerweise geschieht dies nicht nur punktuell, sondern auf der Basis fest etablierter, kontinuierlicher Kooperationen mit lokalen Partnern aus Politik, Wirtschaft, Sport, Bildung, Vereinen, Initiativen oder sonstigen Sektoren des öffentlichen Lebens. Eine zentrale Rolle können dabei einerseits die Medien spielen, wenn sie nicht nur als „Konserve" curricular zugeschnittener Inhalte betrachtet werden, sondern ihr Potential insbesondere zur virtuellen Kooperation und Kommunikation systematisch genutzt wird. Andererseits sind die Eltern zu nennen, die einen erheblichen Beitrag dazu leisten können, pädagogisch wertvolle Verknüpfungen zum außerschulischen Alltag herzustellen.

Ganztägige Organisation des Schulalltags. Für die Ganztagsschulen lassen sich zwar auch sozialpolitische Begründungen ins Feld führen, uns interessiert an dieser Stelle allerdings in erster Linie ihr bildungstheoretisches Potenzial (vgl. Ladenthin & Rekus, 2005). Dieses besteht primär darin, dass schlicht mehr Zeit als ein enges Zeitfenster am Vormittag zur Verfügung stehen muss, um ein nachhaltigeres Lernen, schulische und unterrichtliche Innovationen und nicht zuletzt

Aspekte wie die ästhetische Erziehung und Entwicklung von Werten zu ermöglichen. Ausgeschöpft wird das Potenzial von Ganztagsschulen aber nur, wenn der Ganztag mit einem vernünftigen pädagogischen Konzept verbunden wird. Zu diesem gehören als Voraussetzungen vor allem eine sinnvolle Rhythmisierung von Lern-, Übungs- und Erholungsphasen, eine flexible Zeitplanung jenseits des überholten 45-Minuten-Rasters sowie eine angemessene räumliche Gestaltung. In der Umsetzung des Ganztags müssen darüber hinaus das Erzieherische, die Partizipation und Kooperation sämtlicher Beteiligter eine deutliche Aufwertung erfahren. Obwohl im Bereich Ganztagsschule bereits viele Reformbemühungen erkennbar sind, erfüllen leider nicht alle diese hohen konzeptionellen Anforderungen, denn eine Ganztagsschule, die das bisherige, wenig effektive Schulmodell schlicht auf den Nachmittag verlängert, wird auf Dauer keine Verbesserungen bringen.

Lehreraus- und -fortbildung. Seit Jahrzehnten beklagt, aber immer noch Stiefkind aller Reformbemühungen bleibt die Erstausbildung von Lehrkräften (vgl. Terhart, 2001). Seit Jahrzehnten wissen wir um ihre Schwächen: Zu wenig praktisch orientiert, zu wissenschaftlich (vor allem im gymnasialen Bereich), zu stark das Fachliche und zu wenig das Methodische berücksichtigend. Grundproblem bleibt die viel zu starke Trennung von theoretischer Ausbildung und praktischen eigenen Erfahrungen der zukünftigen Lehrer. Statt nach jahrelangem Studium müssen angehende Lehrer möglichst frühzeitig am eigenen Leib erfahren, was es bedeutet, einen realen Unterrichtsalltag zu gestalten, und einen realen Einblick in die Erfordernisse des Berufs erhalten. Noch vorgelagert ist das Problem der Auswahl angehender Lehrkräfte. Diese erfolgt momentan weitgehend über Selbstselektion, die teils auf unvollständigen oder fehlerhaften Vorstellungen über den Lehrerberuf beruht oder durch problematische Motivlagen wie die Aussicht auf Verbeamtung getrieben ist. Stattdessen brauchen wir, nicht zuletzt im Interesse der Betroffenen, bereits zu Beginn des Studiums eine Eignungsdiagnostik, die das Vorliegen grundlegender Kompetenzen und Dispositionen überprüft. Neben der Erstausbildung ist auch der Bereich der Fortbildung ein dringendes Innovationsfeld. Auch hier dominiert noch viel zu oft das Vorratsmodell des Lernens und zwar in doppelter Hinsicht: Einerseits erkennen zu viele Lehrkräfte es nicht als essentiellen Teil ihrer Professionalität, sich selbst kontinuierlich weiterzubilden, glauben also mit dem in Hochschule und Referendariat gelernten ein Berufsleben lang auszukommen. Andererseits ist die Lehrerfortbildung selbst oft von genau jener traditionellen Lehr-Lern-Kultur dominiert, deren Defizite im Hinblick auf einen gelingenden Transfer wir bereits oben problematisiert haben. Und schließlich müssen in Zukunft alle drei Phasen, Erstausbildung an den Hochschulen, Referendariat sowie Lehrerfortbildung aus ihrer Isolation herausgeholt und in viel stärkerem Maße inhaltlich und strukturell miteinander verknüpft werden.

Autonomie und Selbstständigkeit von Schulen. Zentrale Rahmenbedingung für innovativen und effektiven Unterricht sind unmittelbare schulische Faktoren wie etwa Schulethos, Schulkultur oder die kollegiale Kooperation. Da diese Aspekte jedoch nicht verordnet, sondern nur in der Schule selbst hergestellt werden können, muss die erforderliche Verantwortung bei der Einzelschule liegen. Dies bedeutet einerseits weitgehende Autonomie bei Mitteleinsatz und Personalplanung, andererseits konzeptionelle Freiheiten in Bezug auf Schulprogramme und spezifische pädagogische Schwerpunktsetzungen (Rürup, 2007). Die Entscheidung zu mehr Autonomie hat mindestens drei wichtige Implikationen. Erstens bedeutet sie eine Uminterpretation der Rolle der Schulleitung, die sich zum Schulmanagement wandelt, was wiederum veränderte Anforderungen an deren Aus- bzw. Weiterbildung stellt. Zweitens macht mehr Autonomie der Einzelschule nur Sinn, wenn sie mit einer stärkeren Partizipation im Inneren verbunden wird. Es geht also nicht darum, nur Hierarchieverhältnisse aus obrigkeitsstaatlichen Zeiten von der Schulverwaltung auf die Schulleitung zu übertragen. Vielmehr muss eine selbstorganisierte Schule als Modell einer demokratischen Gesamtgesellschaft fungieren, in dem alle beteiligten Gruppen ein echtes Mitbestimmungs- und nicht nur Mitspracherecht haben, was übrigens auch im Hinblick auf eine Bildung zur politischen Partizipation von Jungwählern eine wichtige Forderung ist. Zuletzt impliziert mehr Autonomie auch eine gestiegene Verantwortung von Einzelschulen, was uns direkt zu unserem nächsten und letzten Punkt bringt.

Evaluation und Selbstevaluation. Mehr Selbstbestimmung und Autonomie bedeuten nicht mehr Beliebigkeit, im Gegenteil. Nach wie vor hat Schule konkrete Aufgaben und steht in der Verantwortung, bestimmte Leistungen für die beteiligten Individuen und die Gesellschaft zu erbringen. Der Spagat zwischen Selbstständigkeit und der Pflicht zur Rechenschaft kann nur durch Evaluation überbrückt werden. Auch hier geht es aber nicht um nur nominelle Innovationen, sondern um konkrete Konzepte. Zu beobachten ist nämlich in vielen, übrigens nicht nur schulischen, Kontexten ein Trend zur formelhaften Evaluation, die vorrangig die Funktion erfüllt, ein vordergründiges Bemühen um Qualität zu demonstrieren. Erkennbar sind solche symbolischen Evaluationsansätze daran, dass ihnen erstens keine echte Auseinandersetzung mit der Qualitätsfrage (z. B. „Was ist guter Unterricht und woran erkennen wir ihn?") vorangegangen ist und dass mit der Evaluation keine erkennbaren, systematisch abgeleiteten Konsequenzen verbunden werden. Wie sieht Evaluation aus, die es besser macht? Erstens darf sie nicht nur der Rechenschaftslegung dienen, sondern sollte auch zu formativen Verbesserungszwecken systematisch genutzt werden. Sie darf zweitens nicht isoliert erfolgen, sondern muss in ein umfassendes und kontinuierliches schulisches Qualitätsmanagement eingebettet werden. Dieses umfasst vor allem die Konsensbildung über Zielsetzungen, Verfahren zur Bedarfsermittlung, die Evaluation im eigentlichen Sinne sowie die systematische Ableitung von Konsequenzen und folgenden Zielvereinbarungen. Drittens muss schulische Evaluation partizipativ und schulnah gestaltet werden. Ausnahmsweise ist hier PISA kein gutes Beispiel. Denn so hilfreich die PISA-Studien für Analysen auf Ebene des Bildungssystems sind, so wenig geeignet sind ihre Daten auf Schul- oder Klassenebene zur Ableitung konkreter Maß-nahmen, dies zeigt sich wiederholt in verschiedenen Rezeptionsstudien. Der Nutzen aus Evaluation durch eine konstruktive Nutzung ihrer Ergebnisse kann dagegen dann gelingen, wenn die Beteiligten in den Evaluationsprozess einbezogen werden, wenn sie die verwendeten Verfahren nachvollziehen können und sich mit den mit der Evaluation verbundenen Zielsetzungen identifizieren können. Eine wichtige Rolle kommt dabei auch der schulischen Selbstevaluation zu, die optimalerweise mit extern gesteuerten Evaluationsansätzen kombiniert wird (Hense, 2006).

Trotz manch pessimistischer Analyse darf nicht übersehen werden, dass im Hinblick auf die angesprochenen Bedarfslagen im Sekundarbereich durchaus viele positive Entwicklungen zu erkennen sind. Blickt man in die Einzelschulen, so findet man vielfach engagierte Lehrer, Schulleitungen, Eltern, Schüler und auch schulexterne Partner, die sich im Sinne der von uns genannten Ziele und Visionen engagieren. Eindrückliche Beispiele finden sich etwa in der filmischen Dokumentation „Treibhäuser der Zukunft - Wie in Deutschland Schulen gelingen" von Reinhard Kahl (2004). So vorbildlich diese eigeninitiativen Bemühungen sind, so wenig kann man von ihnen eine Verbesserung der Situation in der Breite erwarten. Dafür sind systematische Reformen auf Systemebene unverzichtbar.

Aber auch auf Ebene der Bildungspolitik und Schuladministration lassen sich für sämtliche der genannten Bereiche vielfältige Ansätze erkennen, die sich in verschiedenen Innovationsprojekten, Programmen, und Gesetzesinitiativen äußern. Hier ist allerdings unsere Sorge, dass viele dieser Aktivitäten oft zu isoliert geplant und realisiert werden und dass der essentielle Faktor der Implementation vernachlässigt wird. Denn eine weitere bittere Erfahrung vergangener Reformbemühungen ist, dass durchaus erfolgversprechende Ansätze an den Herausforderungen Nachhaltigkeit und Transfer scheitern. Daher wird in zukünftigen Innovationsbemühungen der Frage einer gezielten Implementationsstrategie eine zentrale Bedeutung zukommen.

Literatur

Aktionsrat Bildung (2007). *Bildungsgerechtigkeit. Jahresgutachten 2007*. Wiesbaden: Verlag für Sozialwissenschaften.

Clark, R. (1983). Media will never influence learning. *Educational Technology, Research and Development, 42*(2), 21–29.

Deci, E. L. & Ryan, R. M. (1993). Die Selbstbestimmungstheorie der Motivation und ihre Bedeutung für die Pädagogik. *Zeitschrift für Pädagogik, 21*, 223-238.

Ehmke, T., Drechsel, B. & Carstensen, C. (2008). Klassenwiederholen in PISA-I-Plus: Was lernen Sitzenbleiber in Mathematik dazu? *Zeitschrift für Erziehungswissenschaft. 11*(3), 368-387.

Hense, J. (2006). *Selbstevaluation: Erfolgsfaktoren und Wirkungen eines Ansatzes zur selbstbestimmten Qualitätsentwicklung im schulischen Bereich*. Frankfurt am Main: Lang.

Hense, J. & Mandl, H. (2009). Pädagogische und instruktionale Aspekte des Medien- und Bildungsmanagements. In M. Henninger & H. Mandl (Hrsg.), *Handbuch Medien- und Bildungsmanagement* (S. 21–40). Weinheim: Beltz.

Hense, J. U., Mandl, H. & Schratzenstaller, A. (2005). Bildungscontrolling in der Schule' Möglichkeiten und Grenzen des Prozess-, Output- und Transfercontrollings am Beispiel eines innovativen Unterrichtsprojekts. *Unterrichtswissenschaft, 33*, 334-358.

Holtappels, H.G. (1994). *Ganztagsschule und Schulöffnung. Perspektiven für die Schulentwicklung*. Weinheim: Juventa.

Kahl, R. (2004). *Treibhäuser der Zukunft. Wie in Deutschland Schulen gelingen*. Hamburg: Archiv der Zukunft.

Ladenthin, V. & Rekus, J. (Hrsg.). (2005). *Die Ganztagsschule. Alltag, Reform, Geschichte, Theorie*. Weinheim: Juventa.

Mandl, H. & Hense, J. (2004). *Lernen unternehmerisch denken: Das Projekt Tatfunk* (Forschungsbericht Nr. 169). München: Ludwig-Maximilians-Universität, Lehrstuhl für Empirische Pädagogik und Pädagogische Psychologie.

Mandl, H., Hense, J. & Schratzenstaller, A. (2005). *Tatfunk – Schüler unternehmen. Schule lernt. Abschlussbericht zur wissenschaftlichen Evaluation*. München: BMW AG & Eberhard von Kuenheim Stiftung

Reinmann, G. & Mandl, H. (2006). Unterrichten und Lernumgebungen gestalten. In: A. Krapp & B. Weidemann (Hrsg.). *Pädagogische Psychologie*. Ein Lehrbuch (S.613-658). Weinheim: Beltz.

Renkl, A. (1996). Träges Wissen: Wenn Erlerntes nicht genutzt wird. *Psychologische Rundschau, 47*, 78-92.

Renkl, A. & Mandl, H. (1995). Kooperatives Lernen: Die Frage nach dem Notwendigen und dem Ersetzbaren. *Unterrichtswissenschaft, 23*, 292-300.

Rürup, M. (2007). *Innovationswege im deutschen Bildungssystem. Die Verbreitung der Idee „Schulautonomie" im Ländervergleich.* Wiesbaden: VS Verlag.

Simons, R. Jan. (1992). Lernen, selbstständig zu lernen - ein Rahmenmodell. In H. Mandl & H. F. Friedrich (Hrsg.), *Lern- und Denkstrategien. Analyse und Intervention* (S. 251–254). Göttingen: Hogrefe.

Terhart, E. (2001). *Lehrerberuf und Lehrerbildung: Forschungsbefunde, Problemanalysen, Reformkonzepte.* Weinheim: Beltz.

Weinert, F. E. (1982). Selbstgesteuertes Lernen als Voraussetzung, Methode und Ziel des Unterrichts. *Unterrichtswissenschaft, 10*, 99-110.

Was fördert Innovation im Unternehmen?

Lutz von Rosenstiel und Dieter Frey

1. Kreativität – Intervention – Innovation

Studiert man die Fachliteratur, so lässt sich Kreativität als eine individuelle Fähigkeit verstehen, Denkergebnisse hervorzubringen, die im Wesentlichen neu sind und demjenigen, der sie hervorgebracht hat, vorher unbekannt waren. Die Subjektzentriertheit einer solchen Definition ist offensichtlich, denn es kann im Rahmen eines kreativen Prozesses der Einzelne zu für ihn völlig neuen und überraschenden Lösungen gelangen, die möglicherweise andere Menschen an einem anderen Ort längst gefunden hatten. Auf jeden Fall aber ist die Kreativität lediglich ein Teilprozess im Innovationsgeschehenen. Damit er zur Innovation führt ist zunächst die Invention als Zwischenschritt gefordert, also die Erfindung, die Konkretisierung des kreativen Denkens in einer umsetzbaren Idee (Weyrich, 1997). Diese allerdings muss implementiert werden, damit Innovation daraus wird. Dabei lässt sich Innovation als Entwicklung, Einführung und Anwendung neuer Ideen, Produkte oder Vorgehensweisen verstehen, von denen Einzelne, Gruppen oder ganze Organisationen profitieren können. Entsprechend können sich die Innovationen auf die Verbesserung von Produkten und Dienstleistungen oder auf interne Prozesse beziehen; sie können aber auch die Entwicklung ganz neuer Produkte, Dienstleistungen oder Abläufe betreffen (Maier, Jonas & Frey, 2005).

Da freilich der hier vorgeschlagene Innovationsbegriff den Nutzen thematisiert, den die Innovation für Einzelne, Gruppen oder eine ganze Gesellschaft mit sich bringen soll, ist er von vornherein politisch. Es lässt sich ja sofort die Frage stellen: „Nützlich für wen?" Entsprechend wird man - je nach Standpunkt - Innovationen wie die Erfindung und Verbreitung des Fahrrads, des Automobils, des Kernkraftwerks, der Wasserstoffbombe oder der Mikroelektronik jeweils anders bewerten. Das Entsprechende gilt aber auch für soziale oder politische Innovationen, wie - historisch betrachtet - die parlamentarische Demokratie, das Volksbegehren, die 40-Stunden-Arbeitswoche, das Verbot von Kinderarbeit, Feinstaubverordnungen im Straßenverkehr, den Rechtsanspruch auf einen Kindergartenplatz, etc.

2. Innovation und wirtschaftliche Entwicklung

Es ist unstrittig, dass die wirtschaftliche Entwicklung in starkem Maße von Innovationen vorangetrieben wird. Man denke dabei z.B. an die nach Conradiev benannten Zyklen, innerhalb derer jeweils ein ökonomischer Wachstumsschub in Abhängigkeit von grundlegenden Innovationen wie etwa der Dampfmaschine, dem Automobil, der Elektronik etc. postuliert wurde. Deutlich psychologischer zentriert ist diese Überlegung bei Schumpeter (1911), der in seiner Theorie der wirtschaftlichen Entwicklung den Unternehmer zur treibenden Kraft erklärt, der rücksichtslos seine innovative Idee auch gegen Widerstände durchzusetzen sucht und somit im Sinne einer „schöpferischen Zerstörung" Bestehendes vernichtet und das Bessere, das Innovative, zum Feind des Guten macht. So betrachtet liegt in den heute politisch ja so intensiv propagierten Unternehmensgründungen (Lang-von Wins, 2004) eine der psychologisch relevanten Fragestellungen, wenn man Innovation in der Gesellschaft erkunden möchte. Entsprechend haben sich vielfältige theoretische Überlegungen und empirische Untersuchungen auf die Persönlichkeit des Unternehmers gerichtet. So konnte z.B. gezeigt werden, dass erfolgreiche Unternehmer durch einen hohen Grad an Leistungs- und Machtmotivation, jedoch ein relativ gering ausgeprägte Anschlussmotiv (McClelland, 1961, 1975) gekennzeichnet sind, ein hoher Grad an Kreativität sie auszeichnet, sie eine deutlich ausgeprägte internale Kontrollüberzeugung zeigen und ebenfalls hohe Risikobereitschaft für sie kennzeichnend ist. Allerdings sind es nicht derartige Persönlichkeitsmerkmale allein, die zur Unternehmensgründung führen, sondern vielfach situative Merkmale, die begünstigend hinzu kommen müssen, wie z.B. die familiale Situation, Anregungen aus dem unmittelbaren sozialen Kontext, das politische und gesellschaftliche Klima, die Bereitstellung von fördernden Ressourcen, wie z.B. Risikokapital. Das soll aber nicht vertieft ausgeführt, sondern der Blick darauf gerichtet werden, was im Unternehmen - ist es einmal gegründet - die Innovation fördert.

3. Bedingungen von Innovation im Unternehmen

Unternehmen sind Organisationen und entsprechend komplexe Systeme, die man aus unterschiedlichster wissenschaftlicher Sicht betrachten und aufdifferenzieren kann. Hier sei bei Klassifikation von Bedingungen der Innovation auf jenes Raster zurück gegriffen, der in der Organisationspsychologie recht weit verbreitet ist, nämlich die Aufdifferenzierung in die Aspekte der Aufgabe, des individuellen Mitarbeiters, der Gruppe unter Einschluss der Führung und schließlich des organisationalen Rahmens.

3.1 Die Ebene der Arbeit

Arbeit besteht aus einer oder mehreren Aufgaben, die der Stelleninhaber zu erfüllen hat. Menschen werden in starkem Maße durch die Arbeit sozialisiert (Kohn & Schooler, 1973), können sie als Fluch oder als Segen erleben (Noelle-Neumann & Strümpel, 1984) und die in die Arbeit liegende Herausforderung einerseits als Glück, andererseits als Stress durch Unter- oder Überforderung in quantitativer oder qualitativer Hinsicht erleben. Seit geraumer Zeit gilt es auch als gesichertes Wissen, dass Qualifikation für die Arbeit in erster Linie im Prozess der Arbeit durch implizite Lernprozesse erfolgt (Staudt & Kriegesmann, 1999). Auch die Innovationsbereitschaft und -fähigkeit wird durch die Art der Aufgaben begünstigt bzw. reduziert. Die Vielzahl der auf diesem Gebiet vorliegenden Studien lässt sich vereinfachend dahingehend zusammenfassen, dass der jeweils in der Aufgabe liegende Handlungs- und Kontaktspielraum - zu verstehen als ein dreidimensionales Konstrukt - für den Stelleninhaber eine komplexe Herausforderung darstellt. Abbildung 1 verdeutlicht dies.

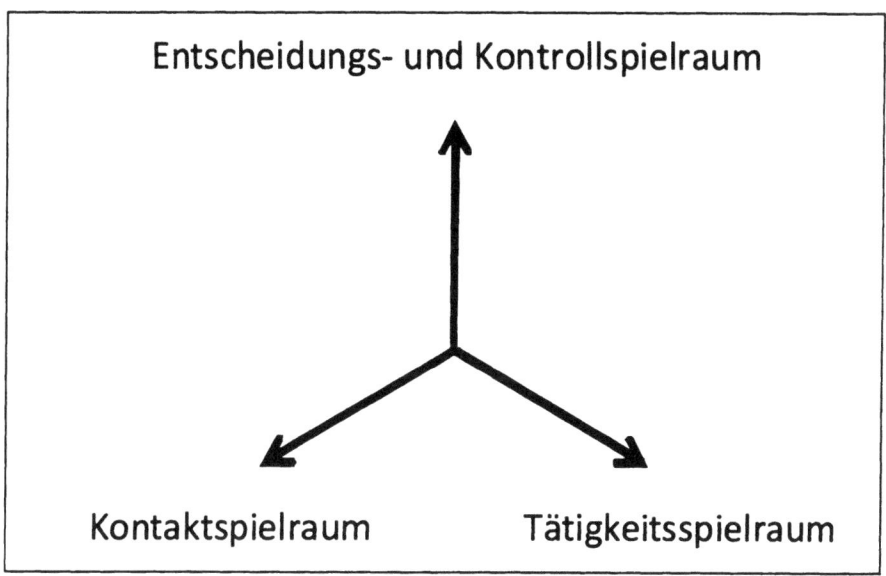

Abb. 1: Dimensionen einer motivierenden, innovationsförderlichen Arbeit

- Ein optimaler - keinesfalls maximaler - Tätigkeitsspielraum bedeutet, dass dem Mitarbeiter Abwechslung bei der Arbeit geboten wird
- der Entscheidungs- und Kontrollspielraum fordert vom Mitarbeiter die ihm übertragene Aufgabe selbst im Prozess und im Ergebnis zu kontrollieren

und die darin erforderlichen Entscheidungen weitgehend selbst zu treffen, während

- der Kontaktspielraum die Arbeit mit Anderen thematisiert, was zum einen in der Sache wechselseitige Anregung und in einem bestimmten Umfang organisationales Lernen sichert und zum anderen auf der Beziehungsebene soziale Unterstützung bei emotional erlebten Schwierigkeiten beinhaltet, so dass man vereinfacht sagen kann: Geteilte Erfolge sind doppelte Erfolge, geteilte Misserfolge sind halbe Misserfolge.

Konkret kann eine derartige die Innovationsfreude begünstigende Aufwertung von Tätigkeiten, z.B. erreicht werden durch

- Aufhebung von Kontrollen unter Beibehaltung der Verantwortlichkeit des Einzelnen
- Erweiterung der Verantwortung
- Übergabe einer ganzheitlichen Aufgabe an den Einzelnen
- Übertragung von Entscheidungskompetenzen auf dem Feld der zugewiesenen Aufgabe
- Übertragung neuer oder schwieriger Aufgaben, die jeweils für den Einzelnen ein Lernpotenzial beinhalten mit der Chance, auf diesem Feld zum Experten zu werden.

3.2 Die Ebene des Mitarbeiters

Es wurde zu Beginn bereits betont: Die Kreativität des Einzelnen, sein Potenzial „quer", also divergent, zu denken, sind eine notwendige, wenn auch keine zureichende Bedingung dafür, dass es zu Innovationen in Organisationen kommt. Entsprechend hat sich die persönlichkeitspsychologische Forschung eingehend mit der Frage beschäftigt, welche Persönlichkeitsmerkmale innovationsfördernd sind. So hat man für innovative Persönlichkeiten in Unternehmen - in der Kunst zeigt sich freilich Anders (Feist, 1999) - belegt, dass sie - im Sinne der „big five" - offen für neue Erfahrungen sind, wenig zur Konventionalität neigen, eine nicht allzu hohe Gewissenhaftigkeit aufweisen, sehr selbstsicher sind, sich selber akzeptieren, sowie ambitioniert, dominant und impulsiv sind. Nicht bestätigen ließ sich dagegen die These, dass Personen, die Innovationen auf den Weg brachten, ein stark ausgeprägtes divergentes Denken und ein geringes konvergentes Denken zeigen. Tatsächlich sind innovative Personen hinsichtlich beider Formen des Denkens überdurchschnittlich stark ausgeprägt. Sie gelangen einerseits auf Grund ihres divergenten Denkens zu originellen und kreativen Einfällen, prüfen dann aber auf Grund ihres konvergenten Denkens die Umsetzbarkeit und Fehlerfreiheit, um auf dieser Basis die Innovation möglich zu machen. Schließlich kommt, motivational betrachtet, eine erhebliche Persistenz hinzu, die zu einer Optimierung der Ideen beiträgt.

Wichtig für die Prognose innovativer Leistungen sind aber auch - selbst wenn der Effekt gelegentlich überschätzt wurde - die Intelligenz, dass domänenspezifische Wissen, das Informationssuchverhalten, eine auf Verbesserung ausgerichtete Motivation und intrinsische, auf die Umsetzung eigener Ideen gerichtete Motivation bei der Arbeit (Amabile, 1996).

Entsprechend sind dann auch in der Praxis, wenn Innovation im Unternehmen gefördert werden soll, Personalauswahl und Personalentwicklung zentrale Maßnahmen zur Optimierung des Innovationspotenzials. Für die Personalauswahl gelten dabei letztlich all jene methodischen Wege, die insgesamt in der psychologischen Eignungsdiagnostik (Schuler, 2006) beschrieben werden, nur eben fokussiert auf die spezielle, auf Innovation gerichtete Anforderungssituationen. Im Rahmen der Personalentwicklung kommt das gesamte Methodenarsenal, das innerhalb des Kreativitätstrainings üblich ist (Schlicksupp, 1999), zum Einsatz. Für viele dieser Trainingsmethoden ist es kennzeichnend, dass der kreative Prozess in Phasen zerlegt wird und die zu Trainierenden lernen sich innerhalb dieser Phasen besonders zu qualifizieren. Als derartige Phasen werden häufig genannt:

- Teilprobleme identifizieren
- Zugrunde liegende Probleme erkennen und benennen
- alternative Lösungen finden
- Lösungen beurteilen
- Implementierung der Lösungen planen
- Lösungen überzeugend darstellen (Isaksen, Dorvall & Treffinger, 1999).

Wie insgesamt bei einer psychologischen Deutung des Handelns sollte man freilich all das, was Menschen tun, als Funktion aus Person und Situation sehen. Die Bedingungen sollten so gestaltet und kommuniziert werden, dass die Situation veränderungsbedürftig und zugleich veränderbar erscheint (Gebert, 2007; Krause, 2004). Der Einzelne sollte also den Eindruck gewinnen, dass die Situation verbesserungsbedürftig ist und zugleich die Wahrscheinlichkeit als hoch erachten, dass ein Veränderungsbemühen zum Erfolg führt, dass also Kontrolle über die Situation besteht. Dies hat erhebliche Bedeutung für die Führung, worauf (3.4) noch eingegangen werden wird. Zunächst allerdings gilt es auf diesem Gebiet die häufig feststellbare „Tendenz zum problemlosen Feld" zu überwinden, also die bei vielen Menschen bestehende Neigung, das Gewohnte als unveränderbar zu interpretieren. Diese Tendenz zeigt sich häufig in der Verleugnung des Problems, in der Annahme, das Ganze sei „unlösbar" oder es werden vorschnell unbedachte Lösungsvorschläge entwickelt. Dagegen gibt es verschiedene Hilfsstrategien, z.B. die, dass Außenstehende die Situation kritisch werten, bevor sie sich an diese gewöhnt haben, was z.B. für ein systematisches Job rotation im Unternehmen spricht. Der Einzelne kann aber selbst in einer reflektierenden Weise die Unzulänglichkeiten der Situation auflisten, diese bewerten und dann gezielt auf die zuvor aufgefundenen Unzulänglichkeiten hin seine Vorschläge entwickeln. Für die Steigerung der subjektiven Wahrscheinlichkeitseinschätzung der Mitarbeiter, dass das Entwickeln von Vorschlägen sinnvoll ist, spricht eine Führung, die offen für negatives Feedback von Unten ist, bei der also die Geführten den Eindruck gewinnen, dass ihre Verbesserungsvorschläge nicht nur angehört, sondern - falls möglich - auch umgesetzt werden (Gebert, 2007), so dass sie das Gefühl der Kontrolle über die eigene Situation gewinnen. Aber auch die Implementierung eines adäquaten betrieblichen Vorschlagwesens, die Einführung von Lernstattgruppen oder Qualitätszirkeln kann dazu beitragen.

Die Dynamik der dabei ablaufenden Prozesse ließe sich exemplarisch am viel zitierten Arbeitszufriedenheitsmodell von Bruggemann, Groskurth & Ulich (1975) zeigen, dass Abbildung 2 visualisiert.

Bedingungen von Innovation im Unternehmen 113

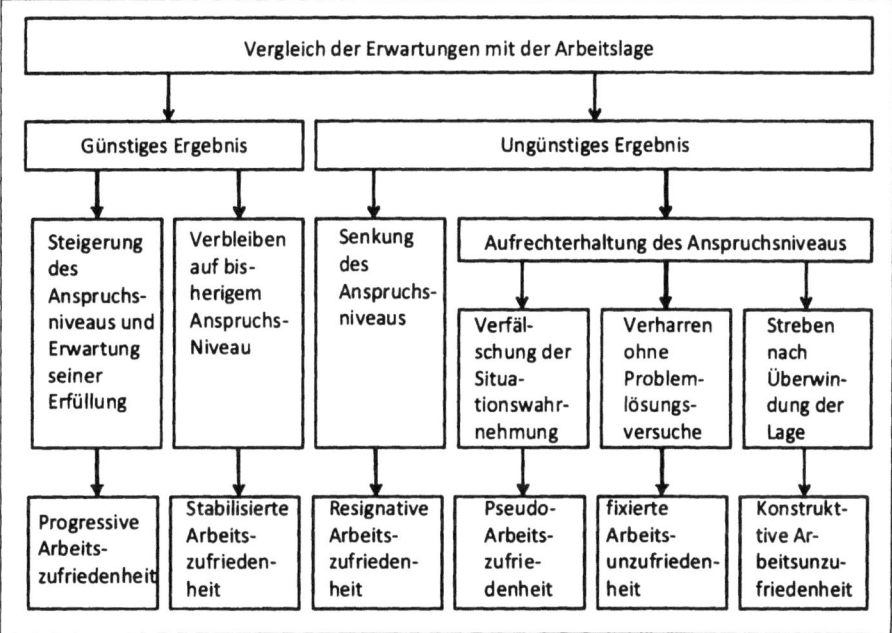

Abb. 2: Formen der Arbeitszufriedenheit und Arbeitsunzufriedenheit nach Agnes Bruggemann

Nach diesem Modell, innerhalb dessen das Anspruchsniveau der zentrale theoretische Ansatz ist, ergibt sich Zufriedenheit aus dem Vergleich der eigenen Erwartungen und der wahrgenommenen Arbeitslage. Fällt der Vergleich positiv aus, so entsteht zunächst einmal Zufriedenheit, auf die aber die Person ganz unterschiedlich reagieren kann. Einige erhöhen ihre Ansprüche, was dann zu einer progressiven Arbeitszufriedenheit führt, die dann auch eher Veränderungsbereitschaft und Innovationsfreude fördert, während andere bei ihren bisherigen Ansprüchen bleiben, woraus sich eine stabilisierte Arbeitszufriedenheit ergibt, von der kaum Innovationsimpulse zu erwarten sind. Fällt der Vergleich zwischen der Erwartung und der wahrgenommenen Lage am Arbeitsplatz jedoch ungünstig aus, so senken viele ihre Ansprüche, was dann resignative Arbeitszufriedenheit zur Folge hat, die bis zur „inneren Kündigung" führen kann. Andere dagegen halten ihre Ansprüche aufrecht, verarbeiten aber die sich daraus ergebende Dissonanz höchst unterschiedlich. So gibt es jene, die die Situationswahrnehmung verfälschen, die - um das umgangssprachlich zu formulieren - sich oder anderen etwas vormachen, wie dies in eindrucksvoller dichterischer Form Arthur Miller in seinem Drama „Der Tod des Handlungsreisenden" gezeigt hat. Wiederum andere halten die Dissonanz aufrecht und machen sich dadurch Luft, dass sie über die Situation klagen, ohne sich ernsthaft um deren Verbesserung zu bemühen. Dies scheint - zumindest in Deutschland - weit verbreitet zu sein, denn Frieling (2001) zeigte bei der Inhaltsanalyse von arbeitsplatznahen Diskussionsgruppen, dass auf einen konstruktiven Vorschlag ca. 50 „Jammereinheiten" kamen. Schließlich allerdings gibt es eine dritte Teilgruppe, deren Mitglieder angesichts der unbefriedigenden Situation deren Verbesserung anstreben. Hier spricht man von konstruktiver Arbeitsunzufriedenheit, die besonders häufig zu Innovations- und Verbesserungsvorschlägen führen kann. Eine derartige Copingstrategie ist kein stabiles Persönlichkeitsmerkmal, sondern kann vom Unternehmen, insbesondere von den Führenden, dadurch herbei geführt werden, dass die Betroffenen den Eindruck gewinnen, dass ihre kritischen Anmerkungen aufgenommen werden und Verbesserungen der Lage nach sich ziehen. Sie gelangen also zum Gefühl der Kontrolle über die eigene Situation.

3.3 Die Ebene der Gruppe

Gruppenarbeit hat auf nahezu allen Ebenen der Organisation in den letzten Jahrzehnten deutlich zugenommen. Das hat vielerlei Gründe (vgl. zusammenfassend v. Rosenstiel 2007); ein besonders wichtiger liegt wohl darin, dass die zu bewältigenden Aufgaben immer komplexer werden, so dass ein Einzelner - selbst wenn er ein Fachspezialist ist - sie nicht allein bewältigen kann, sondern mit anderen, die ein anderes Wissen, die andere Fähigkeiten und Fertigkeiten haben, bei der Lösung kooperieren muss. Ein besonders bekanntes Beispiel dafür sind die auf begrenzte Zeit zur Bewältigung einer Aufgabe interdisziplinär zusammengesetzten Projektgruppen. Wann aber und unter welchen Bedingungen lassen sich von derartigen Gruppen Innovationen erhoffen?

Gruppengröße und Struktur
Gruppenarbeit ist stets dadurch gekennzeichnet, dass es Prozessgewinne und -verluste gibt. Bedenkt man, dass in einer Gruppe mit der Anzahl ihrer Mitglieder die Interaktionsmöglichkeiten stark positiv beschleunigt ansteigen, so ist offensichtlich, dass in großen Gruppen die Prozessverluste überproportional wachsen, während die Prozessgewinne vermutlich sogar sinken. Dies hat zur Konsequenz, dass man die Größe der Gruppe rigoros nach Oben begrenzen sollte, wenn Innovationen angestrebt werden. Die Forschung setzt hier die Obergrenze bei 5 bis 7 Personen an (Brandstätter, 1989). Bei einer derartigen überschaubaren Gruppengröße ist dann auch eine Vollstruktur der Kommunikation möglich, also der unmittelbare Kontakt eines jeden mit jedem. Eine derartige Kommunikationsvernetzung erweist sich dann bei der Lösung schwieriger und komplexer Probleme als überlegen - verglichen mit einer „Sternstruktur" - bei der alle

Kommunikationen über eine Person, in der Regel den Führenden, laufen (Hellriegel & Slocum, 1974).

Konformität in Gruppen
Menschen in Gruppen neigen dazu sich selber Normen zu geben, sei es auf den Gebieten des Handelns, des Denkens oder bei anderen Verhaltensindikatoren, wie etwa der Kleidung, der privaten Vorlieben etc. Diese Neigung zur Konformität wächst mit dem Gruppenzusammenhalt, der sog. Kohäsion. Dies verhindert eigenwillige Wege einzelner Gruppenmitglieder, da eine Abweichung von den selbst gesetzten Normen der Gruppe zu Sanktionen durch die übrigen Gruppenmitglieder bis hin zum Ausschluss aus der Gruppe führen kann, was für den Einzelnen besonders schmerzhaft ist, wenn die Gruppe für ihn attraktiv, die Kohäsion also hoch ist. Entsprechend findet man häufig, dass hohe Kohäsion zwar die Zufriedenheit der Einzelnen in der Gruppe erhöht, ihre Leistungsfähigkeit bei innovativen Aufgaben aber reduziert. Einzelne wagen es dann einfach nicht mehr, von der Gruppenmehrheit abweichende Vorschläge zu unterbreiten. Besonders drastisch hat dies Janis (1972) am Beispiel politischer Entscheidungssitzungen der Kennedy-Ära gezeigt. Er konnte nachweisen konnte, dass durch eine Illusion der Unverwundbarkeit der eigenen Gruppe, kollektive Rationalisierungen, Abbau moralischer Bedenken, abwertende Verdrängung der eigenen Zweifel und eine Überschätzung der Einmütigkeit der Meinungen innerhalb der Gruppe und deren Abschirmung vor Kritik von Außen dramatische Fehlentscheidungen die Folge waren. Janis & Mann (1977) haben dann eine Reihe von Regeln entwickelt, die man in der Gruppe beachten sollte und die sich z.T. darauf beziehen, wie man die Einengung der Ideenvielfalt trotz hoher Gruppenkohäsion vermeiden kann.

Gruppenzusammensetzung
Es ist offensichtlich und vielfach nachgewiesen (Högl & Gemünden 2000), dass die Art und Weise, wie Teammitglieder ausgewählt werden und das Team sich dann entsprechend zusammen setzt, für dessen Leistung ausschlaggebend ist. Hier ist offensichtlich, dass die entsprechenden Personen die Struktur der zu lösenden Aufgaben durch ihre einander ergänzende fachliche Kompetenz repräsentieren sollten und dass sie auch fähig und willig für die Teamarbeit sein müssen. Hinsichtlich der Gruppenzusammensetzung ist allerdings in jüngerer Zeit ein weiterer Aspekt hinzugekommen, die Heterogenität oder Diversität mit Blick auf ganz unterschiedliche Merkmale wie z.B. Geschlecht, Lebensalter, ethnische oder religiöse Zugehörigkeit, sexuelle Orientierung etc. Vielfach ist die Hoffnung geäußert worden, dass eine derartige Vielfalt zu einer Häufung unterschiedlicher Ideen führt und damit die Kreativität und die Innovationskraft der Gruppe nachhaltig befördert (Adler, 2000). Derartige Hoffnungen allerdings wurden

durch die empirische Forschung widerlegt. Zumindest muss man mit Blick auf die Diversität Optimum und Maximum unterscheiden. Wenn äußerst heterogen zusammengesetzte Gruppen, auf diese Unterschiedlichkeit nicht vorbereitet, an die Arbeit gehen, steigen in der Regel die Missverständnisse und Konflikte, worunter die Leistung leidet. Es gilt also bei der Gruppenzusammensetzung zum einen die Diversität nach oben zu begrenzen und zugleich die Gruppenmitglieder auf die Besonderheit der Gruppenzusammensetzung vorzubereiten und den Umgang damit zu trainieren. Brodbeck (1999) drückt dies wie folgt aus: „Synergie is not for free".

Teamentwicklung
Eine naive, in der Praxis aber implizit häufig vertretene Auffassung geht dahin, dass es ausreiche, die für die Aufgabenstellung fachlich kompetenten Gruppenmitglieder zusammenzufügen, damit diese dann an die Aufgabenbewältigung gehen. Dabei wird vergessen, dass Menschen bestimmte Phasen durchlaufen müssen, bis aus dem Nebeneinander eine wirklich leistungsorientierte Gruppe wird. Tuckman (1965) hat diese Phasen als

- Forming (man lernt sich gegenseitig kennen)
- Storming (die Gruppenstruktur, insbesondere die „Hackordnung" wird austariert)
- Norming (die Gruppe einigt sich implizit oder explizit auf bestimmte Spielregeln)
- Performing (man kommt zur eigentlichen Arbeit)

benannt und beschrieben.

Dieser Prozess der Teamentwicklung lässt sich systematisch gestalten und damit durch gezielte Trainingsmaßnahmen beschleunigen. Hier können die Gruppenmitglieder u.a. lernen, wie sie mit Unterschiedlichkeit umgehen und trotz hohem Gruppenzusammenhalts abweichende Auffassungen und Ideen nicht nur dulden, sondern als positiv für den Gruppenprozess erleben. Wie wichtig dabei, wenn es um Innovationen geht, ein innovationsorientierter Teamgeist ist, wie man in Gruppen mit Barrieren und Widerständen gegen Kreativität umgeht und welche Dilemmata sich aus der Innovationsförderung in Gruppen ergeben, hat Gebert (2007) differenziert beschrieben.

Gruppenklima
Der aus der Meteorologie stammende Klimabegriff hat sich - angeregt durch Vorarbeiten von Kurt Lewin - in Analogie auf soziale Systeme übertragen. So spricht man etwa von einem Schul-, Krankenhaus-, Betriebs- oder Organisationsklima und natürlich auch vom Klima in einer Gruppe, das man mit Worten wie Wärme, Offenheit, Leistungsorientierung oder eben auch innovationsförderlich (Brodbeck & Maier, 2001) beschreiben kann. West (1990) hat die in der Gruppe gegebene Unterstützung für Innovation wie folgt umschrieben: Es sei das Ausmaß, in dem innovationsfreundliche soziale Normen und Erwartungen im Team bestehen. Dafür ist wichtig, dass die Teammitglieder neuen Ideen gegenüber aufgeschlossen sind und sie nicht durch Koalitionsbildung oder Machkämpfe behindern. Dieser Aspekt des Klimas lässt sich neben andern Klimadimensionen mit Hilfe geeigneter Fragebogen erfassen, wobei dann im Rahmen des Teamentwicklungstrainings die aufgefundenen Werte im Fragebogen dafür dienen, dass die Gruppe sich kritisch damit auseinander setzt und unter Leitung eines Moderators selbstorganisiert Verbesserung herbeiführt.

3.4 Die Ebene der Führung

Personale Führung lässt sich als Interaktionsprozess in sozialen Einheiten beschreiben, wobei es sich konkret um gezielte und bewusste Einflussnahme mit Hilfe der Kommunikationsmittel handelt. Dabei ist diese Wechselseitigkeit in Organisationen meist asymmetrisch, d.h. primär steuert und kontrolliert der Führende das Handeln der ihm unterstellen Mitarbeiter, wobei die Bedeutung des Einflusses von Unten nach Oben nicht unterschätzt werden soll. Der Einfluss des Führenden kann sich auf ganz verschiedenen Geführten-Verhaltensweisen richten, so etwa auf deren Anstrengung oder Fehlerfreiheit bei der Aufgabenverrichtung, auf Pünktlichkeit und Gewissenhaftigkeit, auf Kooperativität und Hilfsbereitschaft etc. aber sich eben auch als innovationsförderlich ausweisen. Gebert (2007), hat den Einfluss der Führung auf Innovation detailliert und untersucht und dabei die Bedeutung des Führungshandelns klar herausgestellt. So gilt generell, dass transformationale Führung (Bass & Avolio, 1990) die Innovationsbereitschaft in der Geführtengruppe dadurch deutlich fördert, dass sie durch ihre visionär-charismatische Komponente Orientierung liefert und Unsicherheit bei den Geführten beseitigt, Begeisterung schafft und deren Integration ins Team befördert und damit die Geführten innovationsbereiter macht. Insgesamt ist davon auszugehen, dass durch die visionären Momente der transformationalen Führung ein neuer Sollwert entwickelt wird, der eine kritische Auseinandersetzung mit dem Status Quo begünstigt, dass durch die intellektuelle Stimulierung die Geführten - z.T. auch durch das Vorbild des Führenden - prinzipiell neue Alternativen des Denkens nahe gelegt und die Situation als veränderungsfähig erlebt wird. Entsprechend konnten dann auch deutliche positive Korrelationen zwischen dem Ausmaß der transformationalen Führung und der Innovativität in Projektgruppen nachgewiesen werden (Keller, 1992). Insgesamt kann der Führende Innovationsbereitschaft bei den Geführten dadurch erreichen, dass er das Anspruchsniveau anhebt, sichtbar Vertrauen in die Geführten zeigt, ihnen Partizipationsmöglichkeiten im Diskurs bietet, Barrieren bei den Geführten gegen eine kritischen Aufwärtskommunikation ausräumt und schließlich die Erfahrung vermittelt, dass abweichende und innovative Vorschläge beachtet werden und wenn möglich Berücksichtigung finden, so dass die Einzelnen in ihrem Gefühl, die eigene Situation kontrollieren und ändern zu können, gestärkt werden.

3.5 Die Ebene der Organisation

Organisationen lassen sich als

- der Umwelt gegenüber offene Systeme
- die zeitlich überdauernd existieren
- spezifische Ziele verfolgen
- soziale Gebilde sind
- und eine bestimmte Struktur aufweisen, die meist durch Arbeitsteilung und einer Hierarchie der Verantwortung gekennzeichnet sind,

umschreiben.

Organisationen geben den Rahmen dafür ab, dass Gruppen oder einzelne Personen in Koordination miteinander bestimme Aufgaben erfüllen, wodurch die Ziele oder Zwecke der Organisation realisiert werden. Organisationen haben eine bestimmte Struktur, in ihnen laufen spezifische Prozesse ab und da diese von Menschen getragen sind, bildet sich innerhalb der Organisation ein bestimmtes soziales Klima und eine für sie kennzeichnende Kultur. All dies hat Einfluss auf die Innovation.

Organisationsstruktur
Weber (1922) hat in seinem bekannten Versuch Organisationen zu beschreiben und voneinander zu differenzieren bestimmte Beschreibungskategorien gewählt, die bis heute hilfreich bei der Analyse von Organisationen sind:

- Spezialisierung als Grad der Aufgliederung der Tätigkeit in abgrenzbare, vom Rollenträger zu übernehmenden Tätigkeiten

- Standardisierung als Anteil der Routineverfahren an der Gesamttätigkeit
- Formalisierung als Grad der schriftlichen Fixierung von Verfahren, Regeln, Anweisungen, Aufgaben
- Zentralisierung als Grad der Konzentration der Entscheidungsautorität
- Konfiguration als Struktur, in der z.B. die „Steilheit" oder der Prozentsatz des Verwaltungspersonals etc. eingehen.

Faktorenanalytische Klassifikationen dieser Kategorien erbrachten vier gut interpretierbare Kategorien, nämlich

- Strukturierung der Tätigkeiten, bestimmt durch Standardisierung, Spezialisierung und Formalisierung
- Konzentration der Autorität, zu verstehen als Zentralisierung
- Linienkontrolle, zu verstehen als Prozentsatz der Vorgesetzten in der Linie sowie
- relative Bedeutung der Hilfsfunktionen, zu verstehen als Prozentsatz der Verwaltungsangestellten am Personal.

Vereinfacht lässt sich sagen, dass eine hohe Ausprägung in diesen zuletzt genannten Dimensionen die Innovation in der Organisation behindert. Will man positiv formulieren, was Innovation wahrscheinlicher macht, so lassen sich folgende Punkte benennen:

- hohe Aufgabenkomplexität
- Ausgeprägter Informationsaustausch innerhalb der Organisation
- kritisches Feedback von Unten nach Oben
- intensive Außenkontakte
- geringe Zentralisierung und
- geringe Standardisierung

All dies spricht dort, wo eine hohe Innovationsrate das Ziel ist, gegen herkömmliche, die Hierarchie stark betonende, starre Linien oder Stab-Linien-Organisation und für die Einführung der sehr viel flexibleren Matrix-, Netzwerk- oder Clan-Organisationen (Friedel-Howe, 1994). Da nun aber die Grenzziehung zwischen Struktur und Prozess bei der Organisationsanalyse fließend ist (v. Rosenstiel, 2007) und es sogar Versuche gibt, die Organisation als das Insgesamt der sich stabilisierenden kommunikativen Prozesse in der Organisation zu verstehen

(Kahn, 1977), ist damit bereits die Fragen nach den innovationsförderlichen organisationalen Prozessen z.T. beantwortet.

Organisationale Prozesse

Die Hinweise auf die Matrix-, Netzwerk-, Projekt- oder Clan-Organisation lassen bereits vermuten, welche Prozesse in der Organisation innovationsförderlich sind: es sind die Möglichkeiten zur von wenigen Barrieren behinderten offenen Kommunikation innerhalb der Organisation und über deren Grenzen hinweg. So zeigte etwa Meissner (1989) am Beispiel zweier Unternehmen der Elektronikbranche, dass kein anderes Personen- oder Organisationsmerkmal Innovation so gut prognostizierte, wie die Möglichkeit jenseits des Dienstweges mit anderen Personen in der Organisation Kontakt aufnehmen zu können; Schrader (1990) konnte nachweisen, dass die Unternehmen, deren Mitarbeiter aus Forschungs- und Entwicklungsbereichen mit Kollegen der Konkurrenz offen über ihre Projekte sprechen, was dem Kritiker fast als Sakrileg oder gar Werkspionage erscheinen mag, besonders erfolgreich waren. Inzwischen gibt es eine Vielzahl von Hinweisen darauf, dass die Innovationsrate in solchen Unternehmen besonders hoch ist, die einen intensiven Kontakt mit ihren Kunden pflegen und ausgewählte Kunden in ihre Produktentwicklung und somit in ihr Innovationsmanagement einbeziehen (Reichwald, Ihl & Seifert, 2005). Damit sind Argumente dafür gefunden, die Organisation im Sinne einer offenen Gesellschaft (Popper, 1980) zu interpretieren. Popper plädiert ja - vereinfacht ausgedrückt - dafür, die Gesellschaft wie ein naturwissenschaftliches Experiment zu interpretieren, d.h. Vermutungen zu formulieren, offen für abweichende Auffassungen zu sein, all dies zu erproben und schließlich das relativ Beste zu wählen, bis das noch Bessere an dessen Stelle tritt. Dies schließt die Auffassung ein, dass man insbesondere aus Fehlern sehr viel lernen kann. Als Konsequenz ergibt sich das viel zitierte Diktum: „Lasst die Ideen sterben, nicht die Menschen!". (Gebert & Boerner (19959 haben diese Idee auf Organisationen der Wirtschaft übertragen und ein Verfahren entwickelt, mit dessen Hilfe die Geschlossenheit bzw. Offenheit der Organisation einzuschätzen ist. Dabei zeigt Abbildung 3, an welche Dimensionen die Autoren denken.

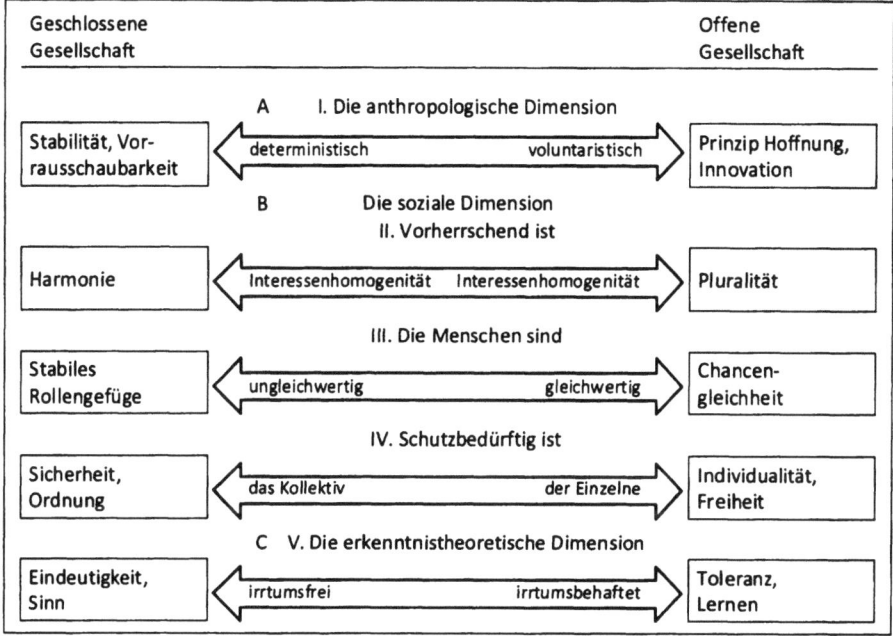

Abb. 3: Wertemuster und Bewusstseinsdimensionen der offenen und der geschlossenen Gesellschaft nach Gebert und Boerner (1995).

Selbstverständlich wird in der Praxis stets ein Kompromiss zwischen der Offenheit und der Geschlossenheit gefunden werden müssen, doch dürfte ein relativ hohes Maß an Offenheit die Innovationsrate begünstigen.

Organisationsklima und -kultur
Organisationen lassen sich - das wurde bereits betont - auch als soziale Systeme interpretieren, also als ein Zusammenspiel von Menschen. Wo aber Menschen über eine längere Zeit kooperieren, bildet sich zwischen ihnen sowie zwischen ihnen und ihrem Umfeld ein bestimmtes Klima, und es entsteht Kultur. Klima und Kultur sind einerseits Ergebnis menschlichen Erlebens und Handelns und wirken andererseits darauf zurück.

Das Organisationsklima wird dabei häufig in Anlehnung an Tagiuri (1968) als die relativ überdauernde Qualität der inneren Umwelt der Organisation beschrieben, die

- durch ihre Mitglieder erlebt wird
- ihr Verhalten beeinflusst und
- durch die Werte einer bestimmten Menge von Merkmalen eine Organisation beschrieben werden kann.

Bei der Operationalisierung der Organisationsklimas (Payne, Fineman & Wall, 1976) bezieht man sich häufig auf die Facettenanalyse (Guttman, 1954) und

- sieht in der Analyseeinheit das Wir, das soziale Aggregat,
- im Analyseelement die Organisation einer Unternehmenseinheit oder das gesamte Unternehmen, sowie
- in der Art der Messung die Beschreibung,

so dass danach entsprechend das Organisationsklima die nicht wertenden Beschreibung von Organisationsgegebenheiten auf Belegschaftsebene wäre.

Neuberger (1987) nennt als Dimensionen des Klimas auf Grund einer Analyse der vorliegenden Literatur die folgenden Dimensionen:

- Strukturierung
- Autonomie
- Rücksichtnahme und Wärme
- Zielausrichtung
- Konflikt vs. Zusammenarbeit
- Belohnung und Sanktionen
- Flexibilität
- Unterordnung

Es ist offensichtlich und z.T. auch empirisch belegt, dass etwa Strukturierung, Rücksichtnahme, Konflikt oder Unterordnung Innovativität in der sozialen Einheit nicht eben fördern, sondern z.T. sogar behindern, während Autonomie, Zielausrichtung und Flexibilität in einer positiven Beziehung zur Innovation stehen.

Während sich das Organisationsklima in einer positivistischen Weise über Erhebungsinstrumente erfassen lässt, ist dies bei der Unternehmenskultur (Schein, 2004) kaum befriedigend der Fall. Hier ist man darauf angewiesen die Mythen und Geschichten, die sozialen Interaktionen oder die Artefakte, die sich in Unternehmen gebildet haben, interpretierend zu deuten, wobei damit zugleich gesagt wird, dass hier die Auffassung vertreten wird, dass das Unternehmen eine Kultur „ist" und keineswegs nur Kultur „hat". Demnach ist alles, was im Unternehmen geschieht oder sich gebildet hat aus einer bestimmten Betrachtungsperspektive Teil der Kultur.

Kultur lässt sich dabei (Neuberger, 1989)

- als die Gesamtheit der von Menschen geschaffenen, bzw. weitergegebenen und damit zeit- und gruppenspezifischen Inhalte und Gestaltungen verstehen
- die weithin akzeptiert, gemeinsam, bzw. von (fast) allen geteilt werden
- ein relativ stimmiges System oder ein kohärentes Muster (eine „Ganzheit") bilden, was jedoch eine antagonistische Subkultur nicht ausschließt.
- Inhalt und Formen sind spezifisch und einmalig (Unterscheiden eine Gruppe oder Epoche von anderen, machen ihren „Typ", „Charakter", „Stil" aus),
- sind ständig im Wandel (werden immer neu interpretiert, weitergeben, umgeformt,
- sind zugleich Ergebnis wie Mittel sozialer Interaktionen und manifestieren sich in konkreten Produkten und Praktiken und
- erfassen und durchdringend den ganzen Lebensprozess und können (funktionalistisch) auf die Bewältigung wichtiger Probleme bezogen werden.

Eine derartige Kultur findet sich nun nicht nur bei den Buschleuten im südlichen Afrika oder den Bankern im modernen New York, sondern eben auch in einem seit längeren bestehenden Familienunternehmen oder einem tradierten Großkonzern. Obwohl die Unternehmenskultur in der psychologischen Forschung schon seit mehr als einem Jahrhundert ein diskutiertes Thema ist (Jaques, 1951), hat es erst dann ein breites Interesse gefunden, seit - freilich umstrittene - empirische Untersuchungen die Vermutung nahe legten, dass Unternehmenskultur eine Quelle des Erfolgs und der Innovation im Unternehmen ist. (Peters & Waterman, 1984) verglichen, nach Branchen differenziert, jeweils erfolgreiche mit nicht erfolgreichen Unternehmen und fanden, dass nicht Strukturen, Strategien und Systeme („harte S") sondern soziale Qualifikationen und Fertigkeiten bei Managern, Stellenbesetzung und Stil („weiche S") für den Erfolg des Unternehmens besonders wichtig sind und leiten aus ihren Analysen ab, dass es auf Folgendes ankomme:

- Primat des Handelns
- Nähe zum Kunden

- Freiraum für Unternehmertum
- Produktivität des Menschen
- Sichtbar gelebtes Wertsystem
- Bindung an das angestammte Geschäft.

All dies lässt sich relativ gut im Rahmen eines Kulturkonzepts, in dessen Zentrum geteilte Werte stehen, interpretieren. Neuere Studien von Denison (1996) gehen dabei von vier Dimensionen aus und zwar:

- „Adaptability" = flexible Anpassung
- „Mission" = Vision
- „Involvement" = emotionale Bindung
- „Consistence" = Geschlossenheit

Aufbruch und Innovation ist vor allem in solchen Unternehmen zu erwarten, in denen die Adaptability im Sinne einer Konzentration auf Märkte und Kunden hoch ist, eine gemeinsame Vision entwickelt wird, Involvement durch Einbindung der Mitarbeiter die Entscheidungsprozess erhöht wird, sowie die Consistence durch ein Weniger an Formalisierung und Fixierung verringert wird.

Center-of-Excellence-Kulturen als Voraussetzung für Innovation
Aus unserer Sicht ist eine Grundlage für innovatives Verhaltens in allen Phasen des Innovationsprozesses eine bestimmte Unternehmenskultur, nämlich die so genannte Center-of-excellence-Kultur, die sich aus mehreren Subkulturen zusammensetzt (Frey, Kerschreiter & Mojzisch, 2001). Ohne diese Center-of-excellence-Kulturen als Grundlage wird es nur schwer möglich sein, die spezifischen Merkmale, die für Kreativität und Innovation förderlich sind, zu vermitteln und zu implementieren.

Unter einem *Center of Excellence* verstehen wir Teams, Abteilungen oder ganze Unternehmen, die höchsten Standards verpflichtet und in diesen führend sind. Diese Spitzenleistung kann sich auf verschiedene Kriterien wie Serviceleistungen, innovative Produkte, oder die Adaptation an Marktveränderungen beziehen. Eine derartige Spitzenleistung korrespondiert mit der Ausprägung so genannter Center-of-Excellence-Kulturen (siehe Abbildung 4).

Aus dem Pool der Center-of-excellence-Kulturen (siehe Frey, 1998; Frey et al., 2001) greifen wir die wichtigsten heraus, die unseres Erachtens für Innovationen besonders relevant sind.

- Kundenorientierungskultur
- Benchmark-Kultur
- Problemlösekultur
- Fehlerkultur
- Lern- und Zukunftskultur
- Streit- und Konfliktkultur
- Frage- und Neugierkultur
- Phantasie- und Kreativitätskultur
- Team- und Synergiekultur

Abb. 4: Kulturen für ein Center of Excellence nach Frey

Kundenorientierungskultur
Für die Umsetzung einer Kundenorientierungskultur ist es notwendig, dass jeder Mitarbeiter und jede Abteilung sich als Service-Center definiert und das Ziel verfolgt, mit seinen Produkten, Prozessen und Dienstleistungen höchste Kundenzufriedenheit zu erreichen. Richtig verstandene Kundenkultur bewirkt fast „automatisch" einen Prozess von Innovationen, da die Frage gestellt wird: „Was braucht der Kunde und wo will er in Zukunft stehen?"

Idealerweise finden also Innovationen immer in Zusammenarbeit mit dem Kunden statt, denn er weiß sehr oft am besten, in welche Richtung seine Problemlösungen gehen sollten, um erfolgreich zu sein. Viele Firmen haben deshalb so genannten Kundenforen, in denen sie nicht nur Verbesserungsvorschläge von Kunden für Produkte und Serviceleistungen aufnehmen, sondern wo Kunden quasi eine Reise durch einen anderen Planeten unternehmen, um mit Fantasie Produkte und Dienstleistungen zu kreieren, die in Zukunft für sie relevant werden könnten.

Benchmark-Kultur
Mitarbeiter und Abteilungen einer Firma mit einer Benchmark-Kultur wissen, wo die eigenen Stärken und Schwächen liegen. Sie orientieren sich an den Besten der Konkurrenz, um zu erkennen, welche Prozesse und Produkte im eigenen Unternehmen optimiert werden können (best practice). Dabei sollten immer folgende Grundsatzfragen im Vordergrund stehen:

126 Was fördert Innovation im Unternehmen?

- Was machen die innovativsten Unternehmen weltweit sowohl in der eigenen Branche als auch in fremden Branchen und was kann man von ihnen lernen?
- Was machen die besten innovativen Abteilungen im eigenen Unternehmen und was kann man von ihnen lernen?

Benchmarkkultur bedeutet nicht exakt nachzumachen, was andere tun. Sondern es bedeutet, dass man weiß, was das Benchmark ist. Jede Firma muss dann selber schauen, inwieweit sie einen Einklang findet zwischen ihrer eigenen Tradition und dem Benchmark.

Problemlösekultur
Jedes Mitglied eines Spitzenunternehmens muss sich als Problem*löser* und nicht nur als Problem*thematisierer* verstehen. Probleme sind Chancen und Herausforderungen zur Weiterentwicklung. Mitarbeiter müssen in Möglichkeiten, statt in Schwierigkeiten denken. Dabei sollen Sie sich nicht als Teil eines Problems, sondern als Teil einer Lösung verstehen. Problemlösekultur - richtig umgesetzt - bewirkt einen Prozess der kontinuierlichen Optimierung in Richtung Prozess-, Produkt- und Serviceinnovationen.

Fehlerkultur
In einer konstruktiven Fehlerkultur werden Fehler nicht ignoriert, vertuscht oder mit Schuldzuweisungen verbunden. Vielmehr werden sie als Chance gesehen, Fehlentscheidungen kritisch zu reflektieren und in Zukunft bessere Lösungen zu finden. In einem Center of Excellence werden Fehler als Möglichkeit zur kontinuierlichen Entwicklung betrachtet, so dass ein erneutes Auftreten des Fehlers verhindert wird. Eng verwandt sind Beschwerdekulturen, in denen Mängel von internen oder externen Kunden selbstkritisch und ohne negative Konsequenzen analysiert und konstruktiv beseitigt werden. Beschwerden und Ärgernisse sowohl von Mitarbeitern als auch von Kunden und Lieferanten sind ein Alarmsignal und zugleich eine Chance für Verbesserungen. Jedes Spitzenunternehmen wird deshalb Strategien entwickeln (Beschwerdebücher, Beschwerdetelefone mit direktem Zugang zur Geschäftsführung), um aus Beschwerden und Ärgernissen zu lernen.

Wie bei Toyota sollte man bei Fehlern immer fünf Warum-Fragen stellen. Also nicht fragen „Wer ist schuld?", sondern „Was ist schuld?". Diese fünf Warum-Fragen eröffnen die Chance, dass man tatsächlich in den Eisberg hinein gehen kann. Solche Fragen können sein: *Warum gab es im Bereich von Herrn Schmidt Kundenbeschwerden? - Er war im Urlaub und hat deshalb die Emails nicht beantwortet. Warum hat der Stellvertreter Müller das nicht gemacht? - Er wusste es nicht. Warum wusste er es nicht? - Die beiden tauschen sich wenig aus. Warum habe ich als Abteilungsleiter das nicht längst gemerkt? - Weil ich andere Prioritäten setze; ich korrigiere die Briefe meines Mitarbei-*

ters Schulz. Warum tue ich das, anstatt mich um die Führungsaufgaben zu kümmern? - Ich bin im Grunde wohl als bester Fachmann zur Führungskraft ernannt worden, und nicht als geeignete Führungskraft.

Diese fünf Warum-Fragen bei Fehlern dienen dazu zu transportieren, dass Fehler immer multiple Ursachen haben, aber dass die Kenntnis der Ursachen erste Anzeichen zur Lösung bietet, und dass die Führungskraft letztlich immer mit verantwortlich ist.

Eine professionelle Fehlerkultur bedeutet, den Prozess von Innovationen in Gang zu setzen. Fehler sind letztlich immer Chancen für Innovationen.

Streit- und Konfliktkultur
Konflikte gehören zum Arbeitsalltag. Daher ist nicht der Konflikt selbst, sondern die Art des Umgangs, die Konfliktaustragung, entscheidend. Interessenskollisionen und Konflikte können - als Chance erkannt - konstruktiv gelöst werden. Sie führen - anstatt Energie abzuziehen oder gar Stagnation oder Rückschritt zu bewirken - oft sogar zu Prozess- und Produktinnovationen. Da Innovationen fast immer mit Streit und Konflikten verbunden sind, weil Bestehendes in Frage gestellt wird, ist eine konstruktive Streit- und Konfliktkultur notwendige Bedingung.

Phantasie- und Kreativitätskultur
Zur Förderung eines gewissen schöpferischen Chaos sind Querdenken und Phantasie gefragt. Flexibilität im Denken und Verhalten ist dringend erforderlich - starres Perfektionsstreben verhindert Kreativität und Innovation. Es geht darum, Regeln zu minimieren, bei Vorschriften Ausnahmen zuzulassen und Querdenkern und vorausschauenden Systemdenkern mehr Raum und Aufmerksamkeit zu geben. Auf der Suche nach neuen Lösungen werden auch unbekannte Wege beschritten. Risikobereitschaft, Erfindergeist und unkonventionelle Ideen sind dabei wichtige Wegbegleiter. Spielerisches Ausprobieren, Experimentieren, Phantasieren und das Schaffen entsprechender Freiräume sind wesentliche Erfolgsfaktoren, die - gepaart mit der entsprechenden Durchsetzungskraft - auch innovative Produkte, Prozesse und Dienstleistungen entstehen lassen. Die zugrunde liegende Idee ist dabei Einsteins Auffassung, dass es uns nicht an Wissen fehlt, sondern an Phantasie. Diese Phantasie müssen Führungskräfte nicht nur zulassen, sondern auch fördern.

Team- und Synergiekultur
Spitzenleistungen werden vor allem dann erbracht, wenn heterogene Talente in Teams ergänzend zusammenarbeiten. Dies bedeutet, dass Teammitglieder zwar hinsichtlich ihrer Ausbildung, Persönlichkeit und ihres Hintergrunds heterogen sind, sich aber gemeinsamen Werten und Spielregeln verpflichtet fühlen. Teams,

die Spitzenleistungen erbringen, setzen sich - vereinfacht dargestellt - häufig aus vier verschiedenen Persönlichkeitstypen zusammen. Zum einen gibt es den Perfektionisten, der stets hundertprozentige Lösungen anstrebt und dabei bemüht ist, alle Regeln und Bestimmungen einzuhalten. Ihm entgegengesetzt ist der Macher-Typ, der sich hauptsächlich für die schnelle Umsetzung von Ideen einsetzt. Weiterhin gibt es den Kreativling, der sich häufig über Rahmenbedingungen hinwegsetzt, dessen Ideen für eine innovative Unternehmenskultur aber unersetzlich sind. Da die bisher genannten Persönlichkeitstypen sehr unterschiedliche Ziele (z.B. perfekte Lösungen, schnelle Umsetzung oder Ideenvielfalt) anstreben und auch von ihrem Wesen her sehr verschieden sind, ist eine Person, die alle anderen zu einem Team integrieren kann, für das effiziente Arbeiten notwendig. Dies ist die Rolle des Partners. Der Partner-Typ besitzt besondere kommunikative und interpersonale Fähigkeiten, vermittelt bei Konflikten, bestärkt die gemeinsame Identität der anderen Team-Mitglieder und fördert dadurch Synergie-Effekte im Team (vgl. Lovelace, Shapiro & Weingart, 2001).

Förderliche Faktoren für die Umsetzung von Prozessinnovationen
Ein entscheidender Aspekt, ob die Prozessinnovation tatsächlich umgesetzt wird, besteht darin, ob die Firma der Umsetzung genügend Aufmerksamkeit widmet. Vieles hängt mit der Bereitstellung von Macht, Ressourcen und Arbeitskraft zusammen.

Macht-, Sach- und Fachpromotoren zur Überwindung von Widerständen:
Innovative Prozesse sind immer mit Widerständen verbunden, weil Privilegien angetastet werden und der Status quo überwunden werden muss (vgl. Witte, 1973; Hauschildt, 1999). Generell gilt: Umsetzung ist Chefsache und das Problem ist oft, dass sich nach der Konzeptionsphase die Chefebene zurückzieht und die Implementierungsphase anderen Personen in unteren Hierarchien überlassen wird. Deshalb sind Personen von zentraler Bedeutung, die für Innovationen stehen und die volle Unterstützung des Top-Managements haben. Diese können durch ihre Stellung Widerstände überwinden sowie Ressourcen zur Umsetzung bereitstellen. Förderlich ist es natürlich, wenn die Macht- und Sachpromotoren direkt aus dem Top-Management kommen. Erleichtert wird die Umsetzung des innovativen Konzepts häufig durch die Aktivitäten des „Prozesspromotors". Diese Umsetzung ist ja mein ein länger dauernder Vorgang. Der Prozesspromotor kümmert sich in dieser Zeit darum das Projekt am Leben zu halten, Zwischentreffen vorzubereiten, Materialien zu versenden, Protokolle zu erstellen und Teammitglieder daran zu erinnern, welche Teilaufgaben sie bis wann erledigt haben wollten.

Multiplikatorenmodelle:
Multiplikatoren sind Personen, die fachlich kompetent und menschlich integer sind und die in ihrem jeweiligen Netzwerk nicht nur Überzeugungsarbeit für die Innovation liefern, sondern auch tatkräftig an der Implementierung mitwirken.

Umsetzungsbeauftragte:
In vielen Firmen werden sog. Umsetzungsbeauftragte eingesetzt (entweder haupt- oder teilamtlich), deren Aufgabe die Überprüfung des Potentials neuer Ideen ist und die Überwindung von Problemen bei der Umsetzung. Sie entsprechen letztlich den Prozesspromotoren.

Förderliche Faktoren für die Akzeptanz von Innovationen in Organisationen
Die Akzeptanz von Innovationen ist auf allen Betrachtungsebenen der entscheidende Faktor, der die nachhaltige Umsetzung von Innovationen (Stabilisierung) gewährleistet. Die Akzeptanz zu innovativen Änderungen ist bei den Betroffenen höher (Frey & Schnabel, 1999), wenn

- die Innovation in eine größere Vision oder ein Wertesystem eingebettet wird,
- der Sinnzusammenhang, d.h. das Wieso und Warum erklärt wird und die Innovation den Beteiligten erklärbar ist,
- sie sehen, dass durch den Wandel zukünftige positive Zustände entstehen oder negative Zustände vermieden werden können,
- die Innovation einigermaßen vorhersehbar ist, d.h. linear erfolgt, und das inhaltliche und zeitliche Drehbuch den Beteiligten klar ist,
- im Rahmen der Möglichkeiten die Betroffenen zu Beteiligten gemacht werden, d.h. selbst mitgestalten und mitbestimmen können wie die Innovation verläuft,
- die Beteiligten und Betroffenen Fairness wahrnehmen, sowohl Ergebnisfairness, prozedurale Fairness als auch informative und interpersonale Fairness,
- sie kurz-, mittel- oder langfristig einen Nutzen für sich, ihr Team oder ihre Organisation durch den Wandel erkennen,
- sie die Fähigkeiten und Fertigkeiten erworben haben, sich dem Wandel anzupassen,
- wenn sie sehen, dass die Innovation unvermeidbar und notwendig ist,
- wenn die wahrgenommenen Chancen und Möglichkeiten die Sorgen, empfundenen Risiken und Ängste überwiegen.

4. Übertragung dieser Erkenntnisse über Innovation auf den Makrobereich von Politik, Wirtschaft, Verbänden und Gesellschaft

Damit Innovationen in sozialen und kommerziellen Organisationen, aber auch in der Gesellschaft stärker forciert werden, ist eine mentale Veränderung der affektiv-kognitiven Landkarte in Richtung Positivfokussierung sowohl in den Organisationen als auch in der Gesellschaft notwendig. Es geht dabei um zentrale Fragen wie zum Beispiel: Wie erreicht man eine mentale Veränderung von Mitarbeitern oder in der Bevölkerung in Richtung „neue Ufer betreten", „sich auf die Stärken besinnen", „in veränderbaren Welten denken". Die mentale Situation großer Segmente unserer Bevölkerung wie auch der Mitarbeiter in Organisationen ist eher durch Skepsis gegenüber der Zukunft, Betonung unserer Schwächen, das Denken in nicht veränderbaren Welten und Nicht-Zuständigkeiten, das Hadern und das Rufen, dass andere und nur man selber nicht zuständig ist, geprägt.

Zwar betonen Politiker und Wirtschaftler unter Berufung auf Ludwig Erhardt, dass 50% der Ökonomie Psychologie sei, gerade auch was Innovations- und Ideenmanagement betrifft, aber die Umsetzung der Theorien und der Erkenntnisse aus der psychologischen Forschung ist bisher mangelhaft. Viele der generellen und spezifischen Voraussetzungen für Innovationen, die wir in diesem Beitrag beschrieben haben, könnten relativ schnell umgesetzt werden. Oft ist Unwissenheit das Grundproblem dafür, dass nicht entsprechend gehandelt wird. Daher ist eine flächendeckende Ausbildung von Führungskräften notwendig, um dieses Wissen zu verbreiten.

Die meisten der hier besprochenen Prozesse und Techniken können auch auf der Makroebene von Politik, Wirtschaft und Gesellschaft angewandt werden. Diese Anwendung erscheint deshalb wichtig, weil die Bundesrepublik Deutschland mit einem vergleichsweise hohen Lohnkostenniveau auf Innovationen angewiesen ist. Die Förderung von Innovationen in Deutschland fängt u.a. damit an, sowohl in den Schulen und Universitäten als auch den gesellschaftlichen Akteuren (z.B. Top-Führungskräften) flächendeckend das vorhandene Wissen zu vermitteln (was derzeit kaum geschieht). Ferner sollten Führungskräfte auch in entsprechenden Handlungskompetenzen ausgebildet werden. Kennen impliziert noch nicht Können und Können impliziert noch nicht Wollen. Daran erkennt man, dass es noch ein langer Weg ist, vom Wissen auf der einen zum Umsetzen auf der anderen Seite.

Wir glauben, dass die Umsetzung der vorhandenen Kenntnisse über Innovation und Kreativität für die sozialen und kommerziellen Organisationen auf der einen sowie für die Volkswirtschaft und die Politik auf der anderen Seite ein großes Potenzial bietet. Gerade in einem Land, das auf den Rohstoff Geist angewiesen ist, bedeutet die Vernachlässigung vorhandener Erkenntnisse der Forschung ein großes Defizit.

Schon in der Schule aber auch in der beruflichen Ausbildung und den Hochschulen sollte Innovationsforschung ein Schwerpunkt sein und die Vermittlung kreativer Arbeitstechniken ein elementarer Bestandteil aller Einzelfächer. An Hochschulen sollten außerdem ergänzende Veranstaltungen angeboten werden, die Wissen darüber vermitteln, wie bestehendes wissenschaftliches Know-how noch stärker zur Entwicklung neuer Produkte und Dienstleistungen genutzt werden kann, die dann über unterstützende Existenzgründungsprogramme auf den Markt gebracht werden können. Ferner wäre eine Möglichkeit zur Förderung der Verbreitung in einem Studium generale zu sehen, um Erkenntnisse über Innovation und Kreativität vielen zugänglich zu machen. Damit wäre erreicht, dass eine hohe Zahl von Multiplikatoren das Wissen flächendeckend in die gesellschaftlichen Institutionen bringt. Gerade auch kleine und mittelständische Unternehmen könnten in beträchtlichem Umfang vom Wissen über Führungsverhalten und Unternehmenskultur zur Förderung kreativer Ideen und deren Umsetzung profitieren. Nach wie vor fehlt leider vielen Multiplikatoren und Führungspersonen in Hochschule, Wirtschaft und Gesellschaft das fundamentale Wissen über förderliche und hinderliche Bedingungen von Innovation, wie wir sie in diesem Buch, speziell in diesem Beitrag vorgestellt haben.

5. Fazit

Innovation in Organisationen ist in Grenzen gestaltbar. Innerhalb einer Gesellschaft, in der Aufbruchstimmung herrscht, kann sie durch entsprechende Aufgabengestaltung, durch Auswahl und Entwicklung innovationsfähiger und -bereiter Mitarbeiter, durch Bildung interdisziplinär zusammengesetzter Arbeitsgruppen, die visionär geführt werden, sowie durch eine flexible Organisationsstruktur, offene kommunikative Prozesse und eine Kultur des Vertrauens gefördert werden. Abbildung 5 verdeutlicht dies.

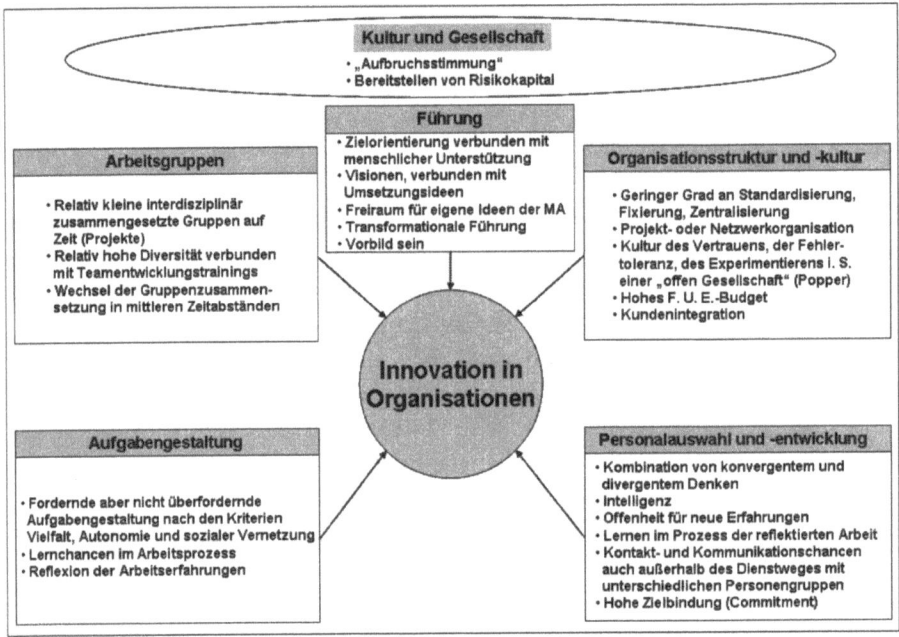

Abb. 5: Bedingungen von Innovation in Organisationen

6. Die normative Sicht: Segen oder Fluch?

Liest man den Wirtschaftsteil aktueller Zeitungen oder lauscht man den Reden von Politikern oder Vorständen großer Unternehmen, so scheint eine Botschaft ganz offenkundig: Innovation ist gut, Beharren oder Stillstand sind schlecht. Derartige apodiktische Aussagen sind in aller Regel nicht akzeptabel; das gilt auch hier. Schon eingangs wurde betont, dass zum Verständnis von Innovation gehört, dass sie Nutzen stiftet. Dies aber wirft die Frage auf, wie denn Nutzen hier verstanden wird und für wen sich das Ganze als nützlich herausstellen soll. Sind etwa die Massai zu verurteilen, weil sie sich noch heute bemühen in der Tradition ihrer Vorfahren zu leben und jede Veränderung von ihrem Stamm fern zu halten suchen? Ist das viel beschworene „Glück der Vielen" das Maß für die Bewertung des Fortschritts, der Innovation? Wohl kaum, denn - das zeigen viele sozialwissenschaftliche Studien, unter ihnen das sozioökonomische Panel - dass Glück, Lebens- und Arbeitszufriedenheit trotz beständiger Innovation und vielfach steigenden Wohlstands nicht angestiegen sind. Sicherlich, fast alle werden Innovation begrüßen, wenn sie zum Zahnarzt gehen müssen und dabei nicht wie ihre Altvorderen eine Zahnextraktion ohne Narkose über sich ergehen lassen müssen; ob sie aber Innovation durchgehend ebenfalls positiv bewerten, wenn ein Laubwald dem Bau eines Autobahnabschnitts oder einer Fabrikationshalle weichen muss, steht dahin und ist verständlicherweise Gegenstand politischen Streits. Für soziale Innovation lässt sich Ähnliches sagen.

Nun ist es nicht die Aufgabe des Sozialwissenschaftlers oder des Psychologen anderen zu sagen, was richtig ist und was sie wollen sollen. Er kann allerdings auf Aspekte hinweisen, die möglicherweise von anderen übersehen werden, er kann verdeutlichen, dass Innovationen nicht nur im technisch-ökonomischen Bereich, sondern auch auf Feldern des Sozialen, des Künstlerischen und Geistigen zu entwickeln sind. Wie allerdings hier die Gewichte gesetzt werden, was zu bevorzugen und was zu verhindern ist, sollte man dem demokratischen Diskurs jener überlassen, die davon betroffen sind und die darüber - freilich reflektiert - entscheiden sollten, wie sie in Zukunft leben möchten.

Literatur

Adler, N. (2000). *International dimensions of organizational behavior* (2. Aufl.). Boston: Kent Publishers.

Amabile, T. M. (1996). *Creativity in context*. Boulder, USA: Westview Press.

Bass, B. & Avolio, B. (1990). *Transformational Leadership Development: Manual for the Multifactor Leadership Questionaire*. Palo Alto: Consultig Psychologist Press.

Brandstätter, H. (1989). Problemlösen und Entscheiden in Gruppen. In E. Roth (Hrsg.), *Organisationspsychologie* (Enzyklopädie der Psychologie; Bd. 3, S. 505-528). Göttingen: Hogrefe.

Brodbeck, F. C. & Maier, G. W. (2001). Das Teamklima-Inventar (TKI) für Innovation in Gruppen: Psychometrische Überprüfung an einer deutschen Stichprobe. *Zeitschrift für Arbeits- und Organisationspsychologie, 45*, 59-73.

Brodbeck, F. C. (1999). "Synergy is not for free" Theoretische Modelle und experimentelle Untersuchungen über Leistung und Leistungsveränderung in aufgabenorientierten Kleingruppen. In *Habilitationsschrift*. München: Institut für Psychologie.

Bruggemann, A., Groskurth, P. & Ulich, E. (1975). *Arbeitszufriedenheit*. Bern: Huber.

Bungard, W. & Wiendieck, G. (Hrsg.). (1986). *Qualitätszirkel als Instrument zeitgemäßer Betriebsführung*. Landsberg: Moderne Industrie.

Denison, D. R. (1996). "What is the difference between organizational culture and organizational climate" A native's point of view on a decade of pardigm wars.". *Academy of Management Review, 21(3)*, 619-654.

Feist, G. J. (1999). Autonomy and independence. In M. A. Runco & S. R. Pritzker (Hrsg.), *Encyclopedia of creativity* (Bd. 1, S. 157-163). San Diego, London: Academic Press.

Franke, H. (1998). *Problemlösen in Gruppen*. Rosenberger Fachverlag: Leonberg.

Frey, D. & Schnabel, A. (1999). Change Management - der Mensch im Mittelpunkt. *Die Bank - Zeitschrift für Bankpolitik und Bankpraxis, 1*, 44-49.

Frey, D., Kerschreiter, R. & Mojzisch, A. (2001). Führung im Center of Excellence. In P. Friederichs & U. Althauser (Hrsg.), *Personalentwicklung in der Globalisierung – Strategien der Insider* (S. 114-151). Neuwied: Luchterhand Verlag.

Friedel-Howe, H. (1994). Neue Organisationskonzepte. In L. Rosenstiel, M. Hockel & W. Molt (Hrsg.), *Handbuch der Angewandten Psychologie. Grundlagen - Methoden - Praxis* (S. VI-4.1 1-20). Landsberg: ecomed.

Frieling, E. (2001). Neue Fakten zur Weiterbildung. *Quem-report. Schriften zur beruflichen Weiterbildung, Heft 68*, 107-122.

Gebert, D. (2004). Organisationsentwicklung. In H. Schuler (Hrsg.), *Lehrbuch Organisationspsychologie* (S. 601-616). Bern: Verlag Hans Huber.

Gebert, D. (2007). Innovation durch Führung. In D. Frey & L. Rosenstiel (Hrsg.), *Enzyklopädie der Psychologie. Bd. Wirtschaftspsychologie*. Göttingen: Hogrefe.

Gebert, D. (2007). Organisationsentwicklung. In H. Schuler (Hrsg.), *Lehrbuch Organisationspsychologie* (S. 601-616). Bern: Huber (4. Aufl.)

Guttman, L. (1954). An outline of some new methodology in social research. *Public Opinion Quarterly, 18*, 395-404.

Hauschildt, J. (1999). *Promotoren: Champions der Innovation*. Wiesbaden: Gabler.

Hellriegel, D. & Slocum, J. W. (1974). Organizational climate: Measures, research and contingencies. *Academy of Management Journal, 17*, 255-280.

Isaksen, S,G., Dorvall, K. B. & Treffinger, D. J. (1999). *Toolbox for ceative problems solving: Basis tools and resures*. WilliamsvilleN.Y.: Creative Problem Solving Croup-Buffalo.

Janis, I. L. & Mann, L. (1977). *Decision making*. New York: The Free Press, Collier Macmillian.

Janis, I. L. (1972). *Victims of groupthink. A psychological study of foreign policy decisions and fiascos*. Boston, Mass.: Houghton Mifflin.

Jaques, E. (1951). *The changing culture of a factory*. London: Tavistock.

Kahn, R. L. (1977). Organisationsentwicklung: Einige Probleme und Vorschläge. In B. Sievers (Hrsg.), *Organisationsentwicklung als Problem* (S. 281-301). Stuttgart: Klett.

Kohn, M. & Schooler, C. (1973). Occupational experience and psychological functioning: An assessment of reciprocal effects. *American Sociological Review, 38*, 97-118.

Krause, D. E. (2004). Influenced-based leadership as a determinant of the inclination to innovate and of innovation-related behaviours - An empirical investigation. *Leadership Quarterly, 15*, 79-102.

Lang-von Wins, T.(2004) *Der Unternehmer*. Berlin. Springer

Lovelace, K., Shapiro, D. L. & Weingart, L. R. (2001). Maximizing cross-functional new productteams' innovativeness and constraint adherence: A conflict communications perspective. *Academy of Management Journal, 44*(4), 779-793.

Maier, G. W., Jonas, E. & Frey, D. (2005). Innovation und Kreativität in der Wirtschaft. In D. Frey, L. v. Rosenstiel & C. Graf Hoyos (Hrsg.), *Wirtschaftspsychologie* (S. 155-163). Weinheim, Basel: Beltz PVU.

McClelland, D. C. (1961). *The archiving society*. Princeton: Van Notrand.

McClelland, D. C. (1975). *Power. the inner experience*. New York: Van Notrand.

Meißner, W. (1989). *Innovation und Organisation. Die Initiierung von Innovationsprozessen in Organisationen*. Stuttgart: Verl. f. Angewandte Psychologie.

Neuberger, O. (1987). Organisationsklima als Einstellung zur Organisation. In C. Graf Hoyos, W. Kroeber-Riel, L. von Rosenstiel & B. Strümpel (Hrsg.), *Grundbegriffe der Wirtschaftspsychologie* (S. 128-137). München: Kösel.

Neuberger, O. (1989). Organisationstheorien. In E. Roth (Hrsg.), *Organisationspsychologie* (Enzyklopädie der Psychologie; Bd. 3, Bd. 3, S. 205-250). Göttingen: Hogrefe.

Noelle-Neumann, E. & Strümpel, B. (1984). *Macht Arbeit krank? Macht Arbeit glücklich? Eine aktuelle Kontroverse*. München: Piper.

Payne, R., Fineman, S. & Wall, T. A. (1976). Organizational climate and job satisfaction: A conceptual synthesis. *Organizational Behavior and Human Performance, 16*, 45-62.

Peters, T. J. & Waterman, R. H. (1984). *Auf der Suche nach Spitzenleistungen. Was man von den bestgeführten US-Unternehmen lernen kann.* Landsberg: Moderne Industrie.

Popper, K. (1973). *Objektive Erkenntnis: Ein evolutionärer Entwurf.* Hamburg: Hoffmann & Campe.

Popper, K. R. (1980). Die offene Gesellschaft und ihre Feinde. *Bd. 1 und Bd. 2.* Tübingen: Franke.

Reichwald, R., Ihl, C. & Seifert, S. (2005). Innovation durch Kundenintegration. In D. Frey, L. v. Rosenstiel & C. Graf Hoyos (Hrsg.), *Wirtschaftspsychologie* (S. 148-154). Weinheim, Basel: Beltz PVU.

Rosenstiel, L. v. (2007). *Grundlagen der Organisationspsychologie* (6. Aufl.). Stuttgart: Schäffer-Poeschel.

Rosenstiel, L. v. (2007). Kommunikation in Arbeitsgruppen. In H. Schuler (Hrsg.), *Lehrbuch Organisationspsychologie* (S. 387-414). Bern: Huber.

Schein, E. H. (2004). *Organizational culture and leadership.* San Francisco: Jossey-Bass.

Schlicksupp, H. (1999). *Ideenfindung.* Würzburg: Vogel.

Schrader, S. (1990). *Zwischenbetrieblicher Informationstransfer.* Berlin: Duncker&Humblot.

Schuler, H. (2006). Stand und Perspektiven der Personalpsychologie, *Zeitschrift für Arbeits- und Organisationspsychologie* (Bd. 4, S. 176-188). Göttingen: Hogrefe.

Schuler, H. (Hrsg.). (2006). *Lehrbuch der Personalpsychologie.* Göttingen: Hogrefe.

Schuler, H. (Hrsg.). (2007). *Lehrbuch Organisationspsychologie.* Bern: Huber (4. Aufl.)

Schumpeter, J. (1911 (Neuauflage 1977)). *Theorie der wirtschaftlichen Entwicklung.* Berlin (München, 1935): Duncker & Humblot.

Staudt, E. & Kriegesmann, B. (1999). Weiterbildung: Ein Mythos zerbricht. In Arbeitsgemeinschaft Qualifikations-Entwicklungs-Management (Hrsg.), *Kompetenzentwicklung 99* (S. 17-60). Münster: Waxmann.

Streicher, B., Jonas, E., Maier, G. W. & Frey, D. (in prep.). *Procedural justice and innovation: Does procedural justice foster innovative behavior?*, University of Munich. Department of Psychology, Munich.

Tuckman, B. W. (1965). Development sequence small companies. *Group and Organizational Studies, 2,* 419-427.

Weber, M. (1922) (2. Auflage 1924). *Wirtschaft und Gesellschaft. Grundriß der verstehenden Soziologie.* Köln: Kiepenheuer und Witsch.

West, M. A. (1990). The social psychology of innovations in groups. In West, M. A. & Farr, J. L. (Eds.), *Innovation and Creativity at Work. Psychological and Organizational Strategies* (S. pp. 309-333). Chichester: Wiley.

Weyrich, C. (1997). Was ist Innovation? In H. V. Pierer & B. V. Oetinger (Hrsg.), *Wie kommt das Neue in die Welt?* (S. 41-42). München: Hanser.

Witte, E. (1973). Organisation für Innovationsentscheidungen: Das Promotorenmodell. Göttingen: Schwartz Verlag.

Schöpferische Zerstörung und zerstörerische Schöpfung – wie Finanzinnovationen wesentlich zur internationalen Finanzkrise beitrugen

Andreas Lenz, Dieter Frey, und Lutz von Rosenstiel

Vorbemerkung: In nahezu allen unseren Beiträgen war der Grundtenor für Innovationen positiv. Es wurden Rahmenbedingungen genannt, die in den verschiedenen Bereichen notwendig sind, um Innovationen zu generieren. Der folgende Beitrag ist ein Beispiel dafür, dass Innovationen auch Nachteile haben oder schädlich sein können, wie das am Fall der Finanzkrise deutlich wird, die unter anderem durch viele innovative Finanzprodukte erzeugt wurde.

1. Einleitung

Joseph Schumpeter (1912) charakterisierte die wirtschaftlichen Entwicklung als Prozess der „schöpferischen Zerstörung", bei der unaufhörlich die Wirtschaftsstruktur von innen heraus - insbesondere durch den rücksichtslos seine Ziele verfolgenden Unternehmer- revolutioniert, die alte Struktur zerstört und unaufhörlich eine neue Struktur geschaffen werde. Das Bessere trete an die Stelle des Guten. Diese positive Assoziation des Begriffs der Innovation bedarf jedoch vielerlei Unterscheidungen in Innovationen des Gütermarkts und des Finanzmarkts. In diesem Sinne entfachen Innovationen beispielsweise im Automobil- oder High-Tech-Bereich wesentlich andere Wirkungen auf das Gemeinwohl, als bestimmte Finanzinnovationen.

Nicht alle Innovationen sind von Vorteil für die Menschheit und für die Wirtschaft (Hübner, 2002). Manche nützen Einigen auf Kosten der Anderen. Ein gutes Beispiel stellen die Finanzprodukte dar, die viele Banken weltweit, ausgehend von den USA, den Kunden verkauften. Diese neuen Finanzprodukte waren letztlich mit ein Ausgangspunkt für die derzeitige weltweite Finanzkrise und die nachfolgende Wirtschaftskrise.

Wir werden im Folgenden die Fehlentscheidungen, die mit dem Vertrieb dieser innovativen Produkte einher gingen, aufführen. Dabei werden wir die beteiligten Institutionen nennen, die in der Kette der Entscheidungen diese Produkte initiiert, weiterentwickelt, und bestätigt haben. Die Basis dabei waren bestimmte menschliche Strebungen nach Profit und materiellem Gewinn.

Bei großen Krisen stellt man oft im Nachhinein fest, dass es eine Summe von Fehlentwicklungen und Fehlentscheidungen gab, die letztlich zur Katastrophe führten. Im Fall der Finanzmarktkrise ist dabei die Schuldfrage kaum zu beantworten – es handelte sich um eine Kombination egoistischen Handelns und menschlichen Versagens an vielen Stellen. Oft bietet es sich bei verworrenen Situationen an, den Ausgangspunkt des Ganzen näher zu untersuchen. Analysiert man jedoch die jetzige Finanzkrise, so merkt man schnell, dass dies nicht funktioniert. Es war nicht allein die riesige Spekulationsblase am amerikanischen Immobilienmarkt, die durch die Zinspolitik der amerikanischen Notenbank, Fed, begünstigt wurde. Es war nicht nur die Gier der Investmentbanker, die Ramschkredite bündelten und als innovative Finanzprodukte verkauften. Es waren nicht allein die Hedgefonds, die sich in Japan günstig finanzierten und vor allem in Europa und den USA investierten und dabei innovative Finanzinstrumente wie beispielsweise Trendfolgemodell nutzen. Es waren auch nicht allein die Regulierungsbehörden und Ratingagenturen, die ihren Kontroll- und Aufsichtspflichten nicht nachkamen. Es gibt nicht den einen Ausgangspunkt – die Gründe setzen sich wie bei einem Wurzelgeflecht aus vielen einzelnen Ästen zusammen. Im Mittelpunkt des Geschehens standen dabei jedoch nur allzu oft falsche Anreizsysteme, mangelnde Transparenz und unzureichende Rahmenordnungen (Fehl, 2008).

Die meisten Menschen leben in der Illusion, dass sich die Risiken der Zukunft aus den Daten der Vergangenheit ableiten lassen. So wurde die Vergangenheit in die Zukunft projiziert und dementsprechend aus der positiven Vergangenheit linear eine ebenfalls positive Zukunft prognostiziert. Man ließ sich von Sorglosigkeit und „Gruppendenken" leiten. Obwohl es vereinzelt warnende Stimmen gab, konnte sich das Gros der Marktbeobachter nicht vorstellen, dass die eigenen Einschätzungen fundamental falsch sein könnten. Oft wird jedoch die Zukunft von nur schwer vorhersehbaren Ereignissen geprägt. In einer zunehmend vernetzten Welt, können Handlungen einzelner Akteure häufig auch Auswirkungen für eine Reihe nachgeschalteter, unbeteiligter Institutionen haben. Die mangelnde Fähigkeit oder der fehlende Wille, die Konsequenzen des eigenen Handelns kritisch zu hinterfragen, ist wohl ein Hauptversäumnis der einzelnen Akteure.

2. Finanzinnovationen

Finanzinnovationen können hier exemplarisch als Kreationen genannt werden, deren Wirkung sich die Inspiratoren wohl nicht immer im vollem Maße bewusst waren. Nicht wenige der innovativen Produkte wurden dabei außerhalb der althergebrachten Finanzbranche geschaffen, bei Hedgefonds mit ihren Leerverkäufen (bei denen ein Marktteilnehmer Aktien verkauft, die er gar nicht besitzt, sondern sich die Papiere gegen Gebühr leiht und später zu, so angenommen, günstigeren Kursen zurückkauft) oder bei Finanzintermediären wie den Zweckgesellschaften, die mit denen Ramschhypotheken (Subprime) verbrieft und anschließend an Anleger auf der ganzen Welt verkauft wurden.

Finanzdienstleistungen setzen sich dabei im Gegensatz zu den meisten Innovationen anderer Wirtschaftssektoren meist aus zwei Komponenten zusammen: Einem Finanzprodukt (einem strukturierten Produkt, einer Aktie, einem Derivat...) und einem Geschäftsprozess, der mit einer Dienstleistung (Beratung, Abwicklung...), verbunden ist. Darum scheint speziell im Finanzbereich die Unterscheidung zwischen Prozess- und Produktinnovation oft nicht zweckmäßig (Geiger & Kappel 2006).

Regulierung und Steuern sind dabei als „Treiber" von Finanzinnovationen auszumachen; ein Ziel von Finanzinnovationen ist die Minimierung bzw. die Reduktion von Regulierungskosten und Steuern. Zahlreiche Finanzdienstleister verfügen in diesem Zusammenhang über eigene F&E-Abteilungen, die sich mit der Entwicklung neuer Produkt- und Prozessinnovationen beschäftigen.

Dieser Beitrag soll nicht den Anschein erwecken, alle Finanzinnovationen seien per se nachteilig für die gesamtwirtschaftliche Entwicklung. So kann die Verbriefung von Krediten auch durchaus positive Effekte hervorrufen (Jäger & Voigtländer, 2008), der deutsche Pfandbrief, bei dem im Grunde auch Forderungen verbrieft werden, kann hier als Beispiel dienen.

Im Gegensatz zu den Verbriefungen im Rahmen der Subprime-Krise, in der Ramschhypotheken zusammengepackt und mit Hilfe der Ratingagenturen als erstklassige Anlagen weiterverkauft wurden, handelt es sich beim Pfandbrief um festverzinsliche Papiere, die auf Grundlage des Hypothekenbankgesetzes von privaten Hypothekenbanken und auf der Grundlage des Gesetzes über die Pfandbriefe von Realkreditanstalten und Landesbanken ausgegeben werden. Dabei darf die Beleihung die ersten drei Fünftel des Beleihungswertes nicht übersteigen (Perridon & Steiner 2004). Gerade der oft fehlende Ordnungsrahmen für neu geschaffene Finanzinnovationen und der teilweise völlig unregulierte „Schattenbankenbereich" der Private Equity Gesellschaften und der

Hedgfonds, spielten hinsichtlich der Entstehung der Krise eine entscheidende Rolle. Nachfolgend sollen die ausschlaggebenden Einflussfaktoren für die Finanzkrise dargestellt werden, es handelte sich dabei um psychologische und wirtschaftspolitische Faktoren, die durch die globale Vernetzung der Finanzmärkte ihre Fatale Wirkung entfalten konnten, wie in Abbildung 1 dargestellt:

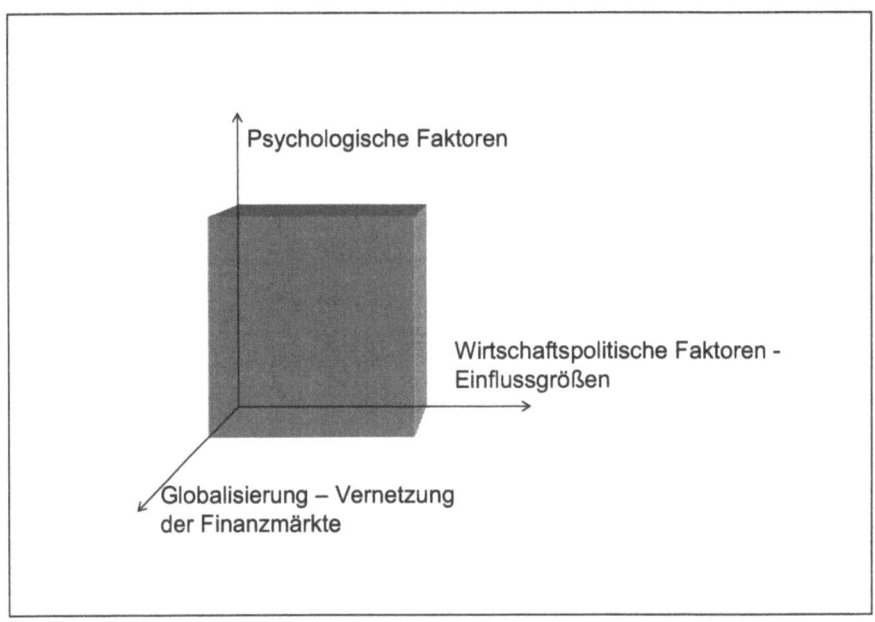

Abb. 1: Einflussfaktoren für die Finanzkrise

3. Gründe für die Finanzkrise und Rolle der Finanzinnovationen

Eine Betrachtung der einzelnen, im Rahmen der internationalen Finanzkrise, beteiligten Akteure, soll nachfolgend die Rolle der Finanzinnovationen im Zusammenspiel mit den einzelnen Fehlverhalten der beteiligten Institutionen verdeutlichen. Dabei waren viele der Beteiligten von Sorglosigkeit gegenüber den Konsequenzen des eigenen Handelns und dem Motiv der Profitmaximierung geprägt.

3.1 Notenbanken

Die weltweiten Zentralbanken, allen voran die US-Notenbank FED, trugen durch ihre langandauernde Niedrigzinspolitik maßgeblich zur Entstehung der Krise bei. Durch die günstigen Finanzierungsmöglichkeiten wurden auch an Kreditnehmern schlechter Bonität (Subprime) im großen Maße Hypothekendarlehen ausgereicht. Die übermäßige Liquiditätsversorgung zu geringen Zinsen schlug sich in einer Vermögenspreisinflation nieder. Sinken die Zinsen, so werden Sachinvestitionen im Vergleich zu Kapitalmarktrenditen rentierlicher (Jäger & Voigtländer 2008), was bei kurzfristig starrem Angebot preistreibend auf Immobilien wirken kann: Der Immobilienboom in den USA wurde verstärkt (Doms & Krainer 2006); so stiegen die Immobilienpreise in den USA von 1997 bis 2005 im Durchschnitt um ca. 80 Prozent.

Für die Akteure am Kapitalmarkt bedeutete das niedrige Zinsniveau geringere Zinsmargen. Vor allem institutionelle Anleger wie Lebensversicherer, Banken oder Pensionsfonds, welche aufgrund von Sicherheits- und Portfolioüberlegungen einen großen Teil ihrer Mittel im Anleihemarkt platzieren, wurden so vor Rentabilitätsprobleme gestellt.

Rentabilitätsprobleme stellen häufig einen Anreiz für Innovationen dar. So wurden aus dieser Not heraus risikobehaftete Ramschhypotheken (Subprime) durch eigens gegründete Zweckgesellschaften gebündelt und anschließend als vermeintlich nur gering risikobehaftete Wertpapiere weiterverkauft.

3.2 Geschäftsbanken

Die Geschäftsbanken dehnten die Vergabe von Krediten an Darlehensnehmer niederer Bonität massiv aus. Dies wurde durch das niedrige Zinsniveau ermöglicht, da die Aufschläge für Subprime Darlehen, selbst bei bonitätsschwachen Darlehensnehmern, bezahlbar blieben. Diese bonitätsschwachen Kunden wurden sogar gezielt durch Zinsrabatte und Tilgungsaussetzungen beworben. Inzwischen wurde nachgewiesen, dass besonders viele neue Kredite in Gebieten vergeben wurden, in denen zuvor aufgrund schlechter ökonomischer Rahmenbedingungen eine Vielzahl von Anträgen abgelehnt wurde. Hinzu kommt, dass ca. 90 Prozent der Hypothekendarlehen im Subprime-Bereich mit einem variablen Zinssatz abgeschlossen wurden, das heißt, dass sich die steigenden Leitzinsen vollständig und sofort auf ihre Darlehen auswirkten. Dass Kunden stets sorgsam über die Risiken, die mit der Kreditaufnahme verbunden sind, informiert wurden, kann berechtigt angezweifelt werden.

3.3 Zweckgesellschaften

Die Geschäftsbanken verkauften ihre immer größer werdenden Ausleihen an eigens gegründete Zweckgesellschaften. Der Forderungsverkäufer (Originator) kann seine Bilanz dadurch von Risikopositionen befreien. Die Zweckgesellschaften versuchten nun die verbrieften Forderungen möglichst attraktiv auszugestalten und wiederum vor allem an institutionelle Anleger weiterzuverkaufen.

Diese forderungsbesicherten Wertpapiere (die aus den verbrieften Krediten entstanden sind und durch diese besichert werden), werden normalerweise bilateral zwischen den Banken gehandelt. Dazu sind umfassende Verträge, die sich oft über mehrere hundert Seiten belaufen, notwendig, was das Verbriefen der Forderungspakete überaus teuer macht. Da es keinerlei Standardisierungsverfahren gibt, ist es wahrscheinlich, dass der unübersichtliche Gestaltungsspielraum zum Teil bewusst zur Verschleierung von Risiken ausgenutzt wurde (Lenz, 2009). So war beispielsweise nicht immer bekannt, welche Forderungen sich in den Paketen versteckten und ob nicht auch Darlehen, welche sich bereits im Zahlungsrückstand befanden, dennoch in den Forderungspool aufgenommen wurden. Durch die Risikoverlagerung der Kredite auf außenstehende Investoren entstanden fundamental falsche Anreizstrukturen. Zudem waren die Zweckgesellschaften oft nicht fristenkongruent refinanziert, das heißt die von den Zweckgesellschaften ausgegebenen Wertpapiere hatten oft niedrigere Laufzeiten, als die der Besicherung zugrunde liegenden Darlehen. So entstanden für die Zweckgesellschaften höhere, aber risikoreichere Margen.

3.4 Die Politik und die verschiedenen Regierungen weltweit

Die Auswüchse konnten jedoch nur unter Duldung der einzelnen Regierungen stattfinden. In den USA nimmt die Politik maßgebend Einfluss auf die Notenbank, welche nur eingeschränkt unabhängig ist. Die US-Regierung unterstützte über die Federal Housing Association (FHA) bewusst die Vergabe von Hypothekendarlehen an sozial schwache Haushalte und Veteranen, die unter normalen Umständen nicht die notwendige Bonität für eine Kreditgewährung aufgewiesen hätten (Jaffe & Quigley, 2008). Außerdem legten Staatsfonds ihre Devisenreserven im US-amerikanischen Hypothekenmarkt an und finanzierten so die Immobilienblase mit. Die fehlenden Regulierungsmaßnahmen auf nationaler und internationaler Ebene müssen im Endeffekt auch als Versagen in der Zusammenarbeit der verschiedenen nationalen Regierungen betrachtet werden. Dabei wird klar, wie wichtig es ist neue Finanzprodukte vor deren Einführung, auf deren Stressanfälligkeit zu überprüfen. Insgesamt ist eine mangelnde internationale Koordinierung sämtlicher politischen Aktivitäten festzustellen.

3.5 Der Internationale Währungsfonds

Auch der IWF hat in der bisherigen Form als supranationale Kontrollinstanz seine Überwachungsfunktion weitgehend nicht erfüllt. Dies liegt zum einen an der Ausgestaltung seiner Kompetenzen und seiner Weisungsbefugnisse. Zum anderen kamen gerade vom IWF erst spät warnende Hinweise hinsichtlich der Subprime-Krise, und es gab keine als konsistent zu betrachtenden Handlungsempfehlungen.

3.6 Hedgefonds und Private Equity

Den Hedgefonds wird eine wesentliche Mitschuld am Ausmaß und die Entstehung der Krise gegeben. Besonders Finanzinnovationen werden für in Bedrängnis geratene Aktienkurse verantwortlich gemacht. So gerieten zunächst die sogenannten „Leerverkäufe" in die Kritik. Bei „Leerverkäufen" leiht sich der Verkäufer (Shortseller) gegen eine Gebühr bei Banken oder Fondsgesellschaften Aktien eines Unternehmens, das er für überwertet hält, um sie dann später über die Börse zu einem, angenommenen, niedrigeren Kurs zurückzuerwerben. Vor allem durch die günstigen Finanzierungsmöglichkeiten und einem Kapitalüberhang an den Finanzmärkten konnte der Bereich der Hedgefonds und des Private Equity in den letzten Jahren in diesem Maße an Bedeutung gewinnen.

Zwischenzeitlich sind sogenannte system-relevante Institutionen in beiden Sektoren zu finden, also sowohl im regulären Bankensektor als auch unter den Hedgefonds und den Private Equity Unternehmen. Deshalb verwundert es umso mehr, dass den Akteuren des Finanzmarktes, die oft artverwandte Geschäfte betreiben, unterschiedliche Regulierungsbestimmungen auferlegt wurden. Mangelnde Transparenz hinsichtlich der Veröffentlichungspraxis, aber auch hinsichtlich der Geschäftspolitik, gilt dabei als Hauptkritikpunkt.

3.7 Regulierungsbehörden

Die Aufgabengebiete der Regulierungsbehörden waren oft nicht klar abgesteckt, allein in Deutschland sind für die Finanzaufsicht zum einen die Deutsche Bundesbank, zum anderen die BaFin zuständig. Auch wird den Regulierungsbehörden vorgeworfen, bestehendes Recht zu lax ausgelegt zu haben. Unverständlich ist, warum die Auslagerung von Risiken auf die sogenannten Zweckgesellschaften - und dadurch die Umgehung geltender Vorschriften zur Kapitalhinterlegung - möglich war. Es ist davon auszugehen, dass die zum Teil zu lockere Regulierung auch mit dem internationalen Wettbewerb der Finanzplätze in Zusammenhang steht (Kaserer 2008). Durch eine fehlende international übergeordnete

Finanzaufsicht nutzten die weltweit tätigen Finanzakteure die sogenannte „Aufsichtsarbitrage" und wickelten ihre Geschäfte am für sie günstigsten Standort ab.

3.8 Ratingagenturen

Zahlreiche durch Hypothekendarlehen besicherte Wertpapiere erhielten von den Ratingagenturen zusätzlich Spitzenratings. Dabei beruhten die Ratings strukturierter Finanzprodukte auf mathematischen Modellen, deren Ergebnisse stark von Annahmen bezüglich der Ausfallwahrscheinlichkeiten der Portfolio-Bestandteile und deren Korrelation untereinander abhängen. Die Annahmen der Ausfallwahrscheinlichkeiten beruhen auf einem historischen Vergleich. Bei Subprime-Krediten war diese Daten-Historie extrem kurz und eigentlich für solide Korrelations-Berechnungen nicht geeignet (Brabände 2008). Man verglich teilweise nur mit Daten und Entwicklungen aus den vorhergehenden zehn Jahren, in denen eine ständige Aufwärtstendenz an den Immobilienmärkten herrschte und sich durch Darlehen besicherte Asset Backed Securities (ABS) meist positiv entwickelten. Zudem wurden fundamental falsche Unterstellungen hinsichtlich einer geeigneten Risikodiversifizierung angenommen. Zum Beispiel, dass ein Pool gleichartiger Darlehen ausreichend gestreut sei, nur weil diese aus unterschiedlichen Regionen der USA kämen. Zweifelsfrei fehlten selbst den Ratingagenturen das Spezialwissen bzw. geeignete Modelle und Ressourcen, um strukturierte Produkte geeignet zu beurteilen. Zweifel hinsichtlich der Modelle, mit denen man die Produkte bewertete, gab es schon lange, wie aus einem 37-seitigen Bericht der US-Börsenaufsicht SEC hervorgeht. Dort werden auch teilweise anonymisierte Emails zitiert. Ein Analyst schrieb beispielsweise „Hoffentlich sind wir alle reich und in Rente, wenn dieses Kartenhaus zusammenfällt", ein anderer hochrangiger Analyst schrieb seinem Kollegen man schaffe ein „Monster" (SEC 2008), damit meinte er innovativen Finanzprodukte, wie Collateralised Debt Obligations (CDOs), forderungsbesicherte Wertpapiere. Aus der überragenden Marktposition der drei großen Ratingagenturen für strukturierte Finanzprodukte erwächst jedoch gerade ihnen eine besondere Verpflichtung: Sie sollten einerseits zur dauerhaften Funktionsfähigkeit des Marktes beitragen und andererseits ihrer Verpflichtung den Anlegern gegenüber nachkommen, die in besonderem Maße auf ihre Kompetenz und ihr Expertenwissen vertrauen.

3.9 Rechnungslegungsgremien

Das Fair Value Accounting ruft insbesondere bei Versicherungen und Banken, aber auch generell bei Immobilienwerten einen prozyklischen Effekt in der Ergebnisrechung hervor. Dies bedeutet, bei steigenden Kursen erhöhen sich tendenziell Übertreibungen nach oben, bei fallenden Kursen verstärkt sich die Abwärtsbewegung, da notwendige Abschreibungen wiederum einen negativen Effekt auf das Ergebnis verursachen (Pellens, Sawazki & Zimmermann 2008). Dies führt zu einer höheren Ergebnisvolatilität (Gewinnschwankungen fallen höher aus, da Kurssteigerungen, aber auch Kursverluste sofort ergebniswirksam verbucht werden müssen). Durch die Förderung der Fair Value Bewertung hat sich die Krise wesentlich verschärft, da eine Abwärtsspirale in Gang gesetzt wurde, bei der durch die Abwertung von Vermögensgegenständen Verkäufe - und dadurch weitere Abwertungen - notwendig wurden. Diese Wirkungsweise war grundsätzlich bereits früher bekannt, sie wurde jedoch aufgrund der Tatsache, dass die Fair Value Bewertung im Falle steigender Kurse den Ausweis höherer Vermögenswerte und damit auch höherer Gewinne begünstigt, welche wiederum die kurzfristig angelegten Boni in die Höhe schnellen lassen, nicht angetastet. Das Niederstwertprinzip des HGB, nachdem Kursgewinne die nicht als dauerhaft zu betrachten sind, nicht bilanziert werden dürfen, wurde aufgegeben.

3.10 Manager und Aufsichtsräte

Eine wesentliche Verantwortung ist auch den Managern und ihren Kontrollgremien zuzuschreiben. Die Aufsichtsräte hätten die vor allem auf kurzfristigen Anreizsystemen basierenden Bonusvergütungen schon früher hinterfragen müssen. Die fast ausschließliche Fokussierung auf den kurzfristigen Erfolg - das sogenannte Quartalsdenken - hatte für die Unternehmen oft verheerende Konsequenzen. So macht beispielsweise die britische Finanzaufsicht, FSA, die millionschweren Boni für den Ausbruch der Krise mitverantwortlich, weil sie statt des langfristigen Erfolgs kurzfristiges Gewinndenken belohnten und Anreize setzten, höhere Risiken einzugehen, als dem eigenen Institut und der Gesamtwirtschaft zuträglich sind. Verantwortungsträger sollten verantwortlich handeln, jedoch sind die Anreizsysteme und die entsprechenden Rahmenordnungen kontraproduktiv und ein Teil der Problemlösung. So wären Bonussysteme, die nicht nur den kurzfristigen Erfolg eines Jahres, sondern eine längerfristige Entwicklung berücksichtigen und sich nicht nur an den Gewinnen, sondern auch an den eingegangenen Risiken orientieren, ein erster innovativer Schritt in ein neues Entlohnungssystem.

3.11 Halbstaatliche Institute

Als besonders unglückliche Verquickung erwies sich in der Krise die Verbindung von politischen Interessen und wirtschaftlichen Zielsetzungen bei halbstaatlichen

Instituten, wie den Hypothekenfinanzierer Fannie Mae und Freddie Mac in den USA oder den Landesbanken in Deutschland.

Da unter anderem durch die Aufhebung der Gewährträgerhaftung weite Teile des ursprünglichen Geschäftsmodells der Landesbanken wegfielen, suchten die öffentlich-rechtlichen Institute nach anderen Betätigungsfeldern. Durch die günstigen Refinanzierungsmöglichkeiten reichten die Anstalten jedoch vor dem drohenden Wegfall der öffentlichen Haftung noch kräftig Kredite aus. Außerdem spekulierten die Landesbanken am Markt für verbriefte US-amerikanische Hypotheken, wiesen zum Teil große Engagements in Island aus und waren von der Lehman-Pleite besonders stark betroffen. Die Gründe für das Desaster der Landesbanken sind ebenfalls vielseitig; so lässt sich der Gewinnerwartungsdruck durch die Politik, aber auch der Öffentlichkeit anführen. Lange Zeit wurde darüber diskutiert, warum Landesbanken nicht auch die Renditen von privaten Banken erzielen und so dem Staat als willkommene Einnahmequelle dienen könnten. Der Privatbankensektor hat in den meisten Fällen einen Kompetenzvorsprung bei komplizierten, internationalen Geschäftsstrukturen. Finanzinnovationen entstehen meist im privaten Bereich, daher ist das Know-how bei ihnen auch wesentlich ausgeprägter. Der für Finanzinnovationen entscheidende Faktor Humankapital, also hoch qualifizierte Arbeitskräfte, ist in Finanzdienstleistungsunternehmen des Privatsektors umfassender vorzufinden, als bei den halbstaatlichen Einrichtungen. Die Gründe des Versagens sind jedoch auch in den besonders unglücklichen Aufsichtsstrukturen der Landesbanken zu suchen, deren Verwaltungsräte vorrangig mit Politikern besetzt sind, die meist nicht den notwendigen Sachverstand zur effektiven Kontrolle besitzen. Häufig werden die Landesbanken als verlängerter Arm der Politik betrachtet (Fromm, 2008). Hinsichtlich der jetzt erfolgten Rettungsaktionen, die vor allem die Interessen der regionalen Finanzplätze berücksichtigen, lassen sich bereits wieder ähnliche Verhaltensweisen beobachten.

3.12 Derivate Gestaltungsmöglichkeiten

Vor allem Finanzinnovationen im Derivate-Bereich sind im Zusammenhang mit der Finanzkrise von Bedeutung. Die US-amerikanische Anlegerlegende Warren Buffet bezeichnete Derivate als „finanzielle Massenvernichtungswaffen". Der Markt für Kreditderivate hat in der letzten Dekade einen enormen Zuwachs erfahren. Zweifelsohne ist ein wesentlicher Grund hierfür in der wachsenden Bedeutung von Kreditrisiken aufgrund des steigenden Wettbewerbsdrucks und der daraus resultierenden Margenverringerung zu sehen (Oriwol, 2005). Hinzu kam eine massive Ausweitung des Geschäfts mit bonitätsmäßig schwachen Kreditnehmern, die die Nachfrage nach Sicherungsinstrumenten zusätzlich verstärkte.

Grundsätzlich gilt: Derivate können sowohl zur Absicherung als auch zu Spekulationszwecken verwendet werden. Innerhalb des Derivatemarkts stellen die Credit Default Swaps (CDS) das bedeutsamste Instrument dar. Credit Default Swaps (CDS) ermöglichen dabei die Loslösung des Kreditrisikos von der zu Grunde liegenden Kreditbeziehung. Credit Default Swaps ähneln vom Prinzip her Versicherungen, die den Ausfall einer Unternehmensanleihe oder eines anderen Kreditpapiers besichern. Der Verkäufer eines CDS-Vertrags bietet dem Käufer an, für diesen einzuspringen, falls ein Kreditnehmer seinen Verpflichtungen nicht mehr nachkommen können sollte (Neske, 2008).

Für diese Leistung erhält der Verkäufer eine Prämie vom Käufer. Die Vorteile sind offensichtlich, es wird nur das Kreditrisiko übertragen, das zu Grunde liegende Schuldverhältnis bleibt zunächst unberührt. Dies bringt in einem standardisierten Verfahren vor allem gegenüber einem vollständigen Forderungsverkauf erhebliche Kostenvorteile. Doch gerade in der Bepreisung der CDS liegt ein entscheidender Spekulationsmoment, da sich die Frage stellt, wer die Erwartung über die Wahrscheinlichkeit einer Unternehmensinsolvenz des zu Grunde liegenden Schuldners und damit die Höhe des CDS-Spreads beeinflussen kann.

CDS werden außerbörslich (OTC-Markt) gehandelt, es steht daher den Geschäften keine Aufsicht im eigentlichen Sinne gegenüber. Zwar existiert insbesondere für CDS seit 1998 eine Standarddokumentation der ISDA (International Swaps and Derivates Association), die kontinuierlich weiterentwickelt wird und durch welche eine Standarisierung der wesentlichen Vertragsbestandteile sowie eine erhöhte Transparenz geschaffen werden sollte, doch kann diese nicht als wirksames Regulierungsinstrument betrachtet werden.

Damit laden CDS geradezu ein, als hochspekulative Zocker-Papiere zu fungieren. Bei geringem Kapitaleinsatz lassen sich Wetten auf Markttrends und auf Unternehmensentwicklungen abschließen. Anstatt eine bestimmte Anleihe zu erwerben, kann ein Marktteilnehmer, der bestimmte Kreditrisiken als überbewertet betrachtet, auf dem CDS-Markt als Sicherungsgeber auftreten und so die fällige CDS-Prämie vereinnahmen. Auf der anderen Seite können aber auch Risiken, die von Marktteilnehmern als unterbewertet angesehen werden, durch Zahlung einer Prämie abgesichert werden. Vor allem an Hedgefonds richtet sich oftmals der Vorwurf solche Strategien ohne fundamental begründete Annahmen anzuwenden, um Unternehmen in die Insolvenz zu treiben. Die CDS-Prämien können, ohne Kapital für den Kauf einer Anleihe binden zu müssen, vereinnahmt werden, solange kein Kreditereignis eintritt. Vor allem in dem Umfeld eines niedrigen Zinsniveaus bietet dies Anreize in CDS zu investieren. Die Nennwerte der im Umlauf befindlichen Papiere sind beträchtlich. Mittlerweile ergab sich eine Summe der im Umlauf befindlichen Papiere von knapp 62 Billionen Dollar – mehr als doppelt soviel wie der Aktienwert der 2500 Unternehmen, die an der New Yorker Börse gelistet sind. Der Markt wuchs von 2001 bis Ende 2007 um das 100-fache (Jenkinson, Penalver & Vause, 2008). In der jetzigen Phase der Konsolidierung schrumpfte der Markt zwar geringfügig - verharrt aber immer noch auf hohem Niveau.

Bisher waren CDS für die großen Finanzakteure vor allem ein gutes Geschäft - der große Test kommt jedoch erst, wenn es im Rahmen des durch die Hypothekenkrise ausgelösten wirtschaftlichen Abschwungs zu mehr Unternehmensinsolvenzen kommen wird. Erst dann wird sich zeigen, ob der CDS-Markt tatsächlich in der Lage ist Risiken abzufedern. Insgesamt bestehen jedoch durch CDS zusätzliche Ansteckungskanäle, die Systemkrisen tendenziell verstärken können. Jedenfalls ist der Markt durch die Ausfälle von Bear Stearns und Lehman Brothers in eine schwierige Situation geraten. Auch wird die Abwicklung von Lehman Brothers zumindest teilweise dafür verantwortlich gemacht, dass der Interbankenmarkt fast zum Erliegen gekommen ist. Schließlich brauchen die Banken Geld, um die enormen Auszahlungen der Ausfallversicherungen für die kollabierte Investmentbank zu bezahlen. Daten über die tatsächlichen Verluste bzgl. der Lehman-Kontrakte liegen nicht vor, auch die ISDA macht dazu keine Angaben.

Die Risiken von Derivaten wie CDS sind offensichtlich. Es bestehen zum einen die inhärenten Risiken, wie Kontrahentenausfall-, Marktpreis-, Liquiditäts- und die rechtlichen Risiken, aus der Vertragsschließung. Zum anderen bestehen jedoch auch Risiken für die Stabilität des Finanzsystems. Durch die Möglichkeit, Kreditrisiken fast unbegrenzt aus den Risikoaktiva herauszulösen und separat zu handeln, einsteht ein Anreiz neue Kredite auszureichen und diese anschließend auf dem dazugehörigen Markt zu verkaufen. So kann zwar das unsystematische Risiko aus dem Grundgeschäft komplett „wegdiversifiziert" werden, dennoch steigt das systematische Gesamtrisiko.

Inzwischen will auch die US-Börsenaufsicht den Handel mit Kreditausfallderivaten regulieren. Eine mögliche Lösung würden hier Clearing-Modelle darstellen, bei denen ein Clearinghaus die Rolle des zentralen Kontrahenten übernimmt. Dieses Clearing-Zentrum fordert dann unmittelbar bei Vertragsabschluss Sicherheiten von den beteiligten Banken. Kann ein Kontrahent seine Verpflichtungen nicht erfüllen, wird die Transaktion zwangsliquidiert (Cünnen & Maisch, 2008). Die Bonitätsrisiken von Derivate-Transaktione würden sich durch solche Clearing-Zentralen ganz erheblich reduzieren.

Dies würde einen Schritt in die richtige Richtung darstellen, außerdem sollten innovative Finanzderivatskonstruktionen prinzipiell zuerst in zahlreichen Stresstests auf ihre Funktion und Wirkung, insbesondere bei Krisenzeiten, getestet werden, um nicht Abwärtsspiralen in Gang zu setzen. Das Gesamtvolumen der auf dem Markt befindlichen Derivate beträgt inzwischen rund 550 Bill. Dollar; viele dieser Papiere wurden nur kreiert um zweckentfremdet Renditen zu erzielen. Es ist zu überlegen, ob nicht der eigentliche Zweck von Derivaten, nämlich die Absicherung von Grundgeschäften, wieder gestärkt werden müsste und zweckentfremdete Spekulationsmotive eingeschränkt werden sollten. Nur so können letztendlich systematische Risiken, die mit dem Handel von Derivaten verbunden sein können, eingeschränkt werden.

3.13 Die einzelnen Anleger

Zuletzt darf auch jeder einzelne Anleger, ob institutionell oder privat, nicht von seiner persönlichen Verantwortung losgesprochen werden. Schließlich sollte im Sinne der oft geforderten Eigenverantwortung jede Anlage, aber auch jede Kreditfinanzierung, vor Abschluss, sorgfältig geprüft werden.

Es wird schnell ersichtlich, dass es sich bei der jetzigen Krise um ein negatives Zusammenspiel der einzelnen Akteure am Finanzmarkt in Kombination mit einer Kette von falschen Anreizsetzungen. Finanzinnovationen spielten dabei eine entscheidende Rolle. Für die einfachen Schuldner der Hypotheken, für die Anleger der verbrieften Forderungspapiere und in der Konsequenz auch für die agierenden Finanzmarktakteure selbst, stellte sich dieses Zusammenspiel als äußerst fatal heraus. Viele der Beteiligten konnten die Gefahren der geschaffen Produkte nicht richtig einschätzen. Hinzu kamen unzureichende internationale Rahmenordnungen, so entstand eine Krise, die keiner der genannten Akteure, bei seinen jeweiligen Einzelhandlungen nur ansatzweise bedachte. Abbildung 1 fasst dies zusammen.

4. Psychologische Einflussgrößen

Aus Sicht der modernen Verhaltenswissenschaften sind jedoch auch fundamentale psychologische Phänomene für die Krise verantwortlich zu machen. Das Klima in dem der Boden für destruktive Finanzinnovationen entstand, bestand aus einer klassischen Verantwortungsdiffusion. Niemand war so richtig für die Kontrolle der geschafften Finanzinstrumente verantwortlich. Viele der beteiligten Akteure profitierten zudem dem Geschäft mit den Finanzinnovationen. Dadurch, dass dieses System so lange funktionierte, kam es zu einer so genannten pluralistischen Ignoranz – man nahm an die Risiken seien vernachlässigbar. Daneben waren jedoch noch andere menschliche Verhaltensweisen entscheidend (Frey & Lenz, 2009):

4.1 Hohes Gewinnstreben und Gier
Die meisten Akteure sind geprägt von hohem Gewinnstreben, wenn nicht sogar Gier. Dies ist einerseits bedingt durch den Zwang des Marktes (Kunden wollen ihr Geld möglichst höchst profitabel anlegen). Auch dadurch werden immer neue Finanzprodukte kreiert, die möglichst hohe Renditen und das mit möglichst niedrigem Risiko abwerfen sollen. Zwar sind Gewinnstreben und Eigennutz durchaus Eckpfeiler eines marktwirtschaftlichen Systems, wenn sie jedoch als hedonistische Motive dominieren, führen sie oft dazu, dass Risiken ignoriert werden. Dazu kommt die Motivlage (Gier) bestimmter Gruppen, die den ganzen Tag Finanztransaktionen tätigen und mit Millionbeträgen jonglieren, also die Gier nach möglichst hohen Bonuszahlungen, oft erzockt durch hochspekulative Geschäfte.

4.2 Denken in kurzfristigen Intervallen
Das hedonistische Prinzip der Profitmaximierung ist verbunden mit Kurzfristigkeit: Stellen sich Erfolge schnell ein, werden kurzfristige Denkweisen noch verstärkt. So dienen auch Finanzinnovationen eher dafür kurzfristige Risiken zu minimieren. Kurzfristigkeit und Quartalsdenken haben im gesamten Marktsystem einen zerstörerischen Siegeszug angetreten, zu Lasten der Menschen, der natürlichen Ressourcen und der Umwelt.

4.3 Vergleichsprozesse und Herdentrieb
Menschen handeln nicht isoliert, für sich selbst, sondern sie vergleichen sich mit anderen ähnlichen Akteuren. Viele sahen nun, dass andere in durchaus undurchschaubaren und potentiell risikoreichen Geschäften mit Finanzinnovationen hohe Gewinne machten und dass sie selbst „der Dumme" sind, wenn sie bei diesem Geschäft nicht mitmachen. Würde man nicht im Mainstream mitlaufen, wäre nicht nur Status, Prestige und Selbstwert bedroht; auch der Druck der Auftraggeber ist enorm, profitstark zu sein. Denn die leistungs- und umsatzstärkste Person bzw. Bank dient als Benchmark für die eigene Leistung.

Nicht nur, dass man sich an anderen misst und sich mit ihnen vergleicht, es kommt in der Gruppe außerdem zu einer Extremisierung von Urteilen und Verhaltensweisen, bei denen das Risiko noch stärker ausgeblendet wird. Auch wenn der Einzelne oder einzelne Gruppen das Risiko sehen mögen, beobachtet jeder, wie sich die anderen verhalten. Und je mehr andere Risiko ignorieren, umso mehr werden Risikosignale unterschätzt. Man verstärkt sich gegenseitig in dieser Spirale. Es ist wie beim schnellen Fahren im Nebel: Jeder sieht, es ist gefährlich oder kann gefährlich sein. Aber da die anderen in der Kolonne auch schnell fahren, kann es so schlimm nicht sein. Und gleichzeitig glaubt man, dass man die Situation immer noch unter Kontrolle hat.

4.5 Groupthink

Keineswegs handelten die Akteure der betroffenen Institutionen (Investmentbanker, Börsenaufsichten, Notenbanken) als Einzelakteure. Sondern alle Entscheidungen und Fehlentscheidungen wurden sehr häufig in Gruppen getroffen. Gruppenprozesse haben aber die Eigenheit, dass die Mehrheit bzw. der formelle informelle Führer Positionen vorgeben. Dabei kann es zu einem informellen Gruppendruck kommen, der Konformität einklagt und letztlich Querdenken und kritisches Denken unterdrückt (welche Risiken beinhalten neue innovative Finanzprodukte). Auch solche Personen, die durchaus Gefahrensignale sahen, werden sich dem Druck der Gruppe und die Notwendigkeit, geschlossen und gleichförmig zu handeln, anpassen. Hinzu kommt, dass die Gruppe sich eine eigene Wahrheit gibt, sich für unanfechtbar hält und sich damit in einer Scheinsicherheit wiegt. Die „Stars" der Gruppe entwickeln sich zu Gurus, die von sich so überzeugt sind, dass sie ihre Spielregeln bzw. die Gesetze des Marktes anderen, zum Beispiel auch der Politik und Aufsichtsbehörden, aufoktroyieren können.

4.6 Subjektiv- und selektive Wahrnehmung

Die Wahrnehmung ist sowohl subjektiv als auch selektiv. Viele der Beteiligten waren der festen Überzeugung, dass sich beispielsweise der US-Immobilienmarkt weiter kontinuierlich positiv entwickeln wird. Informationen, die gegen diese Einschätzung und für erste Erhitzungserscheinungen sprachen wurden ausgeblendet. Dagegen wurden sämtliche Erklärungsversuche und Theorien wohlwollend und bestätigend zur Kenntnis genommen. Dieser Vorgang wird selektive Informationssuche genannt und findet nicht bewusst statt.

4.7 Verantwortungsdiffusion und Pluralistische Ignoranz

Dadurch, dass verschiedene Entscheidungsketten vorhanden waren, die jeweils von unterschiedlichen Institutionen kontrolliert wurden, kam es zur klassischen Verantwortungsdiffusion (keine Institution fühlte sich für den Gesamtprozess und das Gesamtergebnis zuständig). Viele Akteure ignorierten Risikosignale, dabei kam es über Jahre kaum zu negativen Vorfällen, viele innovative Finanzprodukte entwickelten sich sogar scheinbar positiv. So kam es zu einer pluralistischen Ignoranz potentieller Risikoelemente; die Tatsache, dass alle im selben Strom mit schwimmen, trotz des potentiellen Risikos, und nichts passiert wurde so interpretiert, dass es so gefährlich nicht sein kann. Die Beteiligten wurden sich so gegenseitiges Vorbild für passives Verhalten.

4.8 Theorie der gelernten Sorglosigkeit und Erfolgsarroganz

Ein Grundsatz der psychologischen Lerntheorien ist: Verhaltensmuster, die sich als belohnend herausstellen, werden wiederholt, auch wenn diese risikoreich sind. Sind die Belohnungen kontinuierlich, steigert man das Risiko im Sinne von „Testing the limits", um noch größere Belohnungen zu bekommen. Wenn risikoreiche Verhaltensweisen ohne negative Konsequenzen bleiben, und wenn man in der Vergangenheit immer erfolgreich war, entwickeln die Akteure eine Monopolhypothese, dass alles auch in Zukunft gut sein wird und gut bleiben wird. Diese Sorglosigkeit kann sich zu Erfolgsarroganz entwickeln, man hält sich für immun gegenüber Negativkonsequenzen, weil die Monopolhypothese „Alles ist gut und wird gut bleiben" die Fähigkeit und Motivation reduziert, Gefahrensignalen größere Aufmerksamkeit zu schenken. Sorglosigkeit und Erfolgsarroganz verstärken Kontrollillusionen dergestalt, dass man glaubt „alles sei nicht so schlimm und Probleme wird man schon in den Griff bekommen".

4.9 Escalation of Committment

Wenn risikoreiches Verhalten erste negative Konsequenzen hat, muss dieses keineswegs zu einer Revision der Entscheidung führen. Das Gegenteil kann der Fall sein: Man verstärkt das Risiko, setzt quasi alles auf eine Karte um durch mögliche Gewinne den entstandenen Verlust zu reduzieren. Hochspekulative Papiere werden eher nachgekauft, als Verluste frühzeitig realisiert. Salopp ausgedrückt „Ritt auf dem Tiger, Tanz auf dem Vulkan".

4.10 Verdrängung von Gefühlen der Inkompetenz

Keineswegs war es so, dass die betroffenen Akteure, Investmentbanker, Verkäufer, Berater oder auch Kunden die innovativen Finanzprodukte im Kern verstanden hatten. Nur wenige hatten den Mut, die Zivilcourage und das Selbstbewusstsein, dieses zu hinterfragen. So lange die Produkte sich verkaufen ließen und hohe Profite erzielten, neigten die Experten (und Laien) dazu, sich auch keine Blöße geben zu wollen, etwas nicht zu wissen oder etwas zu sehr zu hinterfragen, was man dann doch nicht versteht. Sie reichten das Produkt weiter und verdrängten diffuse Inkompetenzgefühle.

All diese psychologischen Aspekte reduzierten letztendlich die Individualverantwortung, sowohl für die Prozesse als auch für das Ergebnis. So lässt sich auch erklären, warum es so wenige kritische Stimmen gab und diesen nur wenig Gehör geschenkt wurde. Abbildung 2 fasst die wichtigsten psychologischen und wirtschaftlichen Einflussfaktoren, die für die Entstehung der Finanzkrise ursächlich waren, noch einmal zusammen:

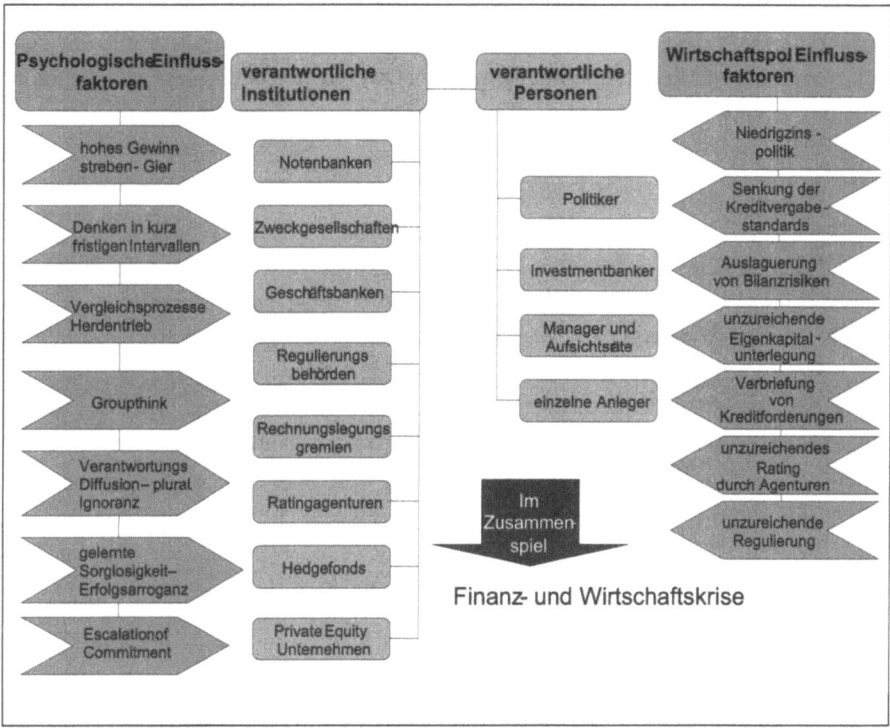

Abb. 2: Psychologische und wirtschaftliche Ursachen für die Entstehung der Finanzkrise

5. Folgerungen

Es ist festzustellen, dass einfachste Grundregeln im Finanzdienstleistungsbereich nicht beachtet wurden. Diese Grundregeln umfassen beispielsweise althergebrachte „Weisheiten", wie diejenige, dass mit einer höheren Renditechance auch das potenzielle Risiko steigt. Banker sollten prinzipiell keine Substanzkredite vergeben, sondern die Darlehensvergabe wesentlich vom „cash flow" also der Kapitaldienstfähigkeit des Darlehensnehmers abhängig machen. Man darf nicht davon ausgehen, dass ein Immobilienboom niemals endet. Nicht zuletzt sollte der Grundsatz der fristenkongruenten Refinanzierung wieder beherzigt werden.

Wie kaum ein anderer Bereich erfuhr der Finanzsektor in den letzten Jahren eine zunehmende internationale Verflechtung (Sassen, 2008). Dabei blieb die Aufsicht und Regulierung meist auf die nationalen Ebenen beschränkt. Obwohl Organisationen des Schattenbanksektors wie beispielsweise Hedgefonds ihre Geschäfte von den großen Finanzmetropolen wie New York oder London tätigen, sind ihre Fonds oft auf Karibikinseln ohne jegliche Regulierung angemeldet. In Zeiten einer zunehmend vernetzten Welt benötigt man Mittel um Rahmenordnungen global durchzusetzen. Gerade der grenzenlose Vertrieb von Finanzinnovationen, in denen faule Kredite versteckt waren, führte zu den beispiellosen weltweiten Verwerfungen.

Neue Finanzinnovationen sollten vor ihrer Einführung einer sorgfältigen und unabhängigen Prüfung unterzogen werden. Wie etwa Medikamente oder Produkte in der Medizintechnik vor deren Einführung peniblen Kontrollen unterzogen werden, sollte dies auch bei innovativen Finanzprodukten der Fall sein. Durch Stresstests sollte die Krisenanfälligkeit und das Risikoprofil neuer Finanzprodukte getestet werden. Auch der indische Ökonom Jagdish Bhagwati (2008) fordert „Eine Kommission sollte bei jedem neuen Finanzprodukt die möglichen Risiken abwägen". Dabei sollte auch immer eine Plausibilitätskontrolle der mathematischen Modelle durchgeführt werden, denn statistische Zusammenhänge sind oft nur vorübergehend wirksam. Nicht zuletzt könnte man auch eine Art Produkthaftung eingeführt werden, was bei Gütern der Realwirtschaft nichts Ungewöhnliches ist.

Ein genereller Verzicht auf innovative Finanzinstrumente hätte jedoch negative Auswirkung auf die wirtschaftlichen Wachstumschancen. Wenn Banken keine Möglichkeit mehr hätten einen Teil der Kundendarlehen zu verbriefen, würde wiederum der Kreditrahmen für die Wirtschaft schrumpfen. Die Aufgabe lautet also Exzesse zu unterbinden und Banken daran zu hindern, zu hohe Risiken einzugehen, weil sie diese unbegrenzt an die Kapitalmärkte weitergeben können. Das Eingehen unbegrenzter Risiken zu erlauben und im Falle von Problemen den Finanzbereich von staatlicher Seite zu rekapitalisieren lädt geradezu zur Unvorsichtigkeit ein. Deshalb sind an dieser Stelle eine funktionierende Aufsicht und eine passende Rahmenordnung, zur Wahrung des öffentlichen Interesses, notwendig.

Die Finanzkrise zeigt auch, dass eine intransparente Verquickung globaler Finanzgeschäfte hohe Risiken produziert, die offensichtlich weder das jeweilige Management noch die zuständigen Aufsichts- und Kontrollgremien zu beherrschen wissen. Selbstregulierung reicht an dieser Stelle nicht aus; die Akteure werden immer dazu neigen, das Mögliche auszuloten – tendenziell sogar versuchen vorhandene Regulierungen innovativ zu umgehen.

Dazu könnte man in den Aufsichtsbehörden, die oft nur sehr träge auf Neuerungen reagieren, Center of Excellence Kulturen einführen, die höchsten Standards verpflichtet und in diesen führend sind. Diese Spitzenleistung sollte sich auf die Fähigkeit beziehen, Gefahren und systemische Risiken möglichst schnell ausfindig zu machen sowie die Anwendung gültiger Regeln auf alle Wettbewerber zu gewährleisten. Vor allem die Kultur des kritischen Rationalismus ist zu nennen, die Theorie des kritischen Rationalismus geht auf Karl Popper (1973) zurück, nach ihr gilt nicht das Verifikationsprinzip (Bestätigungsprinzip), sondern am Falsifikationsprinzip (Widerlegungsprinzip). Übertragen bedeutet dies, dass es nicht darum geht bestehendes abzusichern, sondern kritisch abzuwägen, ob aufgrund veränderter Situationen oder Marktgegebenheiten neue Problemlösungsansätze initiiert werden müssen. In diesem Zusammenhang ist auch eine Zivilcourage-Kultur notwendig, in der Widerspruch erlaubt ist und zu konstruktiven Verbesserungen führt. Außerdem ist die Frage- und Neugierkultur zu nennen, in der keine Fragen tabu sein dürfen und aktives Interesse an neuen Aufgabengebieten vorliegt. Allzu oft wurde von den Aufsichtsbehörden nur das geprüft, was schon lange bestand und daher auch verstanden wurde.

Es sollte zukünftig stärker zwischen einem freien Außenhandel und einer Liberalisierung des Finanzsektors getrennt werden. Die Gefahren und Risiken, die mit einem liberalisierten Finanzsektor einhergehen, sind wesentlich höher und bedürfen einer stärkeren Kontrolle. Die ökonomische Auffassung von der Funktionsfähigkeit freier, unregulierter Märkte, hat einen gravierenden Einschnitt erfahren. Der Berkeley-Professor George Akerlof (2009), meint hierzu: „Wer Märkte erfolgreich deregulieren will, der müsse das ‚Laufstall-Theorem' ernst nehmen." Nach diesem muss ein Kleinkind, solange es im Laufstall ist, nicht weiter beobachtet und behütet werden. Wenn das Kind jedoch aus dem Laufstall herausgelassen wird, sollte es besser im Auge behalten werden, damit nicht irgendwann ein Unglück passiert. Bei der Deregulierung von Finanzmärkten gäbe es Analogien. Auch ist die weit verbreitete Annahme, dass Finanzmärkte immer effizient funktionieren und stets alle verfügbaren Informationen verarbeiteten so nicht mehr haltbar.

Trotzdem ist vor einem Einstimmen in die Kapitalismuskritik zu warnen. Forderungen nach mehr Protektionismus sind dabei als besonders gefährlich zu betrachten. Die soziale Marktwirtschaft, wie wir sie in Deutschland als Errungenschaft und durch sie viele Innovationen geschaffen haben, gilt es vielmehr zu verteidigen. Schließlich würde sie ja im Prinzip über die Mittel verfügen, um die vorgefallenen Exzesse zu verhindern. Die Exzesse des „Turbo-Kapitalismus" oder neuerdings auch „Casino-Kapitalismus" genannt, gilt es weiterhin einzudämmen. Dabei ist sicher auch die fundamentale Bedeutung des Haftungsprinzips für die Marktwirtschaft zu stärken. Walter Eucken (1952) - neben Ludwig Erhard - einer der Väter der sozialen Marktwirtschaft drückte dies folgendermaßen aus: „Wer den Nutzen hat, muss auch den Schaden tragen." Nur durch eine gelebte Verantwortungskultur kann auch die Zustimmung zu einem marktwirtschaftlich geprägten System wieder steigen.

Der schwer fassbare Begriff des „Vertrauens" ist wohl als Schlüsselgröße für marktwirtschaftliche und insbesondere für finanzmarktliche Prozesse anzusehen. Das durch das übermäßige Profitstreben einzelner verlorene Vertrauen ist nun sowohl zwischen Kunden und Banken, als auch im Interbankenmarkt schwer wiederzuerlangen.

So spielt also auch eine moralische Komponente bei der Krise mit. Robert Willumstad, ehemaliger AIG-Chef, verzichtete beispielsweise auf angebotene 22 Mio. Dollar Abfindung, nachdem sein Rettungsplan gescheitert war. In einer Email schrieb er: „Ich ziehe es vor keine Abfindung zu erhalten, wo doch Anleger und Angestellte einen erheblichen Teil ihres Aktienvermögens verloren haben" (Koch, 2008). Wenn jedoch in einer Gesellschaft das Prinzip der Gewinnmaximierung als Lebensprinzip vorherrscht, werden solche Beispiele die Ausnahme bleiben. Nicht zuletzt deshalb ist es wichtig an den Schulen, den Universitäten, aber auch bei MBA-Programmen, verstärkt auf die Konsequenzen unethischen Handelns hinzuweisen.

Es spricht jedoch auch vieles dafür, dass Verantwortliche jetzt bereit sind, die erforderlichen Konsequenzen zu ziehen. Erste Schritte sind eine international koordinierte Regulierung. Dazu gehören einheitliche Regeln und mehr Wettbewerb unter den Ratingagenturen – außerdem eine Ausweitung der Finanzregulierung auf Hedgefonds und Private-Equity-Unternehmen. Es wird künftig nötig sein innovative Finanzprodukte bereits vor Markteinführung auf deren Wirkung hin zu untersuchen. Dabei könnte Transparenz ein entscheidender Wettbewerbsfaktor unter den Finanzdienstleistern werden. Um zukünftige Krisen zu vermeiden ist eine proaktive Regulierung notwendig. Der Staat und die international tätigen Regulierungsbehörden müssen in ihren Handlungen immer einen Schritt voraus denken, Szenarien entwickeln und mögliche Gegenmaßnahmen vorausplanen. Dies stellt einen Aufgabenbereich dar, den die jetzigen Regulierungsbehörden, auch aufgrund der Auslastung durch das Tagesgeschäft, nicht bewerkstelligen konnten. Viele Menschen leben in der Illusion, dass sich die Zukunft aus den Daten der Vergangenheit ableiten lässt. Oft wird die Zukunft jedoch von unvorhersehbaren, unwahrscheinlichen Ereignissen geprägt. Es gilt also die Zukunft selbst zu gestalten und auf das scheinbar Undenkbare möglichst gut vorbereitet zu sein. Abbildung 3 fasst noch einmal zusammen was das Wichtigste zusammen.

Wege aus der Krise – was ist zu tun?
- Finanzdienstleister müssen sich wieder auf ihre Zentrale Rolle als Dienstleister der realen Wirtschaft konzentrieren
- Eigenkapitalvorschriften müssen auch für aus den Bankbilanzen ausgelagerte Kredite (Zweckgesellschaften) gelten
- Innovative Finanzprodukte sollten vor deren Einführung, auf ihre Stressanfälligkeit geprüft werden
- Der Handel von derivaten Produkten sollte weitgehend auf deren ursprüngliche Intention, als Absicherungsgeschäfte, beschränkt werden
- Schaffung klarer Rahmenordnungen durch Politik und Experten
- Für sämtliche Derivate sollte erhöhte Transparenz durch die Schaffung von Clearing-Zentralen und Meldevorschriften erreicht werden – sogenannte "over the counter-Geschäfte", sollten unterbleiben
- Schaffung klarer Zuständigkeitsbereiche der nationalen Regulierungsbehörden (Bafin und Bundesbank)
- Bessere internationale Koordinierung der Aufsichtsorgane
- Schaffung einer übernationalen Aufsichtsinstanz, die vor allem systemische Risiken proaktiv beobachtet
- Es müssen für alle am Kapitalmarkt tätigen Finanzdienstleistungsunternehmen, auch für Hedgefonds, Private Equity Unternehmen und Ratingagenturen, die gleichen Regeln gelten
- Unter den Ratingagenturen sollte es zu mehr Wettbewerb kommen, eine kritische Hinterfragung der Ratingmodelle ist notwendig, Plausibilitätstests sollten eingeführt werden
- Die Zweckmäßigkeit des Fair Value-Ansatzes sollte im Rahmen der internationalen Bilanzierungsregeln noch einmal kritisch geprüft werden
- langfristige Erfolgskomponenten sollten bei der Berechnung von Bonis und Gehälter starker berücksichtigt werden, Eckpunkte und unter Umständen auch Obergrenzen sind sinnvoll
- Die Haftung der Verantwortlichen ist auszudehnen
- Einführung von Center of Excellence-Kulturen in Aufsichtsbehörden
- In allen Bereichen muss eine höhere Transparenz zum Schutz aller Beteiligten erreicht werden

6. Fazit

Sicherlich ist es im Nachhinein leicht den Finger zu heben und auf Versäumnisse hinzuweisen Nun ist es jedoch vor allem notwendig richtig zu handeln. Für eine Reihe von Missständen fühlte sich in der Vergangenheit weitestgehend niemand verantwortlich. Es ist daher Zeit, dass sich Unternehmen, Politik und Gesellschaft ihrer Verantwortung bewusst werden und gemeinsam klare Spielregeln formulieren sowie die richtigen Rahmenbedingungen für ein vernünftiges Wirtschaften setzen. Dies gilt besonders für Finanzprodukte, die sich quasi im rechtsfreien Raum bewegten und so Kern der Krise waren. Nur durch eine effektive Regulierung können Finanzinnovationen dem Gemeinwohl dienen und nicht zu zerstörerischen Schöpfungen werden.

Literatur:

Akerlof, G. A. & Shiller R. J (2009). *Animal Spirits – Wie Wirtschaft wirklich funktioniert*. Frankfurt/NewYork: Campus.

Bhagwati, J. (2008). „Finanzindustrie hat zu viel Einfluss". *Handelsblatt* Nr. 197 v. 10.10.2008, 197.

Brabänder, Bernd (2008). Die Rolle der Rating-Agenturen. *die bank (8)*, 11-18.

Cünnen, A. & Maisch, M. (2008). Fed drängt auf Derivate Abwickler. *Handelsblatt, Nr. 195 v. 08.10.2008*, 32.

Doms, M. & Krainer, J. (2006). *Innovations in Mortgage Markets and Increased Spending on Housing*. Federal Reserve Bank of San Francisco manuscript, http://www.frbsf.org/publications/economics/papers/2007/wp07-05bk.pdf [15.05.2009].

Eucken, W. (1952). *Grundsätze der Wirtschaftspolitik*, (7. Aufl.). Stuttgart: UTB.

Fehl, U. (2008). Profitgier, Risikovorsorge und Finanzmarktkrise. *Zeitschrift für das gesamte Genossenschaftswesen, 58*(4) 245-247.

Frey, D. & Lenz, A. (2009). Gruppendruck, Gier und Verdrängung. *Süddeutsche Zeitung , 2*, 22.

Fromm, T. (2008). Schmerz, lass nach – Immer mehr Landesbanken eilen unter den Rettungsschirm – damit ist der akute Fusionsdruck der Branche erst einmal weg. *Süddeutsche Zeitung, 257*, 24.

Geiger, H. & Kappel, V. (2006). *Innovationen im Finanzsektor – eine Untersuchung am Finanzplatz Schweiz*. Universität Zürich, Institut für schweizerisches Bankwesen.

Hübner, H. (2002). *Integratives Innovationsmanagement. Nachhaltigkeit als Herausforderung fürganzheitliche Erneuerungsprozesse.* Berlin.

Jaffe, D. & Quigley, J. M. (2008). Mortgage Guarantee Programs and the Subprime Crisis. *California Management Review, (51)1, 117-143.*

Jäger, M. & Voigtländer, M. (2008). Hintergründe und Lehren aus der Subprime-Krise. *IW-Trends – Vierteljahresschrift zur empirischen Wirtschaftsforschung aus dem Institut der deutschen Wirtschaft Köln, 35 (3),* Köln: Deutscher Instituts-Verlag.

Jenkinson, N., Penalver, A. & Vause, N. (2008). Financial innovation: what have we learnt?. *Quartely Bulletin,* Bank of England, 48 Q3, 330-338.

Kaserer, C. (2008). *Mangelnde Regulierung und Moral-Hazard-Probleme.* Ifo Schnelldienst, *61(21),* 3-6.

Koch, M. (2008). Robert Willumstad – Geschasster AIG-Chef der auf Millionen verzichtet. *Süddeusche Zeitung,* 223, 4.

Lenz, A. (2009). *Von der US-Immobilienkrise zur internationalen Finanzkrise – Ursachen – Auswirkungen – Regulierungsmaßnahmen.* Saarbrücken: Verlag Dr. Müller.

Neske, C. (2005). Kreditderivate – Handbuch für die Bank und Anlagepraxis. In H.-P. Burghof (Hrsg.). *Grundformen von Kreditderivaten.* Stuttgart: Schäffer-Poeschel Verlag.

Oriwol, D. (2005). *Kreditderivate – Wirkungsweise und Einsatz im Kreditportfoliomanagement unter Erfolgsgesichtspunkten.* Freiburg: Berliner Wissenschaftsverlag.

Pellens, B., Sawazki, W., Zimmermann, R. (2008). *Accounting does matter – IFRS Value Accounting: Fluch oder Segen.* Diskussionspapier, Oppenheim Research.

Perridon, L. & Steiner, M. (2004). *Finanzwirtschaft der Unternehmung* (13. Aufl.). München: Verlag Franz Vahlen.

Popper; K. R. (1973). *Objektive Erkenntnis: Ein evolutionärer Entwurf.* Hamburg: Hoffmann & Campe.

Sassen, S. (2008) *Das Paradox des Nationalen: Territorium, Autorität und Rechte im globalen Zeitalter.* Berlin: Suhrkamp.

Schumpeter, J. (1912). *Theorie der wirtschaftlichen Entwicklung: Eine Untersuchung über Unternehmergewinn, Kapital, Kredit, Zins und den Konjunkturzyklus.* (8.Aufl). Berlin: Duncker & Humbolt.

SEC (2008). *Summary Report of Issues Identified in the Commission Staff's Examinations of Select Credit Rating Agencies, Office of Compliance Inspections and Examinations Division of Trading and Markets and Office of Economic Analysis,* UNITED STATES SECURITIES AND EXCHANGE COMMISSION July 2008,
http://www.sec.gov/news/studies/2008/craexamination070808.pdf [(15.03.2009].

Wagner, E. (2008). *Credit Default Swaps und Informationsgehalt.* Wiesbaden: Gabler.

Innovationen in der öffentlichen Verwaltung Deutschlands sowie Erfolgsfaktoren und Stolpersteine bei Veränderungen in Verwaltungen

Rudolf Fisch, Dieter Frey und Lutz von Rosenstiel

1. Sind Verwaltungen innovationsfähig?

Verwaltungen sind im Prinzip innovationsfähig und sie verändern sich auch, sowohl was soziale wie technische Innovationen angeht. Jedoch ist die öffentliche Wahrnehmung eine andere: Verwaltungen werden als nicht besonders innovationsfreudig eingeschätzt, eher als den einmal bewährten Routinen verhaftet und als wenig beweglich und konservativ. Einschlägige Witze darüber sind Legion. Verwaltungen haben jedoch ihre Innovationsfähigkeit in der Vergangenheit immer wieder unter Beweis gestellt (zum Beispiel Dearing, Hill und Klages, 2005). Beide Sichtweisen gibt es und für beide gibt es gute, durch Tatsachen und Fallstudien gestützte Argumente.

Aber Verwaltung ist nicht gleich Verwaltung. Nicht nur innerhalb der drei nationalen Ebenen Bund, Länder und Kommunen existiert Verschiedenheit unter den Verwaltungen, sondern auch auf einer Ebene findet man unterschiedlichste Verwaltungen, je nach hierarchischer Position im Verwaltungsgefüge und aufgabenbedingter Organisationsform. Zum Beispiel bezogen auf die kommunale Ebene: Ein kommunaler Betrieb ist etwas anderes als ein örtliches Sozialamt und wiederum anders als eine Polizeistation. Und so weiter. Entsprechend der Aufgaben und Tradition variiert auch die Innovationsneigung in Verwaltungen. Angesichts der starken Ausdifferenzierung der heutigen Verwaltung ist es also nicht ganz angemessen, allgemeine Einschätzungen über „Innovationen in der Verwaltung" abgeben zu wollen.

Aber es gibt allgemeine Prinzipien für Verwaltungen, die es rechtfertigen, von Verwaltung im Allgemeinen zu sprechen. Hierzu gehören folgende vier Gestaltungsprinzipien und Steuerungsformen von Verwaltungen, die überdies im Hinblick auf die Beantwortung der Frage nach Innovationen eine Schlüsselfunktion haben: Das Recht (Legalitätsprinzip), die Finanzen (Finanzausstattung und Haushaltsgebaren), die Politik (Auftraggeberin für Verwaltungen im Sinne der Gewaltenteilung) und die Nutzung der Medien, zum Beispiel für die Selbstdarstellung, Berichterstattung und Aktivierung der von den Medien selbst gewählten Kontrollfunktion. Ein wesentlicher Unterschied zur freien Wirtschaft besteht darin, dass Verwaltungen in ihrem Tun insgesamt gemeinwohlverpflichtet sind. Wer sich mit förderlichen und hinderlichen Einflüssen auf Innovationen in Verwaltungen befasst, kommt nicht darum herum, sich zumindest mit diesen vier Gestaltungs- und Steuerungsbereichen und der vieles prägenden Gemeinwohlorientierung des Verwaltungshandelns zu befassen.

Innovation meint Neuerung. Das Neue kann im Fall der Verwaltung sein: Neue Dienstleistungen, neue Verfahrensabläufe, Ideen, Strategien, welche die Verwaltungsroutinen verändern. Im Gegensatz zum natur- und ingenieurwissenschaftlichen Verständnis von Innovation geht es in Verwaltungen primär um soziale oder soziotechnische Innovationen. Die Einfallstore für das Neue sind im Wesentlichen die oben genannten vier Gestaltungs- und Steuerungsbereiche, was an folgenden Beispielen aufgezeigt werden soll:

- Neue Aufgaben und daraus abgeleitet neue Routinen im Gefolge von Rechtsänderungen: Zum Beispiel die Neuorganisation der Auszahlung der Hartz-IV-Leistungen durch die Gemeinden in Zusammenarbeit mit der Bundesagentur für Arbeit.

- Die Umsetzung der EU-Dienstleistungsrichtlinie mit der Bereitstellung eines einheitlichen Ansprechpartners für die Antragstellung und -abwicklung zum Beispiel einer Firmengründung allein auf elektronischer Basis und dies von jedem EU-Land aus.

- Die Einführung neuer, managerialistischer Führungsinstrumente oder -techniken, wie die Balanced Scorecard zur strategischen Führung, leistungsorientierte Entlohnung, Computerisierung der Verwaltungsabläufe, eGovernment-Lösungen, e-Procurement für die Beschaffung von Materialien.

- Verfahrensinnovationen, zum Beispiel die Ablösung arbeitsteiligen Vorgehens durch Ganzfallbearbeitung oder für zeitlich befristete, umschriebene Aufgaben die Nutzung der lange verwaltungsuntypischen Projekt- oder Gruppenarbeit.

- Neues Finanzwesen: Umstellung auf Doppik an Stelle der bisherigen kameralistischen Haushaltsführung; fertig werden mit knapperen finanziellen Ressourcen.

- Einsatz alternativer Organisationsmodelle, zum Beispiel Zentralisierung oder Dezentralisierung, mehr oder weniger Hierarchieebenen einer Verwaltung.

- Zeitgeistgeprägte Vorstellungen über Verwaltungsführung zum Beispiel Neuorientierung des Verwaltens insgesamt als öffentliches Management und damit verbunden die Einführung von Modellvorstellungen wie „Neues Steuerungsmodell" (NSM, siehe unten „Aus der Verwaltung kommende Innovationen") oder das mit dem NSM verwandte Konzept „Neue Steuerungsinstrumente" (NSI).

- Radikale Neuerung als Idee für eine weit reichende, alle Verwaltungsbereiche einer Landesverwaltung durchdringende Veränderungen der Verwaltungsorganisation. Anlass ist oft, in beträchtlichem Umfang Kosten zu sparen. Das soll erreicht werden zum Beispiel durch einen umfassenden Personalabbau in kurzer Frist, kompensiert durch die Einführung einer einheitlichen Verwaltungssoftware (zum Beispiel von SAP) zur rationelleren Steuerung aller Verwaltungsvorgänge.

- Ein Beispiel hierfür ist der gegenwärtige, weitgehende Umbau der Landesverwaltung in Hessen. Er ist (natürlich) Regierungsprogramm sowie das Ergebnis parlamentarischer Beratungen und Beschlussfassungen.

Nicht ganz so ambitioniert, aber in den Konsequenzen ebenfalls weit reichend, war die Abschaffung der Regierungspräsidien als staatliche Mittelinstanz in Niedersachsen.

Die Kostenseite bei Einführung von Innovationen wird in ihrem vollen Ausmaß kaum öffentlich gemacht und erörtert, auch weil man durch vorherige Entscheidungen gefangen ist und das Programm zunächst in Gänze durchgezogen sein sollte, ehe man eine Bilanz ziehen kann. Ein Beispiel für die Risiken, die mit solchen umfassenden Innovationsversuchen verbunden sind, ist aus Baden-Württemberg zu berichten: Dort wurden im Jahr 1999 per Kabinettsbeschluss die so genannten Neuen Steuerungsinstrumente (NSI) zentral für alle Landesbehörden verfügt, die dann flächendeckend umgesetzt werden sollten. Der baden-württembergische Landesrechnungshof hat im Frühjahr 2007 die Ergebnisse einer Evaluation zu diesem Innovationsvorhaben vorgelegt. Seine Stellungnahme dokumentiert die großen und zum Teil wenig erfolgreichen Mühen, welche die Verwaltungsbereiche im Lande Baden-Württemberg aus verschiedenen Gründen in den vergangenen Jahren mit der Umsetzung hatten. Zum Beispiel mangelte es an einschlägigen Managementkenntnissen bei den verwaltungsgeprägten Führungskräften oder diese waren nicht in der Lage, ihren Mitarbeitern die Konzepte der NSI und deren Umsetzung in einsichtiger Form nahe zu bringen. Die hohen Kosten der Einführung, so der Rechnungshof, seien nicht zu rechtfertigen, zumal in der Folge keine Kosteneinsparungen eintraten, sondern weiterhin hohe Kosten entstanden und weiterhin entstehen. Der Rechnungshof riet eindeutig zur umgehenden Aufgabe des Vorhabens. Die Landesregierung akzeptierte die Kritik in Teilen und möchte die NSI in Zukunft vor allem dort einsetzen, wo sie nachweislich nützlich sind.

2. Quellen für Innovationen im öffentlichen Sektor

Zumindest für Anpassungsinnovationen in Verwaltungen gibt es an sich einen institutionell vorgegebenen, quasi-natürlichen Ansatzpunkt: Gemeint ist die in jeder Verwaltungseinrichtung vorfindbare Allgemeine Abteilung oder Zentralabteilung. Sie ist im weitesten Sinne verantwortlich für das „Funktionieren" der Binnenorganisation und für die Binnensteuerung der Verwaltung. Dazu könnte auch die Einführung umfassenderer sozialer oder technischer Innovationen gehören. Doch in der Praxis kümmert sich dieser Bereich in erster Linie um reibungslose Abläufe, die durch die vorgegebene Struktur-, Ablauf- sowie Führungsorganisation einer Verwaltung gewährleistet werden sollen. Der Bereich kann aus dieser Aufgabenhaltung, funktionsbedingt, nur ein vorsichtiges Interesse an signifikanten Innovationen haben; denn signifikante Neuerungen dürften in der Regel zunächst den geordneten Ablauf stören. So hört man, insbesondere von lang gedienten Beschäftigten, das Argument „Reformen kommen und gehen. Die Verwaltung aber muss ihre Arbeit tun!" Dazu genügen ihrer Ansicht nach, bei spürbarem Veränderungsdruck aus der Innen- oder Außenwelt einer Verwaltung, oftmals schon kleinere, begrenzte lokale Optimierungen, um die Arbeiten weiterhin angemessen ausführen zu können und zugleich Veränderungswillen zu dokumentieren.

So verwundert es nicht, dass bei Innovationen in Verwaltungen die „Fremdbefruchtung" charakteristisch ist. Die allermeisten der oben genannten Maßnahmen und Beispiele für Neuerungen kamen nicht der Verwaltung selbst (unten werden Ausnahmen beschrieben), sie entstanden nicht aus besonderen Verwaltungsinitiativen, sie sind überwiegend keine Eigenentwicklungen; sondern sie wurden in der Regel von außen angestoßen oder der Verwaltung von außen, vor allem seitens der Politik, auferlegt. Auch „die Politik" selbst wiederum ist meist nicht die eigentliche Quelle der verwaltungsbedeutsamen Innovationen. Sondern die Innovationen in Verwaltungen sind überwiegend Ergebnisse der Gesetzgebung, von öffentlich geführter Debatten über vermeintliche oder tatsächliche Defizite in Staat und Verwaltung, die zum Thema für Verlautbarungen in den Medien gemacht wurden, ferner Inhalte von (verwaltungswissenschaftlichen) Tagungen oder Ergebnisse aus einschlägigen Enquête-Kommissionen, wie zum Beispiel der „Bürokratieabbau".

Software- und Unternehmensberatungsfirmen haben in den neunziger Jahren des zurückliegenden Jahrhunderts das neue Geschäftsfeld der öffentlichen Verwaltung entdeckt. Sie versuchen, in Kooperationen mit verschiedenen Verwaltungen auf diversen kleinen und großen Feldern Innovationen einzuführen. Sie stellen heute mit ihrem Managementwissen eine Art Pressure Group gegenüber der Verwaltung dar. Die jährliche Messe „Moderner Staat", veranstaltet im November im ICC Berlin, ist ein anschauliches Beispiel für die ertragreiche Symbiose von Softwarefirmen und Unternehmensberatungen mit staatlichen und kommunalen Stellen in Sachen Verwaltungsmodernisierung. Dabei zeigen sich die beiden heute hauptsächlichen Treiber der Innovationen in Verwaltungen: Zum einen ist es die Technikentwicklung, die ihren Ausdruck zum Beispiel in vielfältigen Formen des eGovernments, der Informations- und Kommunikationstechniken oder in Geschäftsprozesse unterstützende Softwarelösungen findet. Die innovativen technischen Produkte verändern die Aufgaben und Abläufe fundamental, auch mit Konsequenzen für Organisationsaufbau und -strukturen. Zum anderen geht es um eine umfassende Haushaltskonsolidierung. In beiden Feldern haben Beratungsfirmen große Expertise entwickeln können. Dazu trägt bei, dass in den Firmen ehemalige Führungskräfte der unteren und mittleren Führungsebene aus Verwaltungen arbeiten oder Inhaber solcher Firmen sind.

Natürlich sichert sich der öffentliche Sektor auch das Wissen von einschlägigen Wissenschaftlern und Forschungsinstituten für seine Innovationen. Besonders im Bereich des eGovernment und der Informations- und Kommunikationstechniken besteht eine enge Zusammenarbeit zum Fraunhofer-Institut für Offene Kommunikationssysteme in Berlin.

3. Direkt aus Verwaltungen kommende Innovationen

Natürlich wurden auch (mittelbar) aus der Verwaltung heraus Innovationen entwickelt. Ein Beispiel ist die neue einheitliche Behördentelefonnummer 115. Sie gilt als Ausdruck einer klaren bürgerbezogenen Serviceorientierung der Verwaltung. Der Bürger soll sich mit seinen Anliegen nicht mehr durch ein Geflecht von Zuständigkeiten arbeiten müssen, sondern mit höchstens vier Unterverbindungen soll dem Anliegen an zuständiger Stelle Rechnung getragen werden können.

Es gibt Versuche, die gesamte Verwaltungsorganisation auf eine neue Grundlage zu stellen Beispielhaft sei für den kommunalen Bereich die Arbeit der KGSt (früher: „Kommunale Gemeinschaftsstelle für Verwaltungsvereinfachung", heute „Kommunale Gemeinschaftsstelle für Verwaltungsmanagement") in Köln genannt. Die KGSt versteht sich als Impulsgeber für verwaltungsbezogene Innovationen. Die KGSt hat zum Beispiel maßgeblich das Neue Steuerungsmodell (NSM)entwickelt. Aus der New Public Management-Bewegung abgeleitet wurde es zunächst als „Tilburger Modell" für deutsche Verhältnisse adaptiert, fortentwickelt und vermarktet. Ein wichtiges Etikett für die Verbreitung der Neuerung war das Konzept „Konzern Stadt".

Heute sind vor allem die Kommunen als Klienten der KGSt in der Verwaltungsmodernisierung weit fortgeschritten. Nicht, dass sie alles aus dem NSM 1:1 umgesetzt hätten; aber es resultierten daraus viele Anregungen für lokale Modernisierungsbemühungen. Sie führten vor allem dazu, dass heute eine deutliche Dienstleistungsmentalität und ein Bemühen um bürgernahes Verwalten in den Kommunen wahrnehmbar sind. Ausdruck dieser Bemühungen sind die heute in vielen Städten vorfindbaren Bürgerbüros. Allerdings hört man auf einschlägigen Tagungen, dass selbst nach Jahren des bemühten Umsetzens des NSM in den Verwaltungen noch erhebliche Verständnisprobleme über das NSM existieren; darüber wird unter Fachleuten freimütig gesprochen. Hier offenbart sich, wie auch bei dem oben erwähnten baden-württembergischen Befund, eine Management-Lücke in Verwaltungen; sie war bereits in den 80er Jahren konstatiert worden. Bogumil, Grohs, Kuhlmann undOhm (2007) haben eine, von der KGSt natürlich eingehend kritisierte Studie über die Verbreitung und Umsetzung des NSM nach zehn Jahren in deutschen Kommunen vorgelegt. Sie belegt unter anderem, dass nur ein kleiner Prozentsatz von Kommunen die Lehren des NSM konsequent umsetzen konnte. Das bedeutet: Es besteht eine Kluft zwischen Management-Redeweisen und der gelebten Praxis in der Verwaltungswelt (vgl. dazu auch Bogumil, 2008).

In allen 16 Stadtstaaten und Ländern gibt es Kommissionen, die mit der Erörterung, Einführung und Umsetzung von Innovationen in ihren Verwaltungen befasst sind. Was dort alles seit Mitte der 90er Jahre des zurückliegenden Jahrhunderts an Modernisierungen geschehen und dokumentiert ist, findet sich in der Datenbank „WIDUT", die beim Deutschen Forschungsinstitut für öffentliche Verwaltung Speyer gepflegt wird (Brenski und Liebig, 2007). WIDUT zeigt anschaulich die große Vielfalt der Bemühungen um die Verwaltungsmodernisierung in folgenden Feldern: Verwaltungspolitik, Aufgabenumbau, Organisationsentwicklung, Planungs- und Prozessoptimierung, Neue Steuerung (NSM, hierzu gibt es mit Abstand die meisten Dokumente), Personalentwicklung, Regeloptimierung und eGovernment.

In der gegenwärtigen (2005-2009) Legislaturperiode ist die Bundesverwaltung mit ihrem Programm „Bürokratieabbau und bessere Rechtssetzung" (Bundesministerium des Innern, o.J.) sehr aktiv. Insbesondere das Bundesverwaltungsamt hat sich zum engagierten Umsetzer zahlreicher Innovationen gemacht. Besonders gepflegt werden hier neue Ansätze des Rechnungswesens sowie vielfältige Instrumente und Verfahren zum eGovernment, aufbauend auf früheren Arbeiten zum Bonn-Berlin-Verbund mittels EDV.

Insgesamt gesehen ist die deutsche Verwaltung dabei, sich auf die neuen Bedingungen in der EU einzurichten und in Maßen Anpassungsinnovationen vorzunehmen, um Staat und Verwaltung im globalen Wettbewerb besser zu positionieren. Letzteres ist dringend notwendig, denn die weltweite Konkurrenz ist groß. Andere, selbst europäische Nationen sind vergleichsweise pragmatischer in der Wahl von Zielen und Mitteln im Verwalten als die primär in rechtsförmigen Verfahren denkende deutsche Verwaltung. Es wäre der deutschen Länder- und Bundesverwaltung zu wünschen, dass sie beherzter und von sich aus notwendige (Anpassungs)Innovationen erfindet, entwickelt und verwaltungsgemäß umsetzt als dass sie sich dazu drängen lässt, nolens volens Instrumente und Verfahren, die aus einer anderen Welt stammen, insbesondere aus der Wirtschaft oder aus anderen Nationen, ohne sorgfältige Adaptation und modellhafte Prüfung zu übernehmen, zu hohen Kosten und mit bisher geringen Wirkungen. Ob dies zentral geschieht, wie bei der kommunal geprägten KGSt oder beim Bundesverwaltungsamt, oder dezentral in umschriebenen Verwaltungsbereichen, ist wahrscheinlich nachrangig gegenüber der Tatsache, dass eine übergreifende Modernisierung von Staat und Verwaltung gewollt und konzertiert in Angriff genommen wird. Bisherige Ansätze, in länderübergreifenden Arbeitskreisen derlei Themen zu behandeln, sind kaum bekannt; denn solche Aktivitäten unterliegen auf Bundesebene dem grundgesetzlich verankerten Ressortprinzip und auf Landesebene den Föderalismusprinzipien. Damit sind von Arbeitskreisen und ähnlichem übergreifende oder einheitliche, nationale Lösungen kaum zu erwarten und entsprechend besteht geringe Neigung, sich für solche Vorhaben zu engagieren. Es gibt also rechtliche Möglichkeiten und Grenzen für Innovationen im öffentlichen Sektor (Bull, 2008).

4. Die Umsetzung von Innovationen ist aufwendig

Innovationen sind in der Regel nicht kostenneutral zu erhalten, was in der Verwaltung eine geradezu stereotype Forderung bei jeglicher Veränderung ist. Damit laufen die Bemühungen aber ins Leere. Denn Innovationen stellen Investitionen dar. Natürlich ist darauf zu achten, dass die Investitionen sich irgendwann auszahlen. Deshalb müssen bei verantwortlicher Planung Machbarkeitsstudien sowie systematische Folgeabschätzungen erfolgen, ehe investiert wird. Wissenschaft kann hier unterstützend wirken.

Bei der Umsetzung von Innovationen kann es temporär zu Leistungseinschränkungen in der betreffenden Verwaltung kommen. Zum Verständnis dessen hilft vielleicht folgendes Bild: Wenn an einer Autobahnstrecke gebaut werden muss, werden die Fahrspuren verengt und die Geschwindigkeit wird herabgesetzt, um dennoch den Verkehr durch leiten zu können. Analoges gilt für Verwaltungen, die umgebaut werden sollen. Welche Stolpersteine bei Veränderungen die Arbeit zusätzlich schwer machen, berichten beispielsweise Frey, Gerkhardt und Fischer (2008).

Änderungsvorhaben sind riskant: Untersuchungen von Unternehmensberatungen deckten auf, dass rund zwei Drittel aller Änderungsvorhaben nicht die Ziele erreichen, die mit den Änderungen intendiert waren (vgl. dazu Capgemini, 2006).

Nachhaltige, innovative Veränderungen in Verwaltungen einzuleiten und umzusetzen, erfordert demnach nicht nur besonderen Kräfteeinsatz und Extra-Ressourcen, sondern auch viel Engagement von Sachpromotoren und Machpromotoren in der Organisation - sowie Zeit. Denn bis sich handlungsleitende Kognitionen bei verantwortlichen Akteuren ändern und in der Folge neue Verwaltungsroutinen aufgebaut sind, vergehen Jahre. Bei substantiellen Änderungen, und sei es „nur" die nachhaltige Veränderung des administrativen Führungsstils von dominant-direktiv zu kooperativ, braucht es nach vorliegenden Erfahrungen zwei bis drei Jahrzehnte, ein Zeithorizont, der für die Umsetzung nachhaltiger organisationeller Innovationen in der einschlägigen Forschung Geltung erlangt hat. Was in diesem Zeitraum geschieht, sind sehr komplizierte Wechselwirkungen zwischen Bestehendem und Neuerungen, die, und das wird oft übersehen, in Gleichgewicht mit anderen Organisationsbereichen und deren Entwicklungen gebracht werden müssen (Fisch, 2008). Leider wissen wir noch viel zu wenig über solche Langzeitprozesse, weil es kaum wissenschaftliche Longitudinalstudien der systematischen Evaluation von Innovationen gibt (Boyatzis et al., 2006). Eines weiß man aus Fallstudien: Die großen, radikalen Innovationen in Organisationen gelingen allenfalls in besonders günstig gelagerten Fällen. Überwiegend muss man mit einer langfristigen Zielperspektive im Kopf inkremental vorgehen, das heißt kleine und kleinste Schritte gehen und immer wieder Prüfschritte einbauen und dies sehr konsequent und nachführend. Dazu braucht es einen länger amtierenden „Kümmerer". Dass dabei eine so „weiche" Einflussgröße wie die Organisationskultur und deren aktive Änderung eine Schlüsselrolle für das Gelingen von Veränderungsvorhaben spielen (vgl. Fisch, 2007; Fisch & Beck, 2007), sei nur noch am Rande erwähnt.

5. Stolpersteine bei Veränderungen in der Verwaltung: Bei Veränderungsprozessen gilt statt „maximizing" und „optimizing" „satisfysing" (vgl. Nobelpreisträger Robert Simon)

Vorbemerkung zu den Besonderheiten der Beschäftigten im Öffentlichen Dienst: Veränderungsprozesse bzw. Innovationen in der Verwaltung stoßen in der Regel auf zwei Formen von Widerstand: Einerseits auf den Widerstand der Beschäftigten im öffentlichen Dienst selbst, und andererseits auf Widerstand durch die von der Verwaltungsreform betroffenen Zielgruppen in der Gesellschaft. Wir wollen im Folgenden die Widerstände, die beide Personenkreise betreffen, kurz aufführen, um dann einige grundlegende Erfolgsfaktoren für Veränderungsprozesse darzustellen.

Verwaltung hat häufig das Problem, dass die Politik bzw. die Rechtsprechung Dinge verordnen, die weder für Beschäftigten im öffentlichen Dienst noch für die Bevölkerung sofort nachvollziehbar sind. Sehr oft kommt es zu einer Änderung von Regularien oder Verwaltungsvorschriften, obwohl man sich an die bisherige Vorgehensweise gewöhnt, sie manchmal sogar lieb gewonnen hatte. Wenn es nun nicht gelingt, über eine Vision oder über Leidensdruck den Sinn und die Notwendigkeit einer Veränderung zu vermitteln, wird die Reform auf Barrieren stoßen.

Die einzige Chance, mit dem Problem fertig zu werden, ist die Menschen im Vorfeld zu impfen, im Sinne von „Es wird nicht alles so gehen, wie es deinem persönlichen Wertesystem entspricht". Wie kommst du damit klar? Oder aber man nimmt eine Trennung in veränderbare Welten und nicht veränderbare Welten vor, das heißt, dass man weiß, es ist eine nicht veränderbare Welt, dass man auch als Ministerialbeamte manchmal Dinge und Verordnungen umsetzen muss, die dem persönlichen Wertesystem diametral widersprechen.

Häufig ist auch Verwaltung selbst Gegenstand von Kritik, weil aus der Sicht der betroffenen Zielgruppen Verwaltung die Dinge zu bürokratisch, zu langsam, und nicht im Interesse der Bürger umsetzt. Ein gutes Beispiel dafür ist die Verwaltung in Brüssel, die oft als Sündenbock dafür gilt, dass man negative Vorurteile gegenüber Europa hat. Nach wie vor ist es nämlich nicht gelungen den Menschen zu transportieren, dass die gesetzliche Verwaltung in Brüssel für die Menschen sinnvoll und notwendig ist.

Bei allen Veränderungsprozessen, ob in Verwaltung oder in anderen Bereichen, ist es notwendig zu erklären, warum es zu diesem Prozess kam. Wenn die Beteiligten das Warum und Wozu des Prozesses nicht erkennen bzw. nicht verstehen, werden sie die Reform blockieren.

Im Folgenden nennen wir einige Barrieren bei der Einführung von Veränderungsprozessen in der Verwaltung, ebenso Erfolgsfaktoren der Umsetzung. Die Barrieren wie die Erfolgsfaktoren beziehen sich sowohl auf das Verhalten der Beschäftigten im öffentlichen Dienst, die zum ersten Mal mit einem neuen Gesetz konfrontiert werden, als auch auf die Akzeptanzbereitschaft bei der Bevölkerung, die von einer Verwaltungsreform betroffen ist.

6. Ein grundlegendes Problem: Widerstände in Veränderungsprozessen

Jede Veränderung bedeutet, dass ein Mensch sein bekanntes und gewohntes Tun, sein Umfeld, seine Gewohnheiten, seine Rolle, kurzum seinen Status quo verlassen muss. Der Status quo beinhaltet jedoch für Menschen in der Regel einen mehr oder minder großen Nutzen und eine Reihe von Bequemlichkeiten. Dies zu verlassen ist auf den ersten Blick mit Nachteilen, mit subjektivem Aufwand oder gar Beeinträchtigungen verbunden.

Hält man sich diesen Zusammenhang vor Augen, so ist es nur allzu verständlich, dass beinahe jede Veränderung verdeckten oder offenen Widerstand hervorruft. Widerstände können dabei in unterschiedlichster Form deutlich werden, sie haben jedoch eines gemeinsam: In der Regel laufen sie darauf hinaus, entweder die Veränderung zu unterlaufen oder aktiv dagegen anzugehen, zumindest aber sie zu verlangsamen. Da Ablehnung und Widerstände häufig ein zentrales Problem bei der Umsetzung von Veränderungen sind, werden die Widerstände der Betroffenen als entscheidende Herausforderung für das Management des Wandels betrachtet.

Es stellt sich die Frage: muss eine Veränderung denn immer Angst und Stress bei den Betroffenen auslösen?

Die Antwort nach Lazarus ist nein, zumindest nicht zwangsläufig. Vielmehr zeigt sich, dass der Mensch letztlich nur dort Ängste bzw. Stress entwickelt, wo er Bedrohungen vermutet, denen er nicht gewachsen ist (vgl. Lazarus & Folkman, 1987). Wird eine Veränderung also als Bedrohung erlebt, der man nicht gewachsen ist, so wird man diese als stress- und angstbesetzt erleben. Entsteht allerdings das Gefühl, der Bedrohung gewachsen zu sein und mit ihr umgehen zu können, kann eine Veränderung von der Gefahr zur Chance werden.

7. Stolpersteine im Veränderungsprozess

In den folgenden Themenblöcken haben wir einige Stolperstein bei Change Management Prozessen sowohl in der Verwaltung wie in sozialen und kommerziellen Organisationen gesammelt. Viele dieser Barrieren lassen sich bei der Einführung einer Veränderung vermeiden oder zumindest minimieren.

7.1 Das Problem der Unklarheit über Ziele, Strategie, Prozess und Sinn

Oft ist den Beteiligten unklar, was die Strategie bzw. Ziel und Hintergrund der Veränderung sind. Es fehlt den Betroffenen dadurch einerseits an einer klaren Ausrichtung und andererseits an der Möglichkeit ein inhaltliches und zeitliches Drehbuch für die Veränderung zu entwickeln. Nach dem Motto: „Wir sollen uns auf die Reise begeben, wissen aber nicht, wohin sie geht!" Ein weiterer zentraler Aspekt ist die Unklarheit über Nutzen und Notwendigkeit der Veränderung. Nicht selten werden Veränderungsprozesse stark appellativ angekündigt und eingeleitet, aber es fehlen Argumente über Nutzen und Notwendigkeit für die einzelnen Betroffenen. Es entsteht das Gefühl: „Wir sollen uns auf die Reise begeben, wissen aber nicht warum wir die Reise antreten?".

7.2 Das Problem langwieriger Prozesse und Entscheidungen

Prozesse und Entscheidungen im Rahmen anstehender Veränderungen bedürfen oft eines langwierigen Prozesses. Auch hier gilt wiederum: man muss die „Warum-Frage" klären, also zu erläutern, warum Prozesse und Entscheidungen so lange dauern. Dies bedeutet selbst als Führungskraft klar nachzufragen, was bereits entschieden ist und was wann entschieden sein wird. Auf Basis dessen gilt es entsprechend alle weiteren Betroffenen zu informieren: Was wissen wir auf jeden Fall, was wissen wir auf keinen Fall und wo gibt es eine Vielfalt von Differenzierungen (vgl. Abb. 3). Wenn der Mitarbeiter weiß, was er weiß und was er nicht weiß, dann hilft ihm dieses auch, verglichen damit, dass alles diffus ist.

7.3 Das Problem der „Erblasten"

Wenn man als Führungskraft einen Veränderungsprozess einführen will, so steht man häufig vor dem Problem, dass die anstehende Veränderung nicht der erste change ist, den die Mitarbeiter erfahren haben. Durch eventuelle negative „Erblasten" von Vorgängern können so Misstrauen und negative Déjà-vu-Erlebnisse entstehen. In diesem Fall gilt es herauszufinden wann und inwiefern Vorgänger suboptimal gehandelt haben. Solange man dieses nicht aufarbeitet, im Sinne einer

Ursachenanalyse und Erläuterung bzw. Anpassung der eigenen Vorgehensweise, wird man die betroffenen Menschen nicht erreichen. In gewisser Weise gilt: Wer keine Vergangenheit hat, wird auch keine Zukunft haben. Man muss deshalb die Probleme und Fehler, das vor und zurück aufarbeiten und dann die Menschen gewinnen.

7.4 Das Problem von zu frühem Aktionismus

Nicht selten werden im Rahmen einer Veränderung vorzeitig Aktionen angekündigt, aber dann erfolgt letztlich nichts. Die Folge ist ein Frustrationserlebnis auf Seiten der Betroffenen. Der Fehler liegt oft darin, dass man im Rahmen langwieriger Prozesse dazu neigt, erste Aktionen möglichst schnell zu kommunizieren. Ehe man dazu übergeht gilt es jedoch genau zu prüfen, wie sicher die Umsetzung tatsächlich ist. Falls eine Änderung bzw. Ungewissheit zu groß erscheint, sollte in jedem Fall auf verfrühten Aktionismus verzichtet werden.

Dennoch kommt es vor, dass sicher erscheinende Aktionen und Entscheidungen unerwartet revidiert werden. In diesem Fall ist es zentral, die Änderung der Vorgehensweise offen zu begründen. Wichtig ist es, die Hintergründe für die Betroffenen zu erläutern und eine Perspektive zu geben wie es nun weiter geht.

8. Erfolgsfaktoren in Veränderungsprozessen: Schritte zur Akzeptanz von Änderungen bzw. Innovationen

Vor dem Hintergrund der vorab beschriebenen psychologischen Prozesse und häufiger Stolpersteine stellt sich, bezogen auf die Praxis, die Frage, wie ein Veränderungsvorhaben sowohl innerhalb der Behörde als auch bei denen, die davon betroffen sind, zu gestalten ist, damit es erfolgreich sein kann. Welche Faktoren gilt es also konkret zu berücksichtigen, um die betroffenen Menschen mit Ihren Emotionen, Sehnsüchten und Bedürfnissen für das geplante Vorhaben zu gewinnen?

Ein schönes Beispiel zu Stolpersteinen und Erfolgsfaktoren ist der Veränderungsprozess in Europa. Die Europa-Idee ist eine gute Idee, ist sinnvoll und notwendig in einer globalisierten Welt und trotzdem ist es sehr schwierig eine Akzeptanz der betroffenen Europäer zu erreichen. Vielleicht helfen einige der folgenden Erfolgsfaktoren bei Change Managementprozessen, wie sie auch in der Wirtschaft gefunden wurden.

8.1 Ist-Zustand: Diagnose der Situation und Problemanalyse

Zu Beginn eines jeden Veränderungsvorhabens sollte eine umfassende Diagnose der Ist-Situation stehen. Es gilt zu klären, an welchem Punkt die Organisation, das Land, die Zielgruppe und die einzelnen Betroffenen aktuell stehen. In diesem Rahmen sollte analysiert werden, welche Informationen zu den anstehenden Veränderungen bereits bekannt sind, welche Veränderungen notwendig sind bzw. welche Auswirkungen die anstehenden Veränderungen aus Sicht der Beteiligten voraussichtlich haben werden.

8.2 Soll-Zustand: Vision und Ziele definieren

Den Ziel- bzw.- Soll-Zustand mittels einer Vision und konkreten Teilzielen zu definieren ist ein weiterer zentraler Faktor innerhalb eines Change Prozesses. Entscheidend ist ein klares und verständliches Bild der Zukunft, das Klarheit schafft und die Richtung aufzeigt, wohin der Veränderungsprozess führen soll. Die Vision muss dabei einfach zu kommunizieren sein.

8.3 Gemeinsames Bewusstsein erzeugen

Grundlegend für die erfolgreiche Umsetzung eines Change Prozesses ist das Vorherrschen eines gemeinsamen Problembewusstseins. Um dies zu erreichen ist es notwendig, die Dringlichkeit und Notwendigkeit der Veränderung auf breiter Unternehmensbasis zu verdeutlichen, denn die Wahrnehmung von Defiziten ist eine notwendige Bedingung für die Bereitschaft zu Innovation und Veränderung (Gebert, 2004b; 2007). Oft zeigt sich, dass die Akzeptanz von Veränderungsprozessen eher vorhanden ist, wenn Unumkehrbarkeit wahrgenommen wird, d.h. wenn die Menschen sehen, dass es keinen Weg zurückgibt. So stieg die Akzeptanz des Euro in Deutschland in dem Augenblick, als man gesehen hat, dass er tatsächlich kommt; vorher war die Attraktivität der DM wesentlich höher. Dennoch bewirken Veränderungsprozesse in der Regel Ängste und die Befürchtung von Verlusterlebnissen. Vor diesem Hintergrund ist es zentral, sich mit den Ängsten, Risiken und Sorgen der Betroffenen auch auseinanderzusetzen, wie beispielsweise der Angst vor Arbeitsverlust, Statusverlust und Know-how Verlust. In jedem Fall sollte Raum geschaffen werden, die Bedenken äußern und sachlich und vertrauensvoll besprechen zu können.

Gleichzeitig gilt es an diesem Punkt die Chancen aufzuzeigen, die mit den anstehenden Änderungen verbunden sind. Entscheidend ist, dass die Betroffenen den Nutzen und den Vorteil einer Veränderung für sich persönlich erkennen und ein lähmendes Gefühl der Angst vermieden wird. In diesem Sinne bietet es sich an, konkrete Argumente herauszuarbeiten, um die Vorteile der Veränderung aus

Sicht der Betroffenen zu verdeutlichen. Weiterhin muss aber gleichzeitig eine mentale Grundhaltung vermittelt werden im Sinne von „wir können uns ändern und es gibt Änderungsmöglichkeiten" (vgl. Gebert, 2004b; 2007). Dabei kann das Aufzeigen von Unterstützungsangeboten beispielsweise durch Schulungen oder die zugesicherte Unterstützung durch den Vorgesetzten einen entscheidenden positiven Einfluss auf die Sicht der Betroffenen ausüben.

8.4 Konsens der betroffenen Parteien: Vorbildverhalten von Führung, Vertrauen schaffen

Der oftmals entscheidende und erfolgskritische Faktor innerhalb eines Veränderungsprozesses ist der Konsens der betroffenen Parteien bzw. der Führung. Um eine Veränderung erfolgreich einleiten und umsetzen zu können ist die Koalition der Führung als gemeinsame Befürworter des Prozesses unumgänglich. Denn erst wenn eine kompetente und durchsetzungsfähige Führung dahinter steht, ist die notwendige treibende und tragende Kraft und damit die Basis zur Umsetzung der Veränderung geschaffen.

Ein entscheidender psychologischer Faktor bezogen auf die Führung ist zudem das Vertrauen. Wie sich zeigt, stellt auch dieser Faktor eine entscheidende Grundlage für die erfolgreiche Durchführung organisatorischer Wandlungen dar. In dem Maße, in dem die betroffenen Menschen der eigenen Führung vertrauen, akzeptieren sie auch deren Wege und Vorschläge. Das vorherrschende Vertrauen kann damit sowohl die Glaubwürdigkeit von Erklärungen als auch die Legitimation von Handlungen maßgeblich beeinflussen (Kramer & Tyler, 1996; Rousseau & Tijoriwala, 1999).

8.5 Kommunikation: Klarheit, Offenheit und Verständlichkeit

Der regelmäßige und interaktive Austausch bzw. eine systematische und umfassende Kommunikation ist in jedem Veränderungsprozess unabdingbar. Dabei zeigt sich, dass neben der Schaffung von Vertrauen durch Kommunikation letztlich auch die Offenheit gegenüber Veränderungen positiv beeinflusst werden kann.

Notwendig ist dabei eine klare, bildhafte und verständliche Kommunikation, also ein Marketing, das für die Betroffenen glaubhaft und nachvollziehbar ist. Für eine lebendige und umfassende Kommunikation sollten dabei alle vorhandenen Kommunikationskanäle genutzt werden, wobei sich in der Praxis häufig zeigt, dass der direkte Austausch im persönlichen Gespräch oftmals die größten Erfolge hat. Wichtig ist zudem zeitnah, auf breiter Ebene, offen, klar und lebendig zu kommunizieren. Zeitnah heißt, dass die Kommunikation so früh wie möglich stattfinden sollte, um so möglichen Gerüchten und Unsicherheiten vorzubeugen. Auf breiter Ebene bedeutet, dass alle betroffenen Zielgruppen in die Kommunikation eingeschlossen werden müssen. Offen heißt dabei, dass zu einer fairen Kommunikation auch die wahrheitsgetreue Vermittlung schlechter Nachrichten zählt. Klar kommunizieren bedeutet, die Sprache der Betroffenen zu wählen, um so auf einer Augenhöhe miteinander zu sprechen und Vertrauen zu schaffen.

8.6 Partizipation der Beteiligten und Berücksichtigung von Fairnessprinzipien

Ein zentrales Grundprinzip des Change Management ist die Partizipation, also die Einbindung der Betroffenen in den Prozess. Das altbekannte Motto lautet: „Mache Betroffene zu Beteiligten!". Das wesentliche menschliche Bedürfnis, um das es dabei geht ist die wahrgenommene Kontrolle bzw. Kontrolliertheit. Kontrolle kann insgesamt als Überzeugung einer Person definiert werden, gemäß der sie selbst über Handlungsmöglichkeiten verfügt, unangenehme Ereignisse reduzieren zu können (Thompson, 1981). Kontrolle setzt sich neben den Facetten der Erklärbarkeit sowie der Vorhersehbarkeit und Transparenz aus den Faktoren Beeinflussbarkeit und Partizipation zusammen (Frey und Jonas, 2002). Entscheidend für die Gestaltung von Veränderungsprozessen ist, dass gemäß der Kontrolltheorie, die Einbindung der Beteiligten in die Prozesse eine erhöhte Identifikation und Bereitschaft zur Mitwirkung erzeugt.

Ein weiterer zentraler Faktor ist die wahrgenommene Gerechtigkeit bzw. Fairness, auch sie übt einen nicht unerheblichen Einfluss auf die Emotionen und das Verhalten der Betroffenen in Veränderungsprozessen aus. Organisationale Gerechtigkeit besteht nach Colquitt, Conlon, Wesson, Porter und Ng (2001) aus den vier Komponenten distributive, prozedurale, interpersonale und informationale Gerechtigkeit. Entscheidend im Rahmen der Partizipation bei Veränderungsprozessen ist die prozedurale Fairness, also die Verfahrensfairness. Prozedurale Fairness bezieht sich dabei auf die wahrgenommene Gerechtigkeit von (Entscheidungs-) Prozessen. Hier geht es also nicht um das Ergebnis, sondern um den Prozess an sich, also die Kriterien des Wie, die zum Was geführt haben oder führen werden. Metaanalysen bei kommerziellen und sozialen Organisationen belegen insgesamt hohe Zusammenhänge zwischen prozeduraler Fairness und Arbeitszufriedenheit, Arbeitsleistung, organisationalem Commitment und Vertrauen (Colquitt et al., 2001, Cohen-Carash & Spector, 2001). Entscheidend ist dabei, dass sich all diese Faktoren schließlich wiederum positiv auf die Akzeptanz von Veränderungsprozessen auswirken können.

Bei den beiden weiteren Faktoren der Gerechtigkeit der interpersonellen und der informationalen Fairness steht hingegen der Kommunikationsprozess im Mittelpunkt. Hier sind die entscheidenden Faktoren ein respektvolles und korrektes Verhalten gegenüber den Betroffenen (interpersonale Gerechtigkeit) sowie adäquate Erklärungen für die jeweilige Entscheidung (informationale Gerechtigkeit). Zur informationalen Gerechtigkeit gehört insgesamt auch der Aspekt, dass man nicht nur die positiven Aspekte der Änderungen artikuliert, sondern genauso die tatsächlichen oder möglichen negativen Informationen („bad news") und dass man mit den Betroffenen diskutiert, wie das Gewicht dieser tatsächlichen oder potentiellen negativen Episoden, die mit der Veränderung auftreten können, minimiert werden können. Dieses ist identisch mit der Anwendung der Impftheorie. All diese Aspekte üben letztlich einen entscheidenden Einfluss auf einstellungs- und verhaltensbezogene Reaktionen von Mitarbeitern aus.

8.7 Qualifikation: Vermittlung von Fähigkeiten und Fertigkeiten

Eine Veränderung beinhaltet zumeist eine Veränderung der Anforderungen für eine Reihe der betroffenen Menschen. Diese neuen Anforderungen wiederum bedürfen neuer oder anderweitiger Qualifikationen und Fertigkeiten. Nicht selten löst dies erhebliche Widerstände bei den Betroffenen aus, man befürchtet, die Fähigkeiten und Fertigkeiten zur Umsetzung nicht zu haben. Wichtig ist deshalb, dass man das neue Qualifikationsniveau definiert und die Betroffenen aktiv darin unterstützt, die notwendigen Fähigkeiten und Fertigkeiten zu erreichen.

8.8 Konsequente Umsetzung

Wie sich zeigt, ist eine professionelle Projektorganisation mit geschulten Mitarbeitern in fachlicher, methodischer und psychologischer Hinsicht sowie die eindeutige Klärung von Rollen und Verantwortlichkeiten ein entscheidender Faktor für den Projekterfolg. Neben der fachlichen und sozialen Kompetenz sollte bei der Aufstellung der Projektorganisation allerdings auch die notwendige Vertrauensbasis im Hinblick auf die Betroffenen berücksichtigt werden. Demnach sollte eine Projektorganisation nach Möglichkeit bereits die unterschiedlichen Zielgruppen der Veränderung durch die Integration einzelner Vertreter in die Projektorganisation einbinden. Vor dem Hintergrund, dass diese häufig als Multiplikatoren bzw. Kommunikatoren eingesetzt werden, ist es entscheidend, dass den ausgewählten Personen Glaubwürdigkeit, Vertrauenswürdigkeit, Expertise und Sachkenntnis zugeschrieben werden. Dadurch kann die Bereitschaft zur Einstellungsänderung bzw. Einstellungsbildung maßgeblich beeinflusst werden (vgl. Frey et al. 2005).

9. Fazit

Die Verwaltung selbst ist einem permanenten Innovationsprozess unterworfen, und das ist notwendig. Im Laufe der Geschichte musste sich Verwaltung immer wieder neuen technischen und gesetzgeberischen Veränderungen anpassen. Dieser Anpassungsprozess bezieht sich sowohl auf den einzelnen Beschäftigten im öffentlichen Dienst als auch auf Überzeugungsprozesse von Verwaltungsmitarbeitern mit den jeweiligen betroffenen Bürgern (die Zielgruppen, für die Verwaltung Servicedienstleister ist), um diese von Veränderungen zu überzeugen.

Dieselben Prinzipien, die aber für kommerzielle Unternehmen hinsichtlich Erfolgsfaktoren von Veränderungen und Innovationen relevant sind (und dort vielleicht oft schneller passieren, weil der Druck des Marktes schneller wirkt) gelten aber auch für die Verwaltung.

Literatur

Bogumil, J. (2008). Evaluation kommunaler Verwaltungsmodernsierung. In R. Fisch, D. Beck & A. Müller (Hrsg.), Veränderungen in Organisationen – Stand und Perspektiven (S. 325-350). Wiesbaden, Verlag für Sozialwissenschaften.

Bogumil, J., Grohs, S., Kuhlmann, S. & Ohm, A. K. (2007). Zehn Jahre Neues Steuerungsmodell. Eine Bilanz kommunaler Verwaltungsmodernisierung. Berlin: edition sigma.

Boyatzis, R. E. (2006). An overview of intentional change from a complexity perspective. Journal of Management Development, 25, 607-623.

Brenski, C. & Liebig, A. (Hrsg.). (2007). Aktivitäten auf dem Gebiet der Staats- und Verwaltungsmodernisierung in den Ländern und beim Bund. Speyerer Forschungsberichte 250. Speyer: Deutsches Forschungsinstitut für öffentliche Verwaltung.

Bull, H.P. (2008). Rechtliche Möglichkeiten und Grenzen von Innovationen im öffentlichen Sektor. In R. Fisch, D. Beck & A. Müller (Hrsg.), Veränderungen in Organisationen – Stand und Perspektiven (S. 39-52). Wiesbaden, Verlag für Sozialwissenschaften.

Bundesministerium des Innern (Hrsg.). (o.J.). Bürokratieabbau und bessere Rechtssetzung. Berlin: Bundesministerium des Innern.

Capgemini (2006). Change Management 2006. Bedeutung, Strategien, Trends. Untersuchung der Unternehmensberatung Capgemini in Kooperation mit den Medienpartnern Handelsblatt (Deutschland), Standard (Österreich) und Handelszeitung (Schweiz), im Internet abrufbar unter http://www.capgemini.com/m/de/tl/Change_Management_2006.pdf.

Cohen-Charash, Y. & Spector, P. E. (2001). The role of justice in organizations: a meta-analysis. *Organizational Behavior and Human Decision Processes, 86*, 278-321.

Colquitt, J. A., Conlon, D. E., Wesson, M. J., Porter, C.O. & Ng, K.Y. (2001). Justice at the millennium: A meta-analytic review of 25 years of organizational justice research. *Journal of Applied Psychology, 86*, 425-445.

Dearing, E., Hack, H., Hill, H. & Klages, H. (Hrsg.). (2005). Spitzenleistungen zukunftsorientierter Verwaltungen. Eine Dokumentation zum 7. Speyerer Qualitätswettbewerb. Wien: Neuer Wissenschaftlicher Verlag.

Fisch, R. (2007). Führungskräfte als Modernisierer: ihre Vorstellungen, ihr Handeln. Speyerer Vorträge Heft 87. Speyer: Deutsche Hochschule für Verwaltungswissenschaften Speyer.

Fisch, R. (2008). Verwaltungsmodernisierung in Deutschland – ohne Folgen für eine zeitgemäße Organisationsgestaltung? In In R. Fisch, D. Beck & A. Müller (Hrsg.), Veränderungen in Organisationen – Stand und Perspektiven (S. 65-92). Wiesbaden, Verlag für Sozialwissenschaften.

Fisch, R. & Beck, D. (2007). Organisationskultur als kritischer Faktor des Veränderungsmanagements. In W. Kluth (Hrsg.), Jahrbuch des Kammer- und Berufsrechts 2006 (S. 117-138). Baden-Baden: Nomos.

Frey, D., Gerkhardt, M. & Fischer, P. (2008). Erfolgsfaktoren und Stolpersteine bei Veränderungen. In R. Fisch, D. Beck & A. Müller (Hrsg.), Veränderungen in Organisationen – Stand und Perspektiven (S. 281-300). Wiesbaden, Verlag für Sozialwissenschaften.

Frey, D., Greitemeyer, T. & Fischer, P. (2005). Einstellungen. *In D. Frey, L. v. Rosenstiel, & C. Graf Hoyos (Hrsg.): Wirtschaftspsychologie. Weinheim: Beltz, 55-60.*

Frey, D. & Jonas, E. (2002). Die Theorie der kognizierten Kontrolle. In D. Frey & M. Irle (Hrsg.), *Theorien der Sozialpsychologie (Band III)*. Bern: Huber.

Gebert, D. (2004b). Organisationsentwicklung. *In H. Schuler (Hrsg.), Lehrbuch Organisationspsychologie. Bern: Huber, 601-616.*

Gebert, D. (2007). Psychologie der Innovationsgenerierung. In D. Frey und L. v. Rosenstiel (Hrsg.), *Enzyklopädie der Psychologie. Wirtschaftspsychologie, Band 6* (S. 783-855). Göttingen: Hogrefe.

Kramer, R. M. & Tyler, T. R. (1996). *Trust in organizations: Frontiers of theory and research*. Thousand Oaks, CA: Sage.

Lazarus, R.S., & Folkman, S. (1987). Transactional theory and research on emotions and coping. European Journal for Personality, 1, 141-170.

Rousseau, D. M. & Tijoriwala, S. A. (1999). What´s a good reason to change? Motivated reasoning and social accounts in promoting organizational change. *Journal of Applied Psychology, 84,* 514-528.

Thompson, S. C. (1981). Will it hurt less if I can control it? *Psychological Bulletin, 90,* 89-101.

Die offene Gesellschaft. Was macht Gesellschaft lebenswert?

Das letzte Kapitel dieses Buches ist der Gesellschaft als Ganzem gewidmet. Hier folgen wir den Leitgedanken von Karl Popper, der in seinem Werk „Die offene Gesellschaft und ihre Feinde" eine Zukunftsvision unserer Gesellschaft skizziert hat. Die Vision der offenen Gesellschaft, deren Weiterentwicklung durch den machtfreien Diskurs bestimmt wird, ist nach unserem Dafürhalten die einzige Möglichkeit eines erfolgreichen, wertorientierten, stabilen, verständnisvollen und doch innovationsfreudigen Zusammenlebens.

Die Offenheit und Experimentierfreudigkeit soll sich auch in den folgenden Beiträgen widerspiegeln. Sie sind nur Skizzen und vermitteln vor allem die psychologische Sichtweise. Ein so umfangreiches Thema wie die offene Gesellschaft und ihre Zukunftsmöglichkeiten kann begreiflicherweise hier nur kaleidoskopartig beleuchtet werden. Alle Hauptautoren dieses Bandes liefern aus ihrer Perspektive einen Beitrag und jeder entwickelt seine jeweils individuelle Vision. Diese Visionen sind spekulativ, aber sie gründen sich auf fundierte wissenschaftliche Befunde und sollten ernst genommen werden.

Menschenbild und neue Aufklärung

Rolf Oerter

Betrachtet man das Thema Innovation auf gesamtgesellschaftlicher Ebene, so werden zwangsläufig übergeordnete Perspektiven wichtig. Aus den bisherigen Kapiteln ergeben sich Mosaiksteine, die es nun zu einem Ganzen zusammen zu fügen gilt. Es geht nicht darum, ein harmonisches Schlussgebäude zu errichten, sondern vielmehr darum, die Offenheit des Vorgehens zu verdeutlichen. Offenheit ist die allgemeinste Voraussetzung vor Innovation. Die vorausgehenden Kapitel zeigen in vielfältiger Weise, dass und wo diese Offenheit fehlt. Sie zeigen aber auch, dass es nach wie vor notwendig ist, sich auf verbindliche Werte zu einigen und sie einzuhalten. Hinter diesen Wertvorstellungen steht die Frage nach dem Menschenbild, das uns leiten sollte. Die jüngste Vergangenheit zeigt, mit welcher Menschenverachtung Maßnahmen getroffen wurden, bei der Vernichtung von Arbeitsplätzen zugunsten von Gewinnmaximierung, bei sinnlosen Kriegshandlungen, die Tod und Vertreibung für Unschuldige bedeuten, und bei der Vernichtung von Volksvermögen.

Als erste Voraussetzung wollen wir uns mit der Frage des Menschenbildes beschäftigen.

Es gibt typisierte Modelle des Menschenbildes, wie den Homo oeconomicus, der nur rational handelt, den Homo faber, dessen Lebenssinn die Arbeit ist, den Homo sociologicus, der sich nach gesellschaftlichen Regeln verhält, und den Homo informaticus, der zielgerichtet Informationen auswählt und danach seine Entscheidungen fällt. Diese Modelle sind blutleere Abstraktionen und wollen es auch sein. Sie sind aber auch falsch, wie die Psychologie und Evolutionsbiologie belegen können. Der Mensch handelt eben nicht rational, verhält sich nur innerhalb des Stütznetzes einer Zivilgesellschaft nach gesellschaftlichen Regeln und wählt auch Informationen nicht sachgerecht, sondern einseitig nach der persönlichen Bedürfnislage aus.

1. Evolutionäre Wurzeln menschlichen Verhaltens

Noch gravierender, weil basaler, wirken sich aus unserer Evolution begründete Merkmale aus, die für die Gesellschaft nicht unbedingt wünschenswert sind: Aggressivität, Revieranspruch, Unterwerfung unter einen Führer und Herdentrieb. Daneben bescherte uns die Evolution auch positive Merkmale, wie Altruismus, vor allem Gewährung von Pflege und Schutz, Bindung zwischen Pflegeperson und Kind, aus der später eine Vielfalt prosozialer Beziehungen erwächst; Neugier und Wissbegier, die den Menschen über die bloße Lebensfristung hinaus zur Erkenntnissuche antreiben und ihm die Wissenschaften beschert haben; und nicht zuletzt die Sprache als Kommunikations- und Denkwerkzeug, ohne die die Vielfalt menschlicher Kulturen nie entstanden wäre.

Vielleicht sind es vor allem drei (vermutlich) evolutionär bedingte Faktoren, die heute zum Risiko für Gesellschaften werden: der Durchbruch unkontrollierter aggressiver und „unmenschlicher" Impulse bei Wegfall zivilisatorischer Kontrolle, die Ablehnung und Bekämpfung von Außengruppen (Minoritäten, fremde Ethnien, Mitglieder anderer Religionszugehörigkeit) und die /rücksichtslose Durchsetzung egoistischer Interessen. Die schrecklichen Beispiele aus jüngster Vergangenheit zeigen mit fast mechanischer Präzision das erste Phänomen, die rohe „unmenschliche" Grausamkeit bei Wegfall zivilisatorischer Kontrolle: Massenmorde und -vergewaltigungen in Bosnien, Völkermord in Dafur, im Kongo und in Ruande, Misshandlung und Folter durch Amerikaner im Irak und auf Guantanamo. Norbert Elias hat gezeigt, wie im Laufe der historischen Entwicklung die im Nahkampf erforderlichen intensiven, „rohen" aggressiven Impulse durch die Einführung von Fernwaffen überflüssig wurden. Diese Neuerung setzte wiederum ein anderes evolutionäres Merkmal außer Kraft, die Tötungshemmung, die sich, wie Konrad Lorenz beschreibt, bereits bei vielen Tierarten zeigt. Das zweite Phänomen, die Ablehnung von Außengruppen, mag ursprünglich selbsterhaltend für das Individuum und die Horde oder Gruppe gewesen sein, ist aber längst dysfunktional geworden angesichts der nationalen und internationalen Verflechtungen. Vorurteile gegen Außengruppen wirken selbst bei aufgeklärten Personen, sie verhalten sich anders als ihre toleranten Äußerungen glauben machen, wie man experimentell zeigen kann. Die Durchsetzung egoistischer Interessen im Lebenskampf ist ein wichtiges Kriterium der Evolution, das nur hin und wieder durch Gruppenselektion statt Individuumselektion durchbrochen wird (Wilson & Wilson, 2008). Wenn aber gesellschaftlich-kulturelle Entwicklungen Konstellationen schaffen, in denen individueller Egoismus nicht nur eine große Zahl von Individuen gefährdet, sondern die Lebensbedingungen für Homo sapiens vernichtet, pervertiert das evolutionäre Prinzip.

Was bedeutet Innovation angesichts der negativen Wirkung dieser drei genannten Faktoren? Die Antwort scheint leicht: die Verhinderung des Verschwindens zivilisatorischer Zusammenbrüche, ein neuer Umgang mit der Andersartigkeit von Menschen verschiedener Gruppenzugehörigkeit und gesellschaftliche Kontrolle individueller Egoismen. Dabei ist zwischen Sofortmaßnahmen und langfristigen Maßnahmen zu unterscheiden. Die sofortigen Maßnahmen beinhalten ein präventives Eingreifen noch vor Auftreten des Problems oder aktuelle Strategien zur Eindämmung bereits aufgetretener Probleme. Sie sind heute Aufgabe der Staatengemeinschaft und nicht einzelner Akteure. Zur Innovation auf lange Sicht könnte die Psychologie wesentlich beitragen. Dabei geht es um Aufklärung. Wir haben auf lange Sicht keine andere Chance als sachlich aufzuklären. Wollten wir die Menschen durch Zwang und Strafe zum erwünschten prosozialen Verhalten führen, so widerspräche das prinzipiellen Wertvorstellungen über den Menschen, die wir alle teilen. Diese Aufklärung wird lange Zeit benötigen und hat noch nicht einmal begonnen. Unser Vorschlag ist also, eine neue Aufklärung zu starten, die allerdings gewaltige Hürden zu überwinden hätte. Nach psychologischen Erkenntnissen erscheint es fast unmöglich, tiefverwurzelte Überzeugungen von Erwachsenen zu ändern. Besser ist aufzuklären, wenn solche Überzeugungen noch gar nicht bestehen, nämlich in der Kindheit und im Jugendalter. Damit wird Aufklärung zu einer wesentlichen Bildungsaufgabe.

In einer globalisierten Welt geht es natürlich darum, angesichts der Vielfalt von Kulturen und Weltsichten zu einem gemeinsamen Verständnis zu kommen und sich auf Inhalte der Aufklärung zu einigen. Da sich unsere Industriegesellschaften längst als multikulturelle Gesellschaften verstehen, besteht die Aufgabe der Vereinbarung von Aufklärung auch für unsere Gesellschaft. Den Startpunkt bildet die Suche nach einem gemeinsamen Menschenbild. Gibt es so etwas wie ein gemeinsames Menschenbild? Wie steht es mit der Vielfalt von Menschenbildern auf globaler Ebene? Sind wir überhaupt in der Lage, mit anderen Kulturen zu kommunizieren?

2. Befunde zu universellen Zügen des Menschenbildes

Der Autor hat Untersuchungen zum Menschenbild in einer Reihe von Kulturen durchgeführt, um dieser Frage nachzugehen: Japan, Korea, China, Indonesien, Europa, USA, Peru. Die Frage bestand also darin, ob sich trotz beträchtlicher inhaltlicher Unterschiede über das Verständnis des Menschenbildes auch gemeinsame Strukturmerkmale und Inhalte ausmachen lassen, auf deren Grundlage eine weltweite Verständigung möglich ist. Wir verwendeten in der Hauptsache zwei Verfahren: ein ausführliches semistrukturiertes Interview und zwei Dilemma-Geschichten, die von den Probanden anhand eines Fragenkataloges beurteilt wurden. Die Geschichten enthielten Widersprüche, die sich nicht logisch auflösen lassen. Das eine Dilemma stellte den Konflikt zwischen Beruf und Familie dar, bei dem der Protagonist aus beruflichen Gründen lange von der Familie getrennt sein würde und zu entscheiden hatte, ob er bzw. sie Beruf oder Familie bevorzugen sollte. Das zweite Dilemma schilderte den auf zwei Personen („alte

Schulfreunde", die sich nach langer Zeit wieder treffen) verteilte Widerspruch zwischen einer eher naturnahen und zugleich humanen Lebensform und einer auf Aufstieg und Karriere gegründeten, eher entfremdeten Lebensweise. Die Dilemmata wurden an die Besonderheiten der jeweiligen Kultur angepasst, ihre Grundstruktur blieb jedoch erhalten.

Die Ergebnisse dieser kulturvergleichenden Untersuchungen erbrachten einerseits beträchtliche Unterschiede, wobei derjenige zwischen kollektivistischen und individualistischen Kulturen sich generell durchzog. Andererseits ließen sich fünf Strukturniveaus ausmachen, die bei Probanden aller untersuchten Kulturen auftraten. Im Folgenden seien nur die drei letzten Niveaus kurz beschrieben, da die beiden ersten eher der Kindheit und dem Jugendalter vorbehalten sind.

Stufe III: autonome Identität. Menschen werden durch einen organisierenden Kern, der Identität, dem Selbst etc., beschrieben. Sie planen und organisieren ihr Leben nach langfristigen, sinnstiftenden Zielen. Dabei wird Autonomie zum zentralen Anliegen. Sie wird entweder psychisch oder ökonomisch als Selbständigkeit verstanden und tritt je nach Kultur eher in den Dienst von Familie, Gemeinde und Gesellschaft (kollektivistisch) oder in den Dienst der Selbstverwirklichung (individualistisch). Andere Personen werden als strukturell gleich aber inhaltlich verschieden konzipiert, was zur Haltung der Toleranz und Achtung führt. Diese Einstellung wiederum wird möglich durch das relativistische Denken, das jenseits des logischen Denkens unterschiedliche Wahrheiten (vor allem im Bereich der Werthaltungen und Interessen) gelten lässt.

Stufe IV: Mutuelle Identität. Selbst bzw. Identität werden nun aus der Wechselbeziehung von zwei oder mehr Personen (Selbsts) abgeleitet. Identität definiert sich durch die Beziehung zu anderen. Die Person erkennt nicht nur Lebensstile und Überzeugungen anderer an, sondern versucht sie in die eigene Weltanschauung bzw. Lebensplanung zu integrieren. Dies führt zu Widersprüchen, weshalb menschliche Existenz als widerspruchsvoll und konflikthaft beschrieben wird. Als kognitive Leistung wird das subjektiv-dialektische Denken nötig, das mit Widersprüchen, die sich nicht logisch auflösen lassen, umzugehen vermag, sie aber noch subjektiv als Widersprüche in der Person oder zwischen Personen versteht.

Stufe V: gesellschaftlich-kulturelle Identität. Auf dieser Ebene erfolgt eine vollständige Neustrukturierung des Menschenbildes. Der Mensch wird als Element großer Systeme, nämlich der Gesellschaft und Kultur, verstanden. Das Subjekt erfährt einen Gegensatz zwischen Individuum und Gesellschaft in mehrfacher Hinsicht, z. B. in Bezug auf persönliche Ziele und Wünsche auf der einen und gesellschaftlich-kulturellen Zwängen auf der anderen Seite, aber auch als Wahrnehmung von

Widersprüchen in der Gesellschaft selbst, denen man als deren Mitglied nicht gerecht werden kann (z. B. Widerspruch zwischen Beruf und Familie, Leistung und Konsum, Gegenwarts- und Zukunftsorientierung). Diese Erkenntnis und deren Verarbeitung für Lösungsvorschläge werden durch das objektiv-dialektische Denken möglich. Eigenes zielgerichtetes Handeln führt im System nun nicht mehr ohne weiteres zum Erfolg, wie auf früheren Stufen angenommen wurde. Vielmehr lässt sich das System als Ganzes nur durch gemeinsames kollektives Handeln verändern.

Der Fortschritt auf dieser Ebene besteht in der Integration früherer Niveaus in eine systemische oder quasi-systemische Ordnung, was eine vollständige Umstrukturierung bisheriger Konzeptionen nötig macht.

Dieses letzte Niveau der gesellschaftlich-kulturellen Identität trat leider nur bei einem kleinen Prozentsatz der Befragten auf, immerhin auch bei zwei Probanden aus der Gruppe der Dorfbewohner (Campesinos) im Hochland von Peru (Kechua-Indianer), die wir in die Untersuchungen einbezogen hatten.

3. Die neue Aufklärung

Unser heutiges Wissen könnte viel zu einer Aufklärung beitragen, die Vorurteile und falsche Vorstellungen bekämpft und auf gefährliche Komponenten menschlichen Verhaltens aufmerksam macht. Abschließend sollen daher einige wichtige Inhalte der neuen Aufklärung aufgelistet werden, wobei wir mit den eben dargestellten Befunden zum Menschenbild beginnen.

- Komplexe Gesellschaften erfordern Denken und Verständnis über den Menschen auf der Strukturebene der gesellschaftlich-kulturellen Identität. Da dieses Verständnis nur zu einem kleinen Prozentsatz vorliegt, besteht eine Aufgabe der Aufklärung darin, eine komplexere Verständnisebene zu schaffen.

- Menschen sind in erster Linie Kulturwesen, sie tragen die Kultur und entwickeln sie weiter. Arbeit für sich hat nur Stellenwert innerhalb dieses Verständnisses und keinen Wert per se. Aufklärung sollte eine Neugewichtung des Verständnisses vom Menschen anzielen. Der Mensch sollte sich seiner Bedeutung für die Erhaltung und Weiterentwicklung der Kultur bewusst werden und aus dieser Aufgabe Sinn für sein Leben gewinnen. Dies ist umso mehr möglich, wenn die Gesellschaft als Ganzes diese Aufgabe ebenfalls erkennt und den Einzelnen als Kulturträger unterstützt.

- Störende und gefährdende Merkmale, die in der Evolution zunächst zweckmäßig und lebenserhaltend waren, müssen per Aufklärung und den aus ihr hervorgehenden Maßnahmen unter Kontrolle gehalten werden. Zu negativen Merkmalen evolutionärer Herkunft zählen Aggressivität und Fremdenhass. Sie erweisen sich in einer globalisierten Welt als hochproblematisch. Ihre Kontrolle und Kanalisierung in gefahrlose Aktivitäten , z. B. sportliche Wettkämpfe, ist besser möglich, wenn sich der Mensch seiner dunklen Seiten bewusst wird.

- Aufklärung sollte zur Reflexion über den Sinn des menschlichen Lebens bis hin zum konkret individuellen Leben führen. Individuelle Sinnfindung ist ein Konstruktionsprozess, der lebenslang anhält. Die gegenwärtige Sinnsuche in Konsum, exzessiver Stimulation und Vermehrung materiellen Reichtums könnte durch Ausweitung von Perspektiven, die sowohl historisch, als auch kulturvergleichend und philosophisch erweiternd reflektiert werden.

- Notwendig ist auch eine Aufklärung über psychische Prozesse und Mechanismen, die unser Leben ungünstig, aber auch günstig mit bestimmen, wie die Identitätsentwicklung, der Mechanismus der kognitiven Dissonanz, irrationale Ängste, die Wirkung von Kontrollverlust, Ursachen und Bearbeitungsmöglichkeiten von Konflikten u.v.a.m.

- Der Weg der Aufklärung muss über den repressionsfreien Diskurs laufen, wie ihn Habermas und Popper propagieren, und nicht über Predigten und kluge Ratschläge aus Büchern. Der freie Diskurs beginnt in der Familie, setzt sich in den Schulen und Hochschule, in Wirtschaft und in Unternehmen fort und bildet die Grundlage zukünftigen innen- und außenpolitischen Handelns.

- Die gemeinsame Zukunft muss erst entwickelt werden, sie liegt nicht fest, und wir kennen sie auch nicht. Sie hängt von unserem Denken und Handeln ab. Das verständlich zu machen, ist ebenfalls eine Aufgabe der Aufklärung.

Literatur

Habermas, J. (1985). *Theorie des kommunikativen Handelns* (Bd. Band 1 und 2). Frankfurt: Suhrkamp.

Oerter, R. & Oerter, R. M. (1993). Zur Konzeption der Identität in östlichen und westlichen Kulturen. Ergebnisse von kulturvergleichenden Untersuchungen zum Menschenbild junger Erwachsener. *Zeitschrift für Sozialisationsforschung und Erziehungssoziologie* (ZSE), *13. Jg., Heft 4*, 296-310.

Oerter, R., Oerter, R. M., Agostiani, H., Kim, H.-O, Wibowo, S. (1996). The concept of human nature in East Asia. Etic and emic characteristics. *Culture & Psychology, 2 (No. 1)*, 9-51.

Popper, K. R. (1992). *Die offene Gesellschaft und ihre Feinde* (2 Bd.). Tübingen: Mohr.

Die Zukunft der Familie in Deutschland – Innovation ist gefragt

Klaus A. Schneewind

In dem Beitrag zu diesem Band, der auf die Familie als primärem Bildungssystem fokussiert (vgl. Kapitel 2), wurde die fundamentale Rolle von gelingenden Familienbeziehungen für die Entwicklung von Innovationsbereitschaft bei der nachwachsenden Generation deutlich gemacht. Die nachfolgenden Bemerkungen verstehen sich als einige Hinweise darauf, wie die Voraussetzungen für gelingendes und innovationsförderliches Familienleben ermöglicht und gestärkt werden können.

1. Pluralisierung von Familienkulturen

Eine aktuelle empirische Fundierung unterschiedlicher Familienkulturen wurde für Eltern mit Kindern unter 18 Jahren auf der Basis der sog. Sinus-Milieus 2007 ermittelt (Merkle & Wippermann, 2008). Die Sinus-Milieus sind das Ergebnis der Verknüpfung von zwei zentralen Aspekten, die sich zum einen in der sozialen Lage (ausgedrückt in der sozialen Schichtzugehörigkeit von der Unter- bis zur Oberschicht) und zum anderen in der Grundorientierung unterschiedlicher Werte und Lebensstile (unter Bezug auf traditionelle Werte, modernisierungsbezogene Konzepte und einer darüber hinausgehenden Neuorientierung von Lebensstilen) manifestieren. Dabei sind die Familien, die sich an traditionellen Werten wie Pflichterfüllung und Ordnung orientieren, über die unterschiedlichen sozialen Schichten lediglich mit 11,4 % des gesamten Milieuspektrums vertreten. Hingegen sind Familienmilieus, die sich mit dem Werteprofil der Modernisierung (u.a. ausgedrückt in einer positiven Haltung zu einer Lebensführung auf der Basis von Individualisierung, Selbstverwirklichung und Genuss) identifizieren, über alle sozialen Schichten hinweg mit 57,5 % am häufigsten anzutreffen. Familien, deren grundlegendes Wertemuster im Bewusstsein einer mehrere Optionen umfassenden, experimentell ausgerichteten und teilweise paradox gestalteten Lebensführung zum Ausdruck kommt, stellen mit 31,5 % über alle sozialen Schichten das zweitstärkste Kontingent an Familienmilieus.

Die in dem milieutheoretischen Ansatz zum Ausdruck kommende Pluralisierung und Individualisierung von Lebensstilen, die als Folge eines vor mehreren Jahrzehnten einsetzenden Modernisierungsprozesses zu sehen ist, scheint inzwischen einen Punkt der Polarisierung erreicht zu haben, der zumindest für das traditionelle Familienleben eine massive Herausforderung darstellt. In der Tat sind die Lebensbedingungen und das Wertesystem des traditionellen Kleinfamilienmodells kaum mit den Anforderungen eines „modernen" Lebensstils in Einklang zu bringen, wo langfristige Verpflichtungen eher kontraproduktiv und eine Haltung der Unverbindlichkeit und des leichten Rückgängigmachens zeitlich begrenzter Verpflichtungen an der Tagesordnung sind.

Sich auf eine Langzeitbeziehung einzulassen und sie durchzuhalten ist – insbesondere wenn diese Beziehung durch eine Ehe legalisiert wird – im Hinblick auf die gestiegenen Scheidungsraten und die lang andauernden ökonomischen Konsequenzen einer Scheidung zu einer ziemlich riskanten Lebensoption geworden. Darüber hinaus ist Elternschaft ein irreversibles und auch teueres Unterfangen, das aufseiten der Eltern die Bereitschaft voraussetzt, auf lange Zeit die Verantwortlichkeit für ihre Kinder zu übernehmen. Offenkundig passen solche Erfordernisse nicht leicht mit einem Lebensstil zusammen, der sich in den verschiedenen Spielarten einer „modernen" Mentalität äußert. Es hat den Anschein, dass ein größerer Teil der jüngeren Generation, insbesondere wenn sie in einem städtischen Umfeld lebt, sich von der Vision einer grenzenlosen Optionalität eines modernen Lebensstils angezogen fühlt und auch versucht, zumindest einige Aspekte dieser Vision in ihr reales Leben zu integrieren.

2. Gestaltung der Familienzukunft in Deutschland

Was bedeutet dies alles nun für die Zukunft der „Familie in Deutschland"? Insbesondere stellt sich die Frage, welche Maßnahmen unternommen werden sollten, um Familien in ihren unterschiedlichen Lebensarrangements zu unterstützen, vorausgesetzt man ist davon überzeugt, das das Familienleben – in welcher Form es sich auch immer abspielt – eine derartige Unterstützung überhaupt verdient.

Als erstes müssen wir uns vergegenwärtigen, dass der historisch gewachsene Prozess der Modernisierung mit all seinen Auswirkungen wohl schwerlich reversibel ist. Zweitens sollten wir davon ausgehen, dass das Vorherrschen einer autozentrischen, d.h. stark auf die Selbstgestaltungsbedürfnisse des Einzelnen ausgerichteten Mentalität in der Zukunft kaum rückgängig gemacht werden kann. Drittens sollten wir aufgrund allgemein anthropologischer Überlegungen dennoch davon ausgehen, dass die Menschen prinzipiell über die Bereitschaft und das motivationale Potential verfügen, sowohl ihre individuelle Autonomie als auch ihre soziale Verbundenheit zu entwickeln. Individuelle Autonomie und soziale Verbundenheit können als zwei aufeinander bezogene Teile der gesamten persönlichen Identität betrachtet werden. Insofern kommt es auf die Balance zwischen diesen beiden grundlegenden motivationalen Systemen an, durch welche die besondere Art der autozentrischen Mentalität einer Person zum Ausdruck kommt.

Die Erfahrungswelt der Familie ist ein ausgezeichnetes Medium, um die motivationalen und sich im konkreten Verhalten äußernden Bereitschaften als Teil des Autonomie-Verbundenheitssystems zu erwerben. So gesehen ist die Qualität der elterlichen Erziehung von besonders großer Bedeutung für die Persönlichkeitsentwicklung der nachwachsenden Generation. Der Wandel der elterlichen Erziehung in den letzten Jahren signalisiert einen starken Liberalisierungseffekt der Eltern-Kind-Beziehungen, der das Ziel einer balancierten Identitätsbildung der Kinder untergraben kann, wenn das elterliche Erziehungsverhalten zu egalitär und nachsichtig ausgeprägt ist. Eine autoritative Erziehung, d.h. ein warmes, unterstützendes, aber dennoch forderndes und zugleich Grenzen setzendes Erziehungsverhalten, ist daher besonders gefragt.

Autoritative Erziehung setzt sozial kompetente Eltern voraus, die in der Lage sind, ihre eigene Beziehung als Paar in einer befriedigenden und konstruktiven Weise zu gestalten. Für beide Fälle, d.h. für Eltern-Kind- und Paar-Beziehungen, stellt eine präventive Entwicklung von angemessenen Beziehungsfertigkeiten wie aktives Zuhören, Selbstöffnung, Umgang mit positiven und negativen Gefühlen, Konfliktregulierung und Problemlösung eine wichtige Basis dafür da, dass Paare und Eltern Krisen und problematische Situationen bessern meistern können. Zugleich gedeihen auf diesem Boden wechselseitig befriedigende, wachstumsorientierte und dauerhafte Beziehungen. Die Bildung und Aufrechterhaltung solcher Beziehungen ist dabei als ein selbstkonstruktiver Prozess der gemeinsamen Entwicklung zu sehen, der im Übrigen durchaus im Einklang mit einer sozialverträglichen autozentrischen Mentalität steht. In letzter Konsequenz bedeutet ein derartiger Ansatz, dass Beziehungen im Kontext von Familie (und ihren verschiedenen nicht-institutionalisierten Ablegern) in gewisser Weise reinstitutionalisiert werden, diesmal jedoch auf der Basis von Prozessen, die einer sozial verantworteten Selbstentwicklung zugrunde liegen und nicht so sehr auf einer weitgehend reaktiven Anpassung an von außen vorgegebene Normvorstellungen beruhen (Schneewind, 2004).

Auch wenn die Betrachtung von Partnerschaft und Elternschaft von einem beziehungspsychologischen Standpunkt besonders erhellend sein mag, ist dies doch nur die eine Seite der Medaille. In der Tat ist es schwierig, wechselseitig befriedigende, verlässliche sowie wachstums- und innovationsförderliche Beziehungen, zu entwickeln, wenn Paare und Familien nicht in einer unterstützenden Umwelt leben. In Deutschland wurde u.a. im ersten Familienbericht der Bundesregierung nach der Vereinigung beider deutscher Staaten (Bundesministerium für Familie und Senioren, 1994) nachdrücklich darauf hingewiesen, dass die durchschnittliche Familie unter einer „strukturellen Rücksichtslosigkeit" zu leiden hat. An dieser Einschätzung hat sich seitdem kaum etwas geändert. Dabei bezieht sich strukturelle Rücksichtslosigkeit nicht nur auf die relative ökonomische Deprivation von Familien, sondern insbesondere auch auf eine Reihe schwerwiegender Unvereinbarkeiten der Arbeitswelt und des Familienlebens. Diese äußern sich z.B. in einem Fehlen von Tagesbetreuungseinrichtungen für Kinder, in einem Mangel an Teilzeitarbeitsplätzen für Mütter, in unflexiblen Öffnungszeiten von Kindergärten und Schulen oder in einem mangelnden Angebot an preiswerten Wohnungen für Familien. An dieser Stelle wird deutlich, dass nach wie vor ein erheblicher Handlungsbedarf auf der politischen Ebene und im Arbeitsleben besteht, um angemessene Rahmenbedingungen zu schaffen, damit junge Menschen das Abenteuer wagen, eine eigene Familie zu gründen.

Literatur:

Bundesministerium für Familie, Senioren, Frauen und Jugend (1994). *Fünfter Familienbericht. Familien und Familienpolitik im geeinten Deutschland – Zukunft des Humanvermögens.* Bonn: Bundesdrucksache 12/7560.

Merkle, T & Wippermann, C. (2008). *Eltern unter Druck.* Stuttgart: Lucius & Lucius.

Schneewind, K.A. (2004). Sechs Thesen zum Verhältnis von Sozialisationstheorie und Persönlichkeitsentwicklung oder (frei nach Heinrich von Kleist) Über die allmähliche Verfertigung der Persönlichkeit beim Leben. In D. Geulen & H. Veith (Hrsg.), *Sozialisationstheorie interdisziplinär. Aktuelle Perspektiven* (S. 117-130). Stuttgart: Lucius & Lucius.

Korrespondenzadresse:
Prof. Dr. Klaus A. Schneewind
Universität München
Department Psychologie
Leopoldstr. 13
80802 München
Email: schneewind@psy.uni-muenchen.de

Wissensmanagement: Kompetenter Umgang mit Wissen – die Grundlage für Innovation

Heinz Mandl

Neben traditionellen Produktionsfaktoren wie Land, (manuelle) Arbeit und Kapital sind Wissen und geistige Arbeit die entscheidenden Ressourcen der Zukunft. Sowohl individuelle Expertise als auch die Intelligenz von Gruppen und ganzen Organisationen sind entscheidend für Innovationsentwicklung.

Infolge der zunehmenden Globalisierung stellen sich Wissensvorteile immer mehr als Wettbewerbsvorteile heraus; dies gilt auch im Hinblick auf die stets kürzer werdenden Produktions- und Innovationszyklen. Für die Entwicklung von innovativen Produkten und Dienstleistungen ist ein kompetenter Umgang mit Wissen grundlegend.

Innovation und damit kreative Wissensschaffung und Wissensnutzung in wirtschaftlichen wie in Non-Profit-Organisationen sind für unsere Zukunft entscheidend und erfordern ein intelligentes, verantwortungsbewusstes und humanes Wissensmanagement.

Wissensmanagement bezeichnet den bewussten und systematischen Umgang mit der Ressource Wissen in Organisationen und umfasst damit die Gesamtheit aller Konzepte, Strategien und Methoden zur Schaffung einer „intelligenten", also lernenden Organisation. So gesehen bilden Mensch, Organisation und Technik gemeinsam die drei zentralen Komponenten des Wissensmanagements, wobei auch der Bezug zur Gesellschaft mitgedacht werden muss.

Mensch: Hier geht es um die Förderung und Gestaltung von Kenntnissen, Fähigkeiten und Kompetenzen der Organisationsmitglieder, die als Träger relevanten Wissens und als die eigentliche „Triebfedern" kontinuierlicher Lernprozesse den Kern jedes Wissensmanagements bilden.

Organisation: Hier geht es um die Entwicklung einer wissens- und lernfreundlichen Umgebung und Kultur in der Organisation sowie um die Schaffung von Rahmenbedingungen, die den Umgang mit der Ressource Wissen erleichtern.

Technik: Hier geht es um die Implementation und Gestaltung von Informations- und Kommunikationsinfrastrukturen und Werkzeugen, die wissensbasierte Prozesse effizient und nutzerfreundlich unterstützen.

Gesellschaft: Wissensmanagement ist aber letztlich immer auch eine gesellschaftliche Herausforderung und zugleich in gesellschaftliche Entwicklungen eingebettet. Insbesondere Diskussionen um den Begriff der Wissensgesellschaft zeigen deutlich, dass der Stellenwert des Wissens nicht nur in der Wirtschaft, sondern auch in anderen gesellschaftlichen Bereichen an Relevanz gewinnt und Gesellschaften vor neue Aufgaben stellt.

1. Modelle des Wissensmanagements

Zur konzeptionellen Beschreibung der Prozesse wurden im Rahmen von Wissensmanagement diverse Modelle entwickelt. Eines der bekanntesten stellt das Modell der Genfer Schule dar. Dieses führt von einer konkreten Zielsetzung ausgehend über die einzelnen Prozesse der Wissensidentifikation, des Wissenserwerbs, der Wissensentwicklung, Wissens(ver)teilung, Wissensnutzung, Wissensbewahrung und Wissensbewertung mit einer abschließenden Evaluation dieser Prozesse. Die Evaluation dient dabei wiederum einer Neuformulierung der Zielsetzung (Probst, Raub & Romhardt, 1999). Auch die Wissensspirale nach Nonaka und Takeuchi (1997) hat einen hohen Bekanntheitsgrad erreicht. In diesem Modell werden die Prozesse der Sozialisation, Kombination, Externalisierung und Internalisierung beschrieben, welche die Umwandlungsprozesse impliziten und expliziten Wissens im Unternehmen erfassen.

Bei näherer Betrachtung all dieser Ansätze lässt sich festhalten, dass diese häufig für die Praxis sehr komplex gehalten sind. Zudem erlauben die meisten Modelle es nicht, auch Rückschlüsse auf individuelle Prozesse des Wissensmanagements zu ziehen. Es können jedoch einige Aspekte identifiziert werden, die sowohl für Individuen als auch für Organisationen von Relevanz sind und zudem die bisher formulierten Prozessmodelle in sich vereinen. Dabei handelt es sich um die Aspekte der Zielsetzung und Evaluation, der Repräsentation von Wissen, der Kommunikation von Wissen, der Wissensgenerierung und letztendlich der Wissensnutzung, wie sie z.B. im Münchener Referenzmodell des Wissensmanagements beschrieben werden (Reinmann-Rothmeier, Mandl, Erlach & Neubauer, 2001).

Zielsetzung und Evaluation. Nahezu alle Ansätze zum Wissensmanagement stellen dar, dass eine konkrete Zielsetzung mit darauf abgestimmten Evaluationsmaßnahmen von besonderer Wichtigkeit für die gesteuerte Optimierung wissensintensiver Geschäfts- und Produktionsprozesse ist. Zweck der konkreten Formulierung von Zielen ist die Ableitung von konkreten Maßnahmen bezüglich der Repräsentation, Kommunikation, Generierung und Nutzung von Wissen sowie die Entwicklung von Kriterien für die spätere Überprüfung des Erfolgs der getroffenen Maßnahmen.

Wissensrepräsentation. Der Aspekt der Wissensrepräsentation umfasst alle Methoden und Prozesse, die eingesetzt werden können, um Wissen transparent zu machen. Aus organisationaler Sicht nehmen hier Datenbanken, Wissenskarten und Strategien der Informationsverteilung im Unternehmen eine wichtige Rolle ein. Aus individueller Perspektive sind hier Elaborationsstrategien in Hinblick auf die internale Repräsentation und Mapping- oder sonstige Visualisierungstechniken für die externale Repräsentation von Wissen denkbar. Die Darstellung von Wissen – internal oder external – stellt eine Grundvoraussetzung für die Kommunikation von Wissen dar.

Wissenskommunikation. Unter diesem Aspekt werden alle Prozesse und Methoden zur Teilung und Verteilung von Wissen subsumiert. Dies betrifft auf organisationaler Ebene sowohl die Anreize und Karrierestrukturen, welche förderlich oder hinderlich in Bezug auf die Wissensweitergabe gestaltet sein können, als auch technische Tools zur Unterstützung, wie z.B. Intranet, E-Mail, Web 2.0. Auf individueller Ebene müssen die Kompetenz, die Motivation und die Volition der Wissenskommunikation berücksichtigt werden. Somit ist auch die Organisation gefordert, die MitarbeiterInnen zum einen in diesen Schlüsselkompetenzen zu schulen und zum anderen Strukturen anzubieten, die eine Wissenskommunikation wahrscheinlich machen (z.B. auch durch Vorschlagswesen oder dem entsprechende Karrierewege). Dies verdeutlicht, dass die Kommunikation von Wissen ein zentrales Schlüsselelement der Verknüpfung von Individuum und Organisation darstellt. Durch die Wissenskommunikation wird jedoch nicht nur Information weitergegeben, sondern auch neues Wissen generiert.

Wissensgenerierung. Jede Organisation ist in der modernen Gesellschaft dazu gezwungen, Wettbewerbsvorteile durch Innovationen, neue Ideen und Produkte zu schaffen. Von daher wird deutlich: Wenn eine Organisation nur auf Bestehendem verharrt und nicht neues Wissen generiert, wird sie in der modernen Gesellschaft nicht lange überlebensfähig sein. Diese Wissensgenerierung wird in Unternehmen häufig durch gesonderte Abteilungen, wie z.B. Vorfertigung, Forschung & Entwicklung etc. vorangetrieben. Auch Ideenwettbewerbe oder Kreativitätsworkshops sollen dazu beitragen, die Organisation flexibel und innovativ zu halten. Für eine „Lernende Organisation" sind jedoch lernende Individuen nicht wegzudenken. Aus individueller Perspektive ist das Ziel einer optimalen Wissensgenerierung, Wissensstrukturen aufzubauen, welche es ermöglichen, dieses Wissen in andere Kontexte zu transferieren, es also flexibel anzuwenden. Im Sinne eines Managements von Wissen bedeutet dies für die Organisation, Strukturen zu schaffen, die ein möglichst anwendungsnahes Lernen innerhalb der Organisation ermöglichen. Auch eine Ausrichtung des klassischen Trainingskatalogs in Bezug auf die Verwertbarkeit des Wissens im Unternehmen sollte dabei vorgenommen werden. Denn die Generierung von Wissen ist aus einer pragmatischen Sichtweise nicht von der späteren Wissensnutzung zu separieren.

Wissensnutzung. Nur Wissen, welches zuvor repräsentiert, kommuniziert und generiert wurde, kann letztendlich auch zur Anwendung kommen – sowohl auf organisationaler Ebene durch konkrete Produkte oder Dienstleistungen als auch auf individueller Ebene bei der Anwendung erworbenen Wissens. Die alleinige Tatsache, dass Wissen repräsentiert, kommuniziert oder erworben wurde gewährleistet die Anwendung jedoch noch nicht. Die Nutzung von Wissen nimmt bei bisherigen Modellen des Wissensmanagements einen eher undifferenzierten Stellenwert ein. Wenngleich bisherige Praxisberichte und empirische Studien (Bullinger, Warschat, Prieto & Wörner, 1998) den Schluss zulassen, dass Probleme in der Umsetzung von Wissensmanagement meist im Baustein der Wissensnutzung zu beobachten sind, findet man speziell im Kontext von individuellem Wissensmanagement nur selten konkrete Instrumente oder Strategien zur effektiven und zielgerichteten Nutzung von Wissen.

Die Nutzung von Wissen ist nicht lediglich ein weiterer Baustein, der mit anderen Bausteinen auf gleicher Ebene liegt, sondern sie stellt vielmehr den pragmatischen Zweck jeglicher Wissensmanagement-Aktivität dar, den es zu erfüllen gilt, damit ein Management von Wissen, nämlich die gezielte Bewertung und Anpassung des eigenen Wissens, möglich wird. Verschiedene Studien (Gruber, Mandl & Renkl, 2000) aus dem Bereich der Pädagogik und Pädagogischen Psychologie haben gezeigt, dass erworbenes Faktenwissen, trotz der Fähigkeit, dieses korrekt wiederzugeben, nicht selbstverständlich in der Praxis umgesetzt werden kann. Man spricht hier von einer Kluft zwischen Wissen und Handeln, die unter anderem durch das so genannte „träge Wissen" zustande kommt (Mandl & Gerstenmaier, 2000). Der Weg zu einer größeren Wahrscheinlichkeit der Anwendung des Gelernten liegt dabei nicht in der Wissensnutzung selbst, sondern vielmehr in den Rahmenbedingungen, welche die Generierung des Wissens beeinflussen. Daraus wird deutlich, wie stark der Aspekt der Wissensgenerierung und der Aspekt der Wissensnutzung miteinander verzahnt sind.

2. Implementierung von Wissensmanagement

Schließlich stellt sich die Frage, inwiefern das Konzept des Wissensmanagements so vermittelt werden kann, damit eine optimale Implementierung in die Organisation bzw. eine Umsetzung durch das Individuum erfolgt. Als Beispiel hierfür wird ein Langzeitprojekt über 1,5 Jahre des Verbandes der Bayerischen Metall- und Elektroindustrie (VBM) angeführt. Insgesamt verstand sich dieses Vorhaben nicht als eine punktuelle Qualifizierungs- oder Umsetzungsmaßnahme, sondern als ein auf Langfristigkeit angelegter Prozess, bei dem die einzelnen Aspekte des Wissensmanagements in kleine und mittelständische Betriebe implementiert werden sollten.

Das Projekt war nach zwei Hauptprinzipien gestaltet, welche vor allem an dem Ziel der weiterführenden Wissensanwendung auch nach Abschluss des Projekts orientiert waren.

(1) Das Prinzip *Betriebe lernen von Betrieben*. Regelmäßiger gegenseitiger Erfahrungsaustausch über die Methoden der Wissensrepräsentation, -kommunikation, -generierung und -nutzung in den einzelnen Betrieben kann als eine konzeptionelle Grundlage des Projekts bezeichnet werden.

(2) Das Prinzip *Lernen durch Einführen*. Durch die Arbeit an konkreten Projekten konnte das Gelernte direkt in die Praxis umgesetzt werden. Verschiedene Methoden und Einführungswege der Wissensmanagement-Aspekte in das eigene Unternehmen wurden im realen Unternehmen getestet und reflektiert.

Insgesamt erwies sich das dargestellte Projekt als ein Erfolg. Das Wissen über das komplexe Thema Wissensmanagement wurde nicht abstrakt vermittelt, sondern anhand eigener Problemfälle der beteiligten Personen erarbeitet. Zudem stand die Gruppe der Projektleiter als praxisnahe und gleichberechtigte Informationsquelle zur Verfügung, was dem Konzept einer „Community" entspricht.

3. Communities als Wissensmanagement-Keimzelle

Communities innerhalb oder über Organisationen hinweg ins Leben zu rufen und zu gestalten, wird im Rahmen von Wissensmanagement als einer der zentralen erfolgversprechenden Mechanismen betrachtet. Dabei muss zwischen unterschiedlichen Arten von Communities unterschieden werden (Winkler, 2004).

Die *Learning Community* zielt darauf ab, das Wissen und die Fähigkeiten der Mitglieder gezielt zu erhöhen. Das Lernen steht also im Vordergrund des Interesses. Die Ziele der Community werden durch die Mitglieder selbst definiert und auch überprüft. Ein Beispiel für eine Learning Comunity stellen die CSILE-Klassenzimmer dar, in welchen die Schüler kooperativ und über längere Zeit Probleme bearbeiten und dazu Informationen aus Datenbanken abrufen können, welche von den Schülern auch diskutiert und kommentiert werden.

Eine *Community of Practice* hingegen kann als eine Expertengemeinschaft definiert werden, die ein Problem aus der Praxis mit ihrer gesammelten Expertise zu lösen versucht. Beim Konzept der Community of Practice wird daher die Nähe zu einem konkreten Arbeitskontext noch deutlicher. Ein Beispiel dafür sind die TechClubs bei DaimlerChrysler, in welchen Wissen und Erfahrungen zu spezifischen Themen (z.B. Bremsproblematiken) von unterschiedlichen Experten verschiedener Automobilklassen behandelt werden.

Unter den Begriff *Community of Interest* fasst man Gemeinschaften, die auf dem Prinzip der Heterogenität basieren. Verschiedene Communities oder Interessengruppen werden dabei zusammengeführt, um ein Problem von gemeinsamer Relevanz zu behandeln. Ein Beispiel dafür kann z.B. in der Stadtplanung gefunden werden, wenn Anwohner, Nahverkehrsexperten und Umweltschützer gemeinsam diskutieren, um eine neue Route für einen Linienbus zu planen.

Welche Form von Community man auch vorliegen hat – das Grundprinzip einer Community besteht immer in der Freiwilligkeit und dem informellen Charakter der Gemeinschaft. Damit eine Community trotzdem erfolgreich arbeiten kann, müssen bestimmte Bedingungen gegeben sein, welche sich an den beschriebenen Prozessaspekten des Wissensmanagements festmachen lassen. Zum einen ist eine konkrete Zielsetzung bei gleichzeitig flexibler Zielanpassung vonnöten. Ohne ein konkretes Ziel hat keine Community für längere Zeit Bestand. In Hinblick auf die Wissensrepräsentation müssen zum anderen die Inhalte, Probleme und Lösungen, die aus der Arbeit der Community entstehen, aufbereitet werden. Dadurch dienen sie der Bewahrung von erworbenem Wissen und sowie der Übertragbarkeit auf andere Interessierte. Des Weiteren ist in Hinblick auf eine effiziente Wissenskommunikation eine langfristige Interaktion notwendig, welche die Entwicklung und das Durchsetzen von konkreten Regeln für die Zusammenarbeit beinhaltet. Bezüglich der Wissensgenerierung ist es unabdinglich, dass in einer Community anhand authentischer Probleme gelernt wird, was das Einbringen eigener Erfahrungen durch die Mitglieder nicht nur wünschenswert, sondern notwendig macht. Betrachtet man den Aspekt der Wissensnutzung, ist es nötig, dass die erworbenen Kenntnisse und Fertigkeiten durch die Individuen selbst in den Arbeitsalltag integriert werden und die Community selbst sowie deren Mitglieder ihre Erfolge prozess- und ergebnisorientiert evaluieren.

Literatur:

Gruber, H., Mandl, H. & Renkl, A.(2000). Was lernen wir in Schule und Hochschule: Träges Wissen? In H. Mandl & J. Gerstenmaier (Hrsg.), *Die Kluft zwischen Wissen und Handeln: Empirische und theoretische Lösungsansätze* (S. 139-156). Göttingen: Hogrefe.

Mandl, H. & Gerstenmaier, J. (Hrsg.) (2000). *Die Kluft zwischen Wissen und Handeln: Empirische und theoretische Lösungsansätze.* Göttingen: Hogrefe.

Mandl, H. & Schnurer, K. (2009). Wissensmanagement. In H.-E. Tenorth & R. Tippelt (Hrsg.), *Lexikon Pädagogik* (S. 770-773). Weinheim: Beltz.

Nonaka, I. & Takeuchi, H. (1999). Die Organisation des Wissens. Frankfurt: Campus Verlag

Probst, G., Raub, S. & Romhardt, K. (1999). *Wissen managen.* Wiesbaden: Gabler.

Reinmann-Rothmeier, G., Mandl, H., Erlach, C. & Neubauer, A. (2001). *Wissensmanagement Lernen.* Weinheim: Beltz.

North, K. (2001). *Wissensorientierte Unternehmensführung: Wertschöpfung durch Wissen.* Wiesbaden: Gabler.

Winkler, K. (2004). *Wissensmanagementprozesse in face-to-face und virtuellen Communities: Kennzeichen, Gestaltungsprinzipien und Erfolgsfaktoren.* Berlin: Logos.

Das Unternehmen als offene Gesellschaft - eine „konkrete Utopie"?

Lutz von Rosenstiel

Einer der bedeutendsten Organisationspsychologen der zweiten Hälfte des 20. Jahrhunderts, Chris Argyris (1975), hat in vielen seiner Schriften immer wieder die Ambivalenz der Organisationen für den Menschen gekennzeichnet und konkret beschrieben. Zum einen bietet die Organisation, insbesondere die Leistungsorganisation, dem Menschen vielfältige Bedürfnisbefriedigung und ermöglicht Wohlstand. So könnten sich z.B. nur wenige ein Auto leisten, wenn es - wie gegen Ende des 19. Jahrhunderts - in Einzelfertigung durch hoch qualifizierte Spezialisten hergestellt würde. Arbeit in Organisationen sichert aber auch, wie wir kontrastierend aus der Arbeitslosenforschung ableiten können, vielfältige andere Möglichkeiten der individuellen Entfaltung. So gibt sie dem Tag eine Zeitstruktur, erweitert soziale Beziehungen über Familie und Nachbarschaft hinaus, bindet den Menschen in die Ziele und Leistungen einer überindividuellen Gemeinschaft ein, weist einen sozialen Status zu und klärt persönliche Identität.

Andererseits sind Opfer zu bringen, die in der von Argyris eindrucksvoll nachgezeichneten Spannung zwischen dem Individuum und der Organisation sichtbar werden. Geht man davon aus, und dies ist ein gut belegbares und in vielen westlichen Gesellschaften vorherrschendes Menschenbild, dass der erwachsen und reif werdende Mensch durch zentrale, sein Menschsein kennzeichnende Bestrebungen ausgezeichnet ist, so lassen sich diese inhaltlich wie folgt benennen: Es geht ihm um

- wachsende Unabhängigkeit
- ein Mehr an selbst bestimmter Aktivität
- einen ausgeprägteren Grad der Kontrolle über die eigene Situation und
- Transparenz im Sinne einer längerfristigen Zeitperspektive.

Personen, die sich auf diese Weise charakterisieren lassen, gelten in unserem Kulturraum als reif. Die Entwicklung einer derartigen Reife aber benötigt entsprechende Anregungs- und Ermöglichungsbedingungen, die vielfach in der zweckrationalen Organisation nicht gegeben sind. So gerät der Mensch in einen Konflikt mit den Anforderungen formaler Organisationen, denn diese erwarten von ihren Mitgliedern ein hohes Maß an ökonomisch orientierter Verhaltensrationalität, wie sie z.B. durch das Prinzip der Arbeitsspezialisierung und der hierarchischen Befehlskette deutlich wird.

So ist oft gezeigt worden, dass eine weitgehend standardisierte, bis zu Monotonieerlebnissen reichende fremdbestimmte arbeitsteilige Tätigkeit, wie sie in geradezu karikierender Einfachheit in der Fließbandarbeit deutlich wird, dieser Reifung entgegen steht. Menschen, die unter derartigen Arbeitsbedingungen Jahre ihres Lebens verbringen, sind nicht selten durch eine Einengung ihrer Interessen, eine Reduzierung ihrer Freizeitaktivitäten auf ein eher passives Tun, geringes gesellschaftliches Engagement, Neigungen zu depressiven Verstimmtheit, eine restriktive Erziehung ihrer Kinder und möglicherweise sogar durch Intelligenzabbau gekennzeichnet. Auch wenn es angesichts solcher Befunde nicht ganz einfach ist, die Frage danach, was denn hier Ursache und was Wirkung sei und wie man Sozialisations- und Selektionseffekte voneinander trennen kann, zu beantworten, so ist doch unstrittig, dass entsprechende Arbeitssituationen der Entfaltung des Einzelnen zu einem autonomen Bürger, der Bürgerrechte in einer Lebensgemeinschaft der Organisation einfordert, kaum gegeben ist.

Das Prinzip der strikten Hierarchie mit der damit verbundenen Befehlskette, die weitgehend realisierte Trennung zwischen Kopf und Hand, die Verpflichtung des Einzelnen auf Prinzipien der gehorsamen Aufgabenerfüllung, der Orientierung an Organisationszielen, an standardisierten für alle in einer ähnlichen Situation Stehenden Regeln wird - da längst selbstverständlich geworden - von den Organisationsmitgliedern nicht mehr erlebt, sondern nur noch gelebt.

Dies widerspricht nicht nur der Zielvorstellung des Menschen in einer demokratischen Gesellschaft oder dem Leitbild des Organisationsbürgers im Unternehmen, sondern hat vermehrt verheerende Konsequenzen für die Organisation. Durfte man früher - und diese Zeit liegt gar nicht all zu lange zurück - noch davon ausgehen, dass der jeweils hierarchisch höher Angesiedelte sachlich und fachlich den ihm Nachgeordneten soweit überlegen war, dass er ihnen ihre Aufgaben im Detail vorgeben und im Einzelnen die Ausführung kontrollieren konnte, so hat sich dies bedingt - durch eine sich ständig beschleunigende Wissensexplosion und die damit verbundene Spezialisierung -nachhaltig geändert. Wo komplexe Aufgaben zu bewältigen sind - und derartige Situationen nehmen beständig zu - ist eine Zielerreichung durch die Kette Befehl - Ausführung - Kontrolle nicht mehr vorstellbar. Führung in Organisationen wird zunehmend zu einer Koordination der Spezialisten. Von diesen, der konkreten Situation nahen Fachleuten, kommen vermehrt Anregungen, Verbesserungsvorschläge, Innovationen, die dann durch Machpromotoren innerhalb der Hierarchie aufgegriffen und umgesetzt werden müssen. Vor diesem Hintergrund hat z.B. Gebert (2007) die durchaus plausibel erscheinende Erwartung belegt, dass es Innovationen insbesondere dort gibt, wo Ansätze zum Querdenken innerhalb der unteren hierarchischen Ebenen gefördert werden, die Kultur des Unternehmens es zulässt, kritisches und negatives Feedback nach oben zu geben. Wissen und Erfahrung der Spezialisten aber sind nur notwendige aber keine zureichenden Bedingungen einer derartigen Innovation. Der Mut autonom zu handeln und die Ermöglichung derartiges Handeln durch angemessene Ressourcen sowie das Normengefüge, die Kultur der Organisation, müssen als ergänzende Bedingungen gegeben sein. Angesichts der tradierten Selbstverständlichkeiten formaler Organisationen in Wirtschaft und Verwaltung ist dies häufig nicht oder doch nur in unzureichendem Maße gegeben. Der Einzelne fügt sich den von oben kommenden ausgesprochenen oder unausgesprochenen Anforderungen in einer expliziten oder impliziten Weise, was dann letztlich zur Erstarrung und Veränderungsunfähigkeit der Organisation führt. Der Mitarbeiter sollte sowohl die Veränderungsbedürftigkeit als auch die Veränderungsmöglichkeit in der Organisation erkennen können, was schlecht mit einer geradezu resignativen Anpassung an deren unausgesprochene Regeln vereinbar ist. Um Innovationen zu fördern, beobachtet man in nicht wenigen Unternehmen die Formulierung von Leitbildern oder Visionen, die eine derartige Erstarrung aufbrechen sollen. Dies führt dann z.B. zu provokativen Sätzen wie:

„Komme täglich zur Arbeit mit der Bereitschaft, dich feuern zu lassen!" oder

„Denke daran, dass es einfacher ist um Vergebung als um Erlaubnis zu bitten!"

Es ist leider nur all zu oft beobachtbar, dass derartige Bemühungen zum Scheitern verurteilt sind. die einschlägigen Appelle unglaubwürdig und plakativ bleiben, wenn die Mächtigen der Organisation eine entsprechende Haltung nicht vorleben und authentisch den entsprechenden Kulturwandel betreiben. Dieser sollte dann letztlich das Ziel verfolgen, die geschlossene Gesellschaft des Unternehmens auf den Weg zu mehr Offenheit zu führen.

Die Skizzierung des Gegensatzes zwischen einer offenen und einer geschlossenen Gesellschaft geht letztlich auf das Werk von Popper (1980) „Die offene Gesellschaft und ihre Feinde" zurück. Der Autor sieht dabei die erstrebenswerte Gesellschaft als ein System, in dem niemand im Besitz der Wahrheit ist, dass also frei von allgemeinverbindlichen Dogmen und Ideologien ist, das Interessenheterogenität akzeptiert und individuellen Neigungen Raum gibt, sowie Willensbildung und gemeinsame Aktionen durch herrschaftsfreie Diskurse fördert. Letztlich solle für die Gemeinschaft das gelten, was in einer modernen empirisch orientieren Wissenschaft zur Selbstverständlichkeit geworden ist. Niemand weiß letztgültig was wahr und richtig ist. Erkenntnisse sind vorläufig, neue Forschung ersetzt das bisherige Wissen durch aktuelle Befunde, die selbst wiederum durch ihre Vorläufigkeit gekennzeichnet sind. Keiner, der sein bisheriges Wissen vor diesem Hintergrund als Irrtum erkennen muss, sollte dies als persönliche Niederlage erleben. „Lasst die Ideen sterben, nicht die Menschen" heißt ein entsprechendes Credo.

Gebert & Boerner (1995) haben die Gedanken Poppers auf Unternehmen der Wirtschaft und Verwaltung übertragen. Sie haben in diesem Sinne geschlossene den - normativ gesehen- möglichst offen Unternehmen gegenüber gestellt. Dies betrifft zunächst die anthropologische Dimension, d.h. den Menschen und die ihm zugestandenen Freiheitsgrade. Für das geschlossene Unternehmen ist hier der Determinismus kennzeichnend, der von einer Alternativenlosigkeit ausgeht, die soziale Realität als Widerspiegelung von Sachzwängen oder höheren Mächten sieht, während dem bei offenen Strukturen der Voluntarismus gegenüber steht, der Alternativen des Handelns annimmt und die soziale Realität als Widerspiegelung des menschlichen Willens interpretiert.

Auf der sozialen Dimension stehen sich Kollektivismus und Individualismus gegenüber. Das Unternehmen mit einer geschlossenen Struktur und Kultur wird als kollektivistisch interpretiert. Hier dominieren Unfreiheit, Ungleichheit der Chancen, soziale Immobilität, feste Statuszuschreibungen, Gleichschaltung und Uniformität, während bei Offenheit der Individualismus im Zentrum steht. Hier gibt es Freiheit, Gleichheit der Chancen und Ausgangsbedingungen sowie soziale Mobilität und Pluralität.

Auf der erkenntnistheoretischen Dimension kennzeichnet ein geschlossenes Unternehmen das Prinzip der Endgültigkeit, d.h. Gewissheit, Unfehlbarkeit, Planung, Dogmatik, Starrheit und Ideologie, während dem im offenen Unternehmen die Vorläufigkeit gegenüber steht, d.h. die Fehlbarkeit, Unsicherheit, der kritische Rationalismus, wodurch Toleranz, Offenheit und Dynamik zu leitenden Werten werden.

Nun wäre es selbstverständlich unrealistisch im Sinne derartiger Gegensätze ein Unternehmen der Wirtschaft, das selbstverständlich in einer zweckrationalen Weise Ziele anstrebt und auch anstreben soll, konsequent zu einer offenen Gesellschaft machen zu wollen. Dies würde im Chaos enden. Aber das Konzept der offenen Gesellschaft kann sehr wohl eine anstrebenswerte Zielgröße, eine Orientierung, eine konkrete Utopie sein. Gebert und seine Mitarbeiterinnen und Mitarbeiter haben hier ein Erhebungsinstrument entwickelt, um den jeweiligen Grad der Geschlossenheit bzw. Offenheit empirisch zu erfassen. Sieht man z.B. in Sinne einer derartigen Erhebung als zentrale Gegensätze die Pole

Stabilität, Vorausschaubarkeit	vs	Hoffnung
Harmonie	vs	Pluralität
Elite	vs	Chancengleichheit
Sicherheit, Zuverlässigkeit	vs	Individualität
Orientierung, Sinn	vs	Toleranzlernen

so können im Unternehmen selbstverständlich Hoffnung, Pluralität, Chancengleichheit, Individualität und Toleranz nicht auf die Spitze getrieben werden. Es bedarf eines gewissen Maßes an Stabilität, an Harmonie, an Zuverlässigkeit und an Orientierung, aber ein Mehr an Offenheit als es heute in den meist geschlossenen Kulturen und Strukturen gibt, erscheint möglich und erstrebenswert. So könnte man auch im Unternehmen die für die Erziehung geltende Formel „Freiheit in Grenzen" als Orientierungspunkt setzen. Dies würde den Einzelnen, den Organisationsmitgliedern, ein Mehr an Autonomie, an Selbstentfaltung und Chancen bieten und zugleich - und dies ist durchaus im Interesse des Unternehmens - Innovativität und Flexibilität fördern. Von selbst aber stellt sich dies nicht ein; um ein solches Ziel muss gestritten und gekämpft werden im Bewusstsein, dass man es nicht erreicht, sondern bestenfalls auf dem Wege dort hin ist.

Literatur

Argyris, C. (1975). Das Individuum und die Organisation. In K. Türk (Hrsg.), *Organisationstheorie* (S. 215-233). Hamburg: Hoffmann & Campe.

Gebert, D. (2007). Innovation durch Führung. In D. Frey & L. Rosenstiel (Hrsg.), *Enzyklopädie der Psychologie. Bd. Wirtschaftspsychologie.* Göttingen: Hogrefe.

Gebert, D. & Boerner, S. (1995). *Manager im Dilemma.* Frankfurt: Campus.

Popper, K. R. (1980). Die offene Gesellschaft und ihre Feinde. Tübingen: Franke.

Ohne Psychologie geht es nicht. Über die Notwendigkeit, unsere Zukunft durch psychologisches Know-how mit zu gestalten

Dieter Frey

Eine zentrale Frage für unsere Gesellschaft ist: Wie können wir wichtige Werte Europas und Deutschlands, nämlich Demokratie, sozial-ökologische Marktwirtschaft, zusammen mit unserem relativ hohen Lebensstandard, in einer globalisierten Welt bewahren, in der Deutschland seit mehreren Jahren täglich eintausend Arbeitsplätze an so genannte Billiglohnländer verliert? Zunehmend mehr Deutsche fühlen sich in dieser globalisierten Welt als Verlierer. Den Umfragen entsprechend haben wir vor allem in den neuen Bundesländern (aber nicht nur dort) eine Zustimmung zu Demokratie und sozialer Marktwirtschaft von weniger als 50% der Bevölkerung! Das muss jeden Bürger, jeden Wissenschaftler und jeden anwendungsorientierten Psychologen alarmieren. Interessant ist, dass die Psychologie meines Erachtens viel mehr Know-how hat als sie bisher selbst artikuliert. Und sie verfügt über viel mehr Know-how als ihr andere Wissenschaften zutrauen; sie kann Lösungsmöglichkeiten für viele der genannten Probleme zur Verfügung stellen.

Meines Erachtens steht die Wissenschaft der Psychologie also vor einer großen neuen Herausforderung: Es geht darum, einen Beitrag zur Wahrung zentraler Werte in Europa und Deutschland zu leisten. Es geht um die Vermittlung von Wissen, Handlungskompetenzen und Werten, die Innovation stärken, denn nur dadurch kann insgesamt unser Lebensstandard mit relativem Wohlstand und können auch zentrale Werte, die uns in Europa prägen, erhalten werden. Die Schaffung innovativer Ideen und Umsetzung dieser Ideen in marktfähige Produkte, die weltweiten Absatz finden, gelingt zum Beispiel im Bereich Umwelttechnik und Medizintechnik.

Innovationen ereignen sich dabei insgesamt nicht zufällig, sondern sie sind abhängig von der Umsetzung gewisser Unternehmens- und Führungskulturen, die Kreativität und Innovation erzeugen. Solche innovationsfreundlichen Kulturen und Strukturen können aber nur geschaffen werden durch eine innovationsfreundliche Führung, die Wert darauf legt, Humankapital zu aktivieren. Es bedarf deshalb der Ausbildung einer großen Gruppe von Multiplikatoren, die dieses Führungsverhalten beherrschen und auch umsetzen. Man sollte in Betrieben viel mehr so genannte Center-of-Excellence-Kulturen initiieren - zum Beispiel

Kundenorientierungskultur, Benchmarkkultur (sich mit den Besten vergleichen), Marktkultur (was fordern die Märkte und die Kunden?), Fehlerkultur (aus den Fehlern lernen), Problemlösekultur (Probleme mit Lösungen verbinden), konstruktive Streit- und Konfliktkultur (divergierende Meinungen konstruktiv und zum Nutzen aller austragen).

Betrachtet man die empirische Forschung, so bedarf es letztlich einer Unternehmenskultur des kritischen Rationalismus, in der hierarchiefrei gedacht werden darf und wo eine offene Kommunikation möglich ist. Die Formulierung solcher Kulturen sowie ihre Implementierung und Evaluierung sind weder eine juristische noch eine betriebswirtschaftliche Angelegenheit, sondern ein psychologischer Sachverhalt.

Hier liefert die Psychologie der Innovationen wichtige Erkenntnisse darüber, welche personellen, situativen, kulturellen und organisatorischen Voraussetzungen Innovationen in unterschiedlichen Institutionen der Gesellschaft wie Kindergärten, Schulen, Hochschulen, sozialen und kommerziellen Organisationen, Verbänden ermöglichen.

Zum zweiten geht es um eine professionelle Ausbildung von Multiplikatoren auf verschiedenen Führungsebenen. Die Multiplikatoren der gesellschaftlichen Institutionen entscheiden über unsere Zukunft. Das (psychologische) Wissen ist vorhanden; die flächendeckende Ausbildung in Schulen und Hochschulen ist aber defizitär. Und meistens ist es zu spät, wenn es erst in den Betrieben nachgeholt wird.

Weiterhin muss der anwendungsorientierten Psychologie daran gelegen sein, in den Universitäten nicht nur Wissen zu vermitteln und Handlungskompetenzen, sondern auch Werte. Es geht um einen zentralen Beitrag der Psychologie, späteren Multiplikatoren der Gesellschaft in einem Studium Generale Basiswissen über das Funktionieren von Menschen, über die Entstehung von Innovationen, insgesamt über People Management zu vermitteln und dies auch den Dozenten der jeweiligen Universitäten nahe zu bringen. Das Beispiel in der Ludwig-Maximilians-Universität, in der zur Zeit flächendeckend eine Ausbildung in Menschenführung für die Dozenten durchgeführt wird, zeigt, dass dies möglich ist.

Insgesamt haben wir kein Erkenntnisproblem, sondern ein Umsetzungsproblem, um dieses Land zu modernisieren (so dass das Land im globalen Wettbewerb konkurrenzfähig ist und gleichzeitig seine zentralen Werte bewahren kann). Wir brauchen ethikorientierte Führung und partnerschaftliche Unternehmenskulturen, weil diese am ehesten Kreativität und Innovationsgeist erhöhen. Innovationen kann man nicht verordnen; man kann sie nur ermöglichen.

Die flächendeckende Ausbildung von Führungskräften und Multiplikatoren der Gesellschaft an Schulen, Universitäten, Kirchen, Firmen ist eine ganz zentrale Aufgabe, die in Zukunft darüber entscheiden wird, ob wir unseren Lebensstandard wahren können. Das ist eine hoch relevante Austauschbeziehung zwischen Theorie und Praxis, die nicht nur wichtig für unser Land, sondern auch für die europäische Kultur ist. Leadership Excellence, Mitarbeiterqualität, Innovation durch Produkte und Dienstleistungen, Markt- und Kundenzufriedenheit hängen eng zusammen. Die Psychologie ist die Wissenschaft, die hier das notwendige Wissen bereitstellt.

Des Weiteren geht es darum, Wissen bereit zu stellen, damit Reformen akzeptiert werden. Die Grundlagentheorien erklären uns, wann Menschen bereit sind, Änderungen zu akzeptieren. Es geht um Erklärbarkeit, Vorhersehbarkeit und Beeinflussbarkeit sowie um Ergebnisfairness und prozedurale Fairness, um Klarheit bei den Zielen, um Vorbildverhalten.

Meine These ist: Die Zukunft einer engen Austauschbeziehung zwischen Theorie und Praxis steht noch bevor, ist aber dringend notwendig. Wir brauchen sie aus ökonomischen Gründen, aber auch aus humanitären Gründen, um durch Bereitstellung des Know-hows einen Beitrag zur Innovationskraft unseres Landes zu leisten. Es wird sehr schnell die Zeit kommen, wo die Gesellschaft erkennen wird, dass es zu teuer ist, psychologisches Know-how nicht anzuwenden. Schon jetzt hat sich die Erkenntnis durchgesetzt, dass Hard- und Software sich relativ schnell anpassen. Der einzige nachhaltige Wettbewerbsvorteil ist die Qualität der Menschen, ihre Kreativität, Motivation und Innovationskraft. Folglich ist es eine große Aufgabe, Wissen und Handlungskompetenzen bereit zu stellen und zu transportieren, wie innovatives Verhalten im Alltag flächendeckend umgesetzt werden kann. Angewandte Forscher oder Forscherinnen müssen eng mit den Grundlagenforschern zusammen arbeiten, liefern sie doch nach wie vor ein großes Arsenal von Theorien, auf das die angewandten Forscher gerne zurückgreifen. Es geht also um ein produktives Miteinander.

Anschriften der Autoren

Prof. Dr. Rudolf Fisch
Deutsches Forschungsinstitut für öffentliche Verwaltung
Postfach 1409
67324 Speyer

Prof. Dr. Dieter Frey
Department Psychologie der Ludwig-Maximilians-Universität
Leopoldstraße 13
80802 München

Dr. Jan Hense
Department Psychologie der Ludwig-Maximilians-Universität
Leopoldstraße 13
80802 München

Andreas Lenz
Department Psychologie der Ludwig-Maximilians-Universität
Leopoldstraße 13
80802 München

Prof. Dr. Heinz Mandl
Department Psychologie der Ludwig-Maximilians-Universität
Leopoldstraße 13
80802 München

Prof. Dr. Rolf Oerter
Department Psychologie der Ludwig-Maximilians-Universität
Leopoldstraße 13
80802 München

Prof. Dr. Lutz von Rosenstiel
Department Psychologie der Ludwig-Maximilians-Universität
Leopoldstraße 13
80802 München

Prof. Dr. Klaus A. Schneewind
Department Psychologie der Ludwig-Maximilians-Universität
Leopoldstraße 13
80802 München

Der Mensch als soziales und personales Wesen

Herausgegeben von Fabienne Becker-Stoll, Joachim Kahlert, Klaus A. Schneewind und Norbert F. Schneider

Zuletzt erschienene Bände der Reihe:

Band 22:
Anlage und Umwelt
Neue Perspektiven der Verhaltensgenetik und Evolutionspsychologie
Herausgegeben von Franz J. Neyer und Frank M. Spinath
2008. X/194 S., kt. € 34,-
ISBN 978-3-8282-0434-8

Der Band enthält theoretische und empirische Originalarbeiten, die einen breiten Überblick über die gegenwärtige Anlage-Umwelt-Diskussion bieten. Alle Beiträge gehen von der Prämisse aus, dass die wissenschaftliche Betrachtung der genetischen Grundlagen des Erlebens und Verhaltens Aufschluss über die Bedeutung von genetischen und Umwelteinflüssen gibt.

Band 21:
Entwicklung in sozialen Beziehungen
Heranwachsende in ihrer Auseinandersetzung mit Familie, Freunden und Gesellschaft
Herausgegeben von Beate H. Schuster, Hans-Peter Kuhn und Harald Uhlendorff
2005. VI/330 S., kt. € 36,-
ISBN 978-3-8282-0340-2

Die hier versammelten theoretischen Beiträge, Überblicksartikel und aktuellen empirischen Studien knüpfen an die Schriften von James Youniss an und machen seinen Ansatz und dessen Weiterentwicklungen in ihrer ganzen Breite deutlich. Die Beiträge im ersten Teil des Buches befassen sich mit der sozialen Einbindung von Kindern in Familie und Freundeskreis, wobei auch deutlich wird, welche Folgen ein Misslingen der individuellen Arbeit an sozialen Beziehungen haben kann. Im zweiten Teil wird der Fokus auf die erweiterten Handlungsspielräume im Jugendalter in den Bereichen Schule, Freizeit, Beruf und Liebesbeziehungen gelegt. Die Beiträge im dritten Teil erweitern diese Perspektive auf den Bereich des sozialen und politischen Engagements von Jugendlichen.

Band 20:
Sozialisationstheorie interdisziplinär
Aktuelle Perspektiven
Herausgegeben von Dieter Geulen und Hermann Veith
2004. 384 S., kt. € 36,-
ISBN 978-3-8282-0273-3

Im vorliegenden Band sind unter dem programmatischen Titel „Sozialisationstheorie interdisziplinär" Beiträge bestens ausgewiesener Autoren versammelt, die sowohl die Aktualität dieser Forschungsperspektive dokumentieren als auch die Vielfalt der für das Thema relevanten Problem- und Fragestellungen reflektieren. Auf diese Weise wird deutlich, wie breit das Thema gefächert ist, aber auch, dass wir von einer übergreifenden, integrierenden Theorie der Sozialisation noch weit entfernt sind.

 Stuttgart

Bei Fragen zur Produktsicherheit wenden Sie sich bitte an:
If you have any questions regarding product safety,
please contact:

Walter de Gruyter GmbH
Genthiner Straße 13
10785 Berlin
productsafety@degruyterbrill.com